高等教育"十三五"规划教材·无人机应用技术

无人机组装、调试与维护

石磊 杨宇 主编

西北工业大学出版社

西 安

【内容简介】 本书以无人机组装、调试与维护为核心内容,由理论篇和实践篇组成。理论篇内容包括无人机飞行基础知识,无人机系统结构,无人机组装工艺基础,无人机调试基础,无人机维护与保养,空域法规及飞行报备。实践篇以案例的形式讲解了不同类型多旋翼无人机的组装与调试,不同类型固定翼无人机的组装与调试,地面站的使用等。

本书可作为高职高专院校无人机应用技术专业相关课程的教材,也可作为无人机科普培训教材和无人机爱好者的参考书。

图书在版编目(CIP)数据

无人机组装、调试与维护 / 石磊,杨宇主编 . — 西安 : 西北工业大学出版社,2019.12
ISBN 978 - 7 - 5612 - 6664 - 9

Ⅰ.①无… Ⅱ.①石… ②杨… Ⅲ.①无人驾驶飞机-组装 ②无人驾驶飞机-调试方法 ③无人驾驶飞机-维修 Ⅳ.①V279

中国版本图书馆 CIP 数据核字(2019)第 292248 号

WURENJI ZUZHUANG TIAOSHI YU WEIHU

无 人 机 组 装 、调 试 与 维 护

责任编辑:胡莉巾		策划编辑:杨　军	
责任校对:张　友		装帧设计:李　飞	

出版发行:西北工业大学出版社

通信地址:西安市友谊西路 127 号　　邮编:710072

电　　话:(029)88491757,88493844

网　　址:www.nwpup.com

印 刷 者:兴平市博闻印务有限公司

开　　本:787 mm×1 092 mm　　1/16

印　　张:21

字　　数:551 千字

版　　次:2019 年 12 月第 1 版　　2019 年 12 月第 1 次印刷

定　　价:59.80 元

前　言

近年来,无人机成为中国制造尤其是人工智能的重点发展对象。随着国内无人机市场的井喷式发展,无人机在农林植保、航空测绘、管线巡检、城市管理、警用安防等行业的应用需求逐步形成,无人机人才需求缺口日益显现。而国内无人机教育还处于探索和起步阶段,经调研发现,在已经开设无人机相关专业的院校均存在缺乏无人机组装、调试与维护相关教学用书的情况。正是基于实际教学的迫切需要,我们开始着手编写本书。

"无人机组装、调试与维护"是高等职业院校无人机相关专业一门非常重要的专业课程。本书以无人机组装、调试与维护为核心内容,阐述多旋翼无人机、固定翼无人机两种机型的组装、调试与维护的基本原理、基本原则及基本步骤,并深入浅出地讲解相关实用项目案例。本书涵盖知识点全面,从浅到深,通俗易懂,适合作为高职高专院校无人机应用技术专业相关课程的配套教材或参考教材,也可作为中学师生的无人机科普培训教材。本书的内容也可以为广大无人机爱好者、无人机运营和无人机驾驶员提供学习参考。

本书内容分为理论篇与实践篇两大篇章。理论篇共7章:第1章对无人机进行概述,重点讲解无人机的分类、无人机基本概念;第2章从空气知识入手,简单讲解空气动力学,着重讲解无人机的飞行原理及受力分析;第3章从无人机的布局、结构入手对固定翼、多旋翼无人机分别进行讲解,然后从无人机飞行控制系统、无人机数据链路系统、无人机发射回收系统及无人机任务载荷系统综合性地讲解无人机系统结构;第4章从认识常用的组装、维修、维护工具开始,以塑料材质结构的无人机、木结构的无人机、复合材料的无人机为例介绍无人机组装工艺基础;第5章从无人机的飞行稳定性分析及调整方法开始,对无人机飞行状态进行分析,总结使用专业工具进行无人机相关调试的方法;第6章着重讲解无人机机体结构、机载设备的常用维护与保养方法;第7章重点介绍无人机相关的空域法规及在使用无人机开展行业应用时如何进行飞行报备。实践篇共三大项目:项目1为多旋翼无人机的组装与调试,按照结构分为三个子任务循序开展项目实战;项目2为固定翼无人机的组装与调试,按照材料分为四个子任务循序开展项目实战;项目3按四个子任务进行地面站的使用项目实战。本书附录里收录了"特殊区域飞行""无人机起飞前检查项目表""电池维护保养单""飞行记录单""外场工具清单""飞行安全守则"等内容。

本书由内蒙古电子信息职业技术学院石磊、天津现代职业技术学院杨宇担任主编。其中,石磊编写了理论篇的第1~4章、第5章第1~3节,实践篇的项目2、项目3及附录。杨宇编写了第5章第4~10节、第6章、第7章,实践篇的项目1。

本书历时两年多完成。为了确保编写内容的准确性并符合行业需求,前期咨询了多家无人机生产制造企业,确定了本书的结构。在本书的编写过程中,我们既总结了多年的无人机相关项目经验,又借鉴了以往前辈的相关资料和书籍,同时参考了互联网上的相关文章,在此向原作者表示衷心的感谢!

内蒙古电子信息职业技术学院的范荣、雲喜、高杨参与了本书的文字整理工作,并为相关章节编写了教学课件,在此表示感谢。

由于水平、经验有限,书中难免存在不妥之处,敬请广大读者批评指正。

石磊

2019 年 6 月于呼和浩特

目　　录

理　论　篇

实　践　篇

理 论 篇

第1章 绪 论

无人机是无人驾驶飞机（Unmanned Aerial Vehicle，UAV）的简称，是利用无线电遥控设备和自备的程序控制装置的不载人飞机，包括无人直升机、固定翼机、多旋翼飞行器、无人飞艇及无人伞翼机。本章主要介绍无人机的分类，并对多旋翼、固定翼无人机的分类及技术术语进行重点介绍。

教学要求

(1)掌握无人机定义。
(2)掌握无人机分类。
(3)掌握多旋翼无人机的分类，熟悉常用术语。
(4)掌握固定翼无人机的分类，熟悉常用术语。

内容框架表

本章内容框架表见表1-1。

表1-1 内容框架表

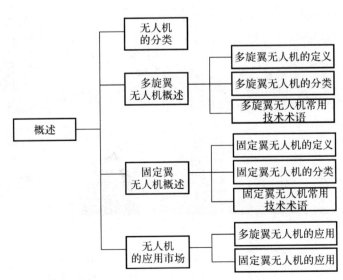

中国民用航空局(民航局)飞行标准司在 2016 年 7 月 11 日颁布的《民用无人机驾驶员管理规定》(AC－61－FS－2016－20－R1)中,对无人机及其相关概念做了定义。

无人机是无人驾驶飞机(Unmanned Aerial Vehicle,UAV)的简称,是利用无线电遥控设备和自备的程序控制装置的不载人飞机,包括无人直升机、固定翼机、多旋翼飞行器、无人飞艇、无人伞翼机。广义地看,无人机也包括临近空间(20～100 km 空域)飞行器,如平流层飞艇、高空气球、太阳能无人机等。从某种角度来看,无人机可以在无人驾驶的条件下完成复杂空中飞行任务和各种负载任务,可以被看作是"空中机器人"。

无人机系统(Unmannde Aerial System,UAS)是指由无人机、相关的控制站、所需的指令与控制数据链路以及批准的型号设计、规定的任何其他部件组成的系统,也称远程驾驶航空器系统(Remotely Piloted Aircraft System,RPAS)。

无人机系统驾驶员是指由运营人指派、对无人机的运营负有必不可少职责,并在飞行期间适时操纵无人机的人。

控制站也称遥控站、地面站,是无人机系统的组成部分,包括用于操纵无人机的设备。

指令与控制数据链路(Command and Control Data Link,C2)是指无人机和控制站之间以飞行管理为目的的数据链接。

1.1　无人机分类

1. 按照平台构型分类

按照平台构型,无人机主要有固定翼无人机、直升无人机和多旋翼(多轴)无人机三大平台,其他种类无人机平台还包括扑翼无人机、无人飞艇和垂直起降固定翼无人机等。多种类型的无人机如图 1－1 所示。

图 1－1　多种类型的无人机

(1)固定翼无人机是军用和多数测绘无人机的主流平台,最大特点是飞行速度较快;

(2)直升无人机是灵活性最强的无人机平台,可以原地垂直起飞和悬停;

（3）多旋翼无人机是消费级和民用用途的首选平台,灵活性介于固定翼和直升机中间,但操纵简单、成本较低。

2.按使用领域分类

按使用领域分类,无人机可分为军用级、行业级和消费级三大类,它们对于无人机的性能要求各有不同。

（1）军用级无人机对于灵敏度、飞行高度和速度、智能化等有着更高的要求,是技术水平最高的无人机,包括侦察、诱饵、电子对抗、通信中继、靶机和无人战斗机等机型,如图1-2所示。

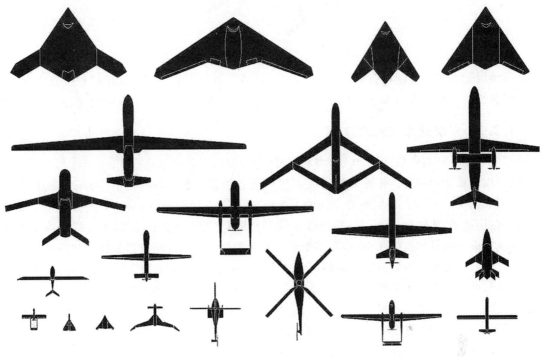

图1-2　军用无人机分类

（2）行业级无人机一般对于速度、升限和航程等要求都较低,但对于人员操作培训、综合成本有较高的要求,因此需要形成成熟的产业链提供尽可能低廉的零部件和支持服务。目前来看,行业级无人机最大的市场在于提供政府公共服务,如警用、消防、气象等,约占总需求的70%。而我们认为未来无人机潜力最大的市场可能就在民用,新增市场需求可能出现在农业植保、货物运送、空中无线网络、数据获取等领域。

（3）消费级无人机一般采用成本较低的多旋翼平台,用于航拍、游戏等休闲用途。

1.2　多旋翼无人机概述

1.2.1　多旋翼无人机的定义

多旋翼无人机（Multirotor UAV）,即多旋翼无人驾驶飞行器,是指具有3个及以上旋翼轴提供升力和推进力的可垂直起降的无人机,在军用和民用市场上都大有用武之地。一种典型的多旋翼无人机如图1-3所示。

图1-3　一种典型多旋翼无人机

多旋翼无人机大多结构简单、体积小、质量轻、成本低廉、操作灵活,能按编程全自主飞行,也可在狭长的场地垂直起降,行动适应能力极强,但其有效载荷较小、续航时间较短。

1.2.2　多旋翼无人机的分类

多旋翼无人机的外形结构(构型)多种多样,通常有以下几种划分方式。

(1)以旋翼数量划分。根据多旋翼无人机所具有的旋翼数量,可将其分为4、6、8、12、16、24、36旋翼等多种类型。旋翼数量不同的无人机,其空气动力学特性也各具特色,其中4旋翼无人机结构简单,能够做出3D特技,是许多玩家的最爱;而6旋翼、8旋翼无人机则稳定性更好,是航空摄影摄像的良好平台;还有其他旋翼数量的构型也深受需求各异的用户喜爱。

(2)以旋翼分布位置划分。根据最前与最后两个旋翼轴的连线与机体前进方向是否在同一直线上,可将多旋翼无人机划分为Ⅰ型(或称为+型)和X型两种。如果连线与前进方向在同一直线上,则多旋翼无人机呈Ⅰ型,否则呈X型。由于X型结构的实用载荷前方的视野比Ⅰ型的更加开阔,所以在实际应用中,多旋翼无人机大多采用X型外形结构。除了这两种类型以外,还有其他类型的外形结构,包括V型、Y型和IY型等,如图1-4所示。

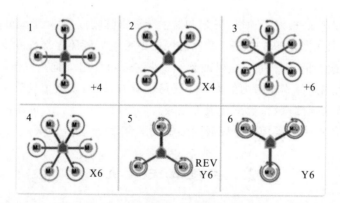

图1-4　多旋翼无人机常见布局

(3)以共轴发动机数量划分。为了在不增大体积的情况下使多旋翼无人机的总功率更大,最简单的方法是将两台发动机上下叠放。上、下两台发动机分别驱动两个大小相同、转向相反的旋翼转动(见图1-5),使它们产生的反扭矩相互抵消。这种构型虽然能节省空间,但由于上下叠放的两个旋翼之间存在着较大的空气动力干扰,会导致效率下降20%。

(4)以旋翼能否倾转划分。倾转4旋翼无人机(见图1-6)是一种将固定翼无人机和单旋翼直升无人机的特点融为一体的多翼无人机。其机身和普通固定翼无人机基本相似,两个机翼分别位于机身的前、后。位于两侧的4个螺旋桨发动机可以向上和向前转动。当4个螺旋桨发动机从水平状态转到垂直状态时,就可以像多旋翼无人机一样实现垂直起降和悬停;当4个螺旋桨发动机处于水平状态时,就能产生一个向前的拉力,使它能像固定翼无人机一般向前快速飞行;当4个螺旋桨发动机处于这两种状态之间时,既产生升力又产生拉力,使它能以低速飞行。与普通无人直升机相比,倾转4旋翼无人机飞行速度快、航程远、升限高、噪声小、降落和起飞更迅速;与固定翼无人机相比,它能够垂直起降和空中悬停。

图1-5 共轴双桨无人机示意图

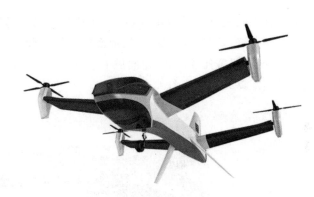

图1-6 倾转4旋翼无人机

1.2.3 多旋翼无人机的常用术语

多旋翼无人机一般由机架、动力装置和飞控等组成。

(1)机架:也称为机体,主要由机臂、中心板和脚架等组成。对于4旋翼无人机的主体结构,机身和起落装置一般合为一体。机架的主要功能是承载其他构件的安装。

(2)多旋翼(多轴):多旋翼无人机也称多轴无人机,多轴无人机按结构分主要包括三轴、四轴、六轴、八轴、十六轴无人机等。

(3)布局:多旋翼无人机主要有X型、H型、十字型、Y型等布局。

(4)分电板:电源的电力分配板。

(5)动力装置:多旋翼的动力装置通常采用电动系统,主要由电源、电动机、电子调速器和螺旋桨4部分组成。

(6)飞控:包括飞行控制系统和传感器,主要功能是计算并调整无人机的飞行姿态,控制无人机自主或半自主飞行。

(7)遥控系统:包括地面站系统或者遥控接收机和发射机。

(8)图传:是指实时无线图像传输,由发射装置、接收装置和显示器组成,常用通信频率为2.4GHz和5.8GHz。

(9)数传:是指无人机数据链,地面向天空端发送控制信号,地面实时接收无人机飞控系统数据、故障、GPS、电量、飞行姿态、航线等飞行数据。

(10)解锁：是指准备飞行前的安全开关操作。

(11)上锁：是指结束无人机飞行后的安全开关操作。

(12)调参：飞控调试软件，进行飞行参数设定积分飞行校准。

(13)自稳云台：常用分为两轴、三轴云台。保证摄像设备稳定姿态的专用设备。

(14)任务设备：主要有 GPS 导航仪、照相机、摄像机、黑匣子和防撞安全防护系统等。

1.3　固定翼无人机概述

1.3.1　固定翼无人机的定义

固定翼无人机(Fixed-wing UAV)，由机身、机翼、起落架、发动机、螺旋桨、油箱或电池、机上飞行控制系统、机载 GPS 及天线、地面控制导航和监控系统、通信天线(地面运用)、人工控制飞行遥控器、机载任务设备、地面供电设备、降落伞(应急使用)以及起飞发射模块组成。一种典型的固定翼无人机如图 1-7 所示。

图 1-7　一种典型固定翼无人机

固定翼无人机是军用和多数民用工业级无人机的主流平台，续航时间长、巡航速度高、负载能力强，但起降要求高，且无法定点悬停。

为解决固定翼无人机的突出问题，现又出现一种垂直起降固定翼无人机(见图 1-8)。它兼具固定翼机和旋翼机的特性，可像旋翼机一样垂直起降，也能够在升空后转变为固定翼机模式，航时比旋翼机长，但比固定翼机短。该类型无人机在本书中不做详细介绍。

图 1-8　垂直起降固定翼无人机

1.3.2 固定翼无人机的分类

固定翼无人机的主要分类如图1-9所示。

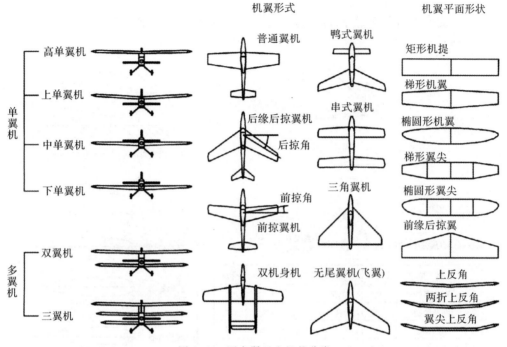

图1-9 固定翼无人机的分类

(1)按机翼的数目划分,可分为单翼机、双翼机和多翼机。

(2)按机翼的位置划分,单翼机可分为高单翼机、上单翼机、中单翼机和下单翼机。

高单翼机:机翼位于机身座舱上面,无人机重心低、自动恢复横向平衡的性能好,入门者容易操控。

上单翼机:机翼(多采用平凸形或半对称翼形)位于机身上方,无人机重心较低、安定性好,适于初学者练习简单的特技动作。

中单翼机:机翼位于机身中轴线上,在无人机平飞、倒飞、正筋斗和倒筋斗时,舵面效率基本相同。但因机翼装在机身中轴线附近,会为机翼固定和安装接收机、舵机带来一定的困难。

下单翼机:机翼位于机身下面。它主要用来完成高难度特技动作,安定性比上、中单翼机差,但操纵灵活,机动性强。该类无人机外形与真飞机相仿,适于做高难度特技动作。

(3)按机翼的形式划分,可分为普通翼机、前掠翼机、后掠翼机、双机身机、鸭式翼机、串式翼机、三角翼机、无尾翼机(飞翼)等。

(4)按机翼平面形状划分,可分为矩形机翼、梯形机翼、椭圆形机翼,以及梯形、椭圆形翼尖机翼。

1)矩形机翼。整个机翼翼弦相等,制作简单,一般练习机较多采用此类型。矩形机翼具有安全失速特性,即当机翼中间失速时,翼尖还能产生升力。对于无人机,因矩形机翼翼尖不会失速,故副翼仍将有效工作,提高了飞行安全性。矩形机翼的缺点是诱导阻力较大。

2)梯形机翼。翼尖的翼弦小于机翼根部的翼弦。梯形机翼空气动力性能好、诱导阻力小、机动灵活。

3)椭圆形机翼。诱导阻力最小,适用于长航时无人机。其缺点是制作较困难。

4)梯形、椭圆形翼尖机翼,大展弦比的无人机采用得较多,可减小诱导阻力。

(5)按动力装置划分,可分为电动、压燃式内燃发动机、电热式内燃发动机和喷气机等。按动力数目还可分为单发机、双发机和多发机。

(6)按机翼的截面翼型划分,可分为平凸翼型、对称翼型、双凸翼型、凹凸翼型、薄板翼型、S翼型等,如图1-10所示。

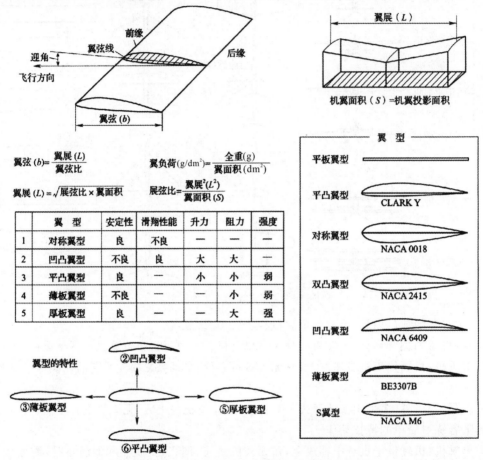

图1-10 机翼各部分名称和机翼翼型

1)平凸翼型。上弧弯曲,下弧平直,升力大,制作简单,是适于初学者使用的练习机。常用平凸翼型有 CLARE Y,NAGA 3412 等。

2)对称翼型。上、下弧度曲线相同,做正倒特技动作时操纵效果相同,是适于有遥控特技动作经验者使用的特技运动竞赛机。常用对称翼型有 NACA 0012,NACA 0015,EPPLER 478 等。

3)双凸翼型。下弧弯曲程度比上弧小,升力系数相对小些,但有利倒飞动作,适于中级水平者使用。常用双凸翼型有 NACA 2412。

4)凹凸翼型。适用于飞留空时间的无人机,滑翔性能好。

空气动力包括两类:一类是压力,垂直于机翼表面;另一类是摩擦力,平行于机翼表面。空气动力合力和机翼翼弦的交点称为"压力中心",如图1-11(a)所示。

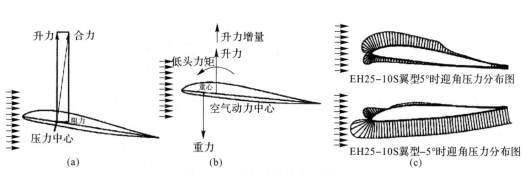

图 1-11 空气动力分布示意图

(a)机翼的空气动力中心;(b)S形迎角增大时,产生的低头力矩,恢复俯仰平衡;(c)迎角压力分布图

距离机翼前缘 25% 弦长的点叫"焦点",又名"空气动力中心"。机翼的升力对这一点的力矩叫"焦点力矩"。对称翼型机翼的压力中心在焦点上,不随迎角变化,在任何迎角焦点力矩都等于零。非对称翼型机翼的压力中心在焦点之后,升力对焦点产生一个低头力矩,迎角越大,压力中心前移越多。

无尾飞翼式无人机的重心在焦点(即空气动力中心)的前面。重心大约在距前缘 16% 翼弦长的位置。当机翼的迎角增大时,增加的升力使机翼产生低头力矩;减小迎角,恢复俯仰平衡,保持无人机的水平飞行姿态,如图 1-11(b)所示。当迎角减小成负角时,升力的增量成负值,使机翼产生抬头力矩。如图 1-11(c)所示,可以看出机翼迎角在 5°和-5°时压力的变化。-5°时飞翼的俯仰力矩为负值,产生抬头力矩,恢复俯仰平衡。

1.3.3 固定翼无人机的常用术语

固定翼无人机主要术语示例如图 1-12 所示。

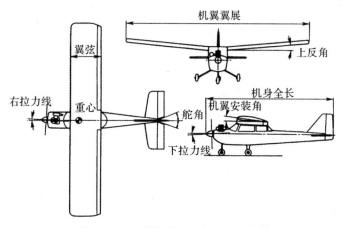

图 1-12 固定翼无人机主要术语示例

(1)机翼翼展指机翼左右翼梢之间最大横向距离,单位一般为 mm。

(2)机翼翼弦指机翼前、后缘间的直线距离。

(3)机翼面积:矩形机翼的面积为翼展乘翼弦;梯形和椭圆形机翼以翼展和平均几何弦长的乘积来计算,单位一般为 dm^2。

(4)展弦比:翼展和平均几何弦长之比,等于翼展的二次方除以翼面积。无人机滑翔机一般采用大展弦比,竞速、特技机多采用小展弦比。

(5)无人机全重指装有发动机、遥控设备等装置的无人机全部质量(不包括燃料)。

(6)翼载荷指无人机全重除以机翼面积所得的机翼单位面积承载质量,单位一般为 g/dm^2。

(7)无人机全长指机身前、后两端(包括凸出物)的最长距离,单位一般为 mm。

(8)尾力臂指无人机的重心到水平尾翼空气动力中心(距水平尾翼前缘约 1/4 处)的距离。

(9)重心位置指无人机全部质量的中心。一般常规布局无人机重心位于机翼前缘后平均气动翼弦长的 1/4~1/3 处,即 25%~30% 处[多数传统翼型的气动中心位于(0.23~0.24)弦长处,层流翼型气动中心在(0.26~0.27)弦长处]。

(10)上反角指机翼左右两端向上翘的角度。如为获得更好的横侧安定性,上反角较大,多为 3°~6°。无人机大都采用一折上反角,如无人机为有利盘旋飞行采用多折上反角。对大角度的后掠角飞机(如米格-15)为保证飞机的操纵性,必要时采用下反角。

(11)机翼安装角指机翼翼弦与机身中心轴线的夹角,一般的无人机安装角为 0°~1°,滑翔机为 3°~5°。

(12)右拉角。右旋螺旋桨会产生使机头向左的反作用力,同时螺旋桨所产生的螺旋滑流作用到尾翼,也会使无人机向左偏航。为克服这些力产生向左的力矩,在安装发动机时需要将其向右倾斜 1°~3°。此角度即为右拉角。

(13)下拉角。上单翼机飞行中机翼所产生的升力和阻力,会使无人机围绕重心产生抬头力矩。为抵消抬头力矩,保证发动机的拉力在变大或变小时,无人机都处于相对平稳的飞行姿态,安装发动机时要有适当下拉角,以使发动机的拉力产生向下的分力,减小在发动机功率增大和速度增加时所产生的不必要的抬头力矩。上单翼下拉角一般为 3°~5°,中、下单翼的下拉角为 0°~1°。

(14)发动机汽缸工作容积指活塞顶端面积和行程的乘积,一般以 cm^3 为单位,或用 mL 来表示。英制中以立方英寸(in^3,$1in^3=16.387m^3$)表示,如通常说的 20 级,指的是其汽缸工作容积为 $0.20in^3$。由此可知英制 20 发动机汽缸工作容积为 0.2×16.387,即 3.277 4 cm^3(或 3.277 4mL)。15~25 级发动机一般用于小型无人机。30~46 级发动机多用于中型无人机。60~120 级发动机一般用于大型无人机。

(15)电动机。目前广泛使用效率高的外转子无刷电机作为动力,无刷电机主要技术数据包括工作电压、KV 值、工作电流、效率和配桨拉力等。因无刷电动机配有相适应的电子调速器,故通过遥控设备可控制其转速。无刷电动机一般使用锂聚合物电池做电源。其电动机功率与无人机质量的比值,可作为适用不同无人机的参考。如,140~180W/kg:适用于练习机;180~220W/kg:适用于小型无人机;220~300W/kg:适用于中型无人机;300~400W/kg 以上:适用于大型无人机。

(16)螺旋桨的桨距即螺旋桨旋转一圈的前进距离,如图 1-13 所示。桨距与飞行速度和拉力有很大关系。飞行速度高的无人机,一般采用小直径、大桨距螺旋桨。

(17)螺旋桨的直径。螺旋桨直径大小和工作时的转速,应与发动机最大功率转速相匹配,才能使动力发挥出最大效率。小型无人机采用小直径、大桨距螺旋桨;而大载重无人机的螺旋桨在发动机功率范围内应尽量增大直径,即增加其旋转桨盘面积,才能在一定的扭矩中获得更大的拉力。

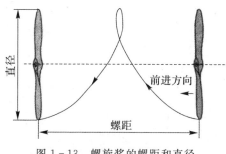

图 1-13 螺旋桨的螺距和直径

(18)其他术语。有关无人机的其他空气动力学知识,如升力和阻力、平衡与安定性,请参参阅后面内容。机载设备如图 1-14 所示。

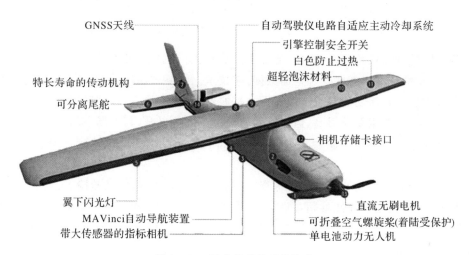

图 1-14 无人机载机系统构成

1.4　无人机的应用市场

1.4.1　多旋翼无人机的应用

多旋翼无人机市场商机无限。从多旋翼无人机的应用领域来看,其已经由原来面向微轻型无人机发烧友和爱好者的娱乐功能向航拍、搜救、物流、消防、监测、运输等领域发展,市场空间大大拓展,如图 1-15 所示。

下面列举一些多旋翼无人机的典型应用场景,但并不局限在以下方面。

(1)娱乐功能。娱乐功能主要看重微轻型多旋翼无人机的飞行稳定性,技术上难度不大,价格较低。搭载摄像功能的多旋翼无人机可以说是"会飞的照相机",它前所未有地将人们的视野拓展至高空,随时随地拍摄出震撼无比的鸟瞰照片及炫酷视频,吸引了无数消费者的目光。娱乐功能作为多旋翼无人机应用的"前头兵",对于整个行业的初期发展功不可没。

(2)航拍功能。航拍功能对多旋翼无人机的稳定性、续航能力和装载能力要求较高,目前已经得到广泛重视,并由此产生了专门的航拍产业。例如,好莱坞原来使用直升机拍摄电影,租金高达每小时 2 万美金,而使用多旋翼无人机以后,成本大大降低。

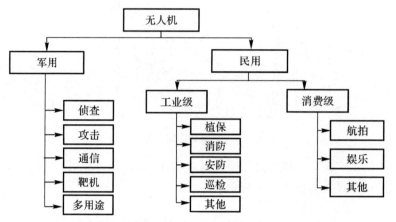

图 1-15　无人机应用领域

(3)搜寻功能和灾难预防。搜寻功能要求多旋翼无人机能够识别目标并发回反馈。灾难预防则要求多旋翼无人机能够处理地面数据,在技术上的要求比较高,但是市场潜力很大。

(4)物流功能。物流功能要求多旋翼无人机能安全、稳定地飞行,准确识别目标,并能应对途中各种突发情况,技术要求很高,但物流效率会得到极大提升,其市场空间很大。例如,亚马逊 PrimeAir 服务利用小型多旋翼无人飞行器 drones,送货速度可以达到 50 mi/h[1 mi(英里=1.604 km)]。

(5)消防功能。消防功能包括火情探查、现场监视、消防灭火、消防抢险、灾害救援等,其中高层建筑的消防救火是世界性难题,使用多旋翼无人机可有效解决这个难题。多旋翼无人机可以携带高压水枪无后坐力空气炮脉冲水雾炮,投掷消防器材、救援器材等,可飞到高空近距离进行灭火救灾作业。

(6)警用功能。多旋翼无人机可以携带摄像、红外及图像传输装置,于空中实施近距离实时监控,同时可以携带抓捕网枪、催泪瓦斯等从空中进行远距离抓捕罪犯,以及处理反恐防暴、失踪人员搜寻、落水人员救生、群发突发事件监视、现场处理等工作。

(7)植保功能。植保功能是指多旋翼无人机应用于农业植保,为大面积农产品种植提供农药、化肥喷洒服务,以及进行农作物生长情况监测与驱赶等作业。

(8)巡测及其他功能。巡测及其他功能包括多旋翼无人机应用于电力部门的输电线路建设、巡查和维护,石油输油管路巡视监测和安全保护,森林护林防火巡视监测,海关与税收部门的非法走私监视、边界巡逻,海岸警卫的海面搜寻、海岸巡逻等。

(9)交通运输功能。随着载人型多旋翼无人机的快速发展,载人的多旋翼无人机作为人们出行用的一种新型的航空交通运输工具,具有可在自家后院或家门口起飞降落、飞行速度快、在途时间短以及安全可靠、舒适便捷等许多优点。可以预见到不久的将来,载人型多旋翼无人机会像小汽车一样普及。

1.4.2　固定翼无人机的应用

由于固定翼无人机能够代替人们完成空中作业,提高工作效率,解放劳动力,其在电力巡线、森林防火、消防、安防领域的应用不断增加。根据新思界产业研究中心发布的《2018—2022

年中国固定翼无人机产品市场分析可行性研究报告》显示,2013—2017 年中国固定翼无人机产品需求量呈现不断增长的态势。2013 年,中国固定翼无人机产品需求量为 2 986 架,2017年,中国固定翼无人机产品需求量为 8 524 架,年增长均超 20％。

下面列举一些固定翼无人机的典型应用场景,但并不局限在以下方面。

(1)军用方面。由于固定翼无人机具有较大的任务载荷,飞行速度及姿态与军用飞机相仿,能实现远距离奔袭,故固定翼无人机可作为侦察机或靶机等来使用。

(2)电力巡线领域。固定翼无人机能提供更加优秀的续航(1 h 以上),覆盖范围更广(20 km 以上),适用于广袤的西北地区或者森林地区。电力线故障人工定位成本太高,无人机巡航能够大大提高效率。

(3)植保领域。固定翼无人机的任务载荷丰富,可为广袤森林、牧场、农田喷洒农药、播撒草种等。

(4)警用。通过远程控制轻小型无人机,可实时回传内部画面、侦察敌情。随着目前无人机环境侦测及自主三维重建技术的进步,它甚至能够做到信号屏蔽区的自主导航,这对于减少警员伤亡,打击犯罪带来极大便利。

(5)遥感测绘。采用固定翼无人机进行遥感测绘,效率高。无人机在测绘领域的应用主要体现在对自然地理要素或地表人工设施的形状、大小、空间位置及属性进行测定和采集,可用于国土资源规划利用、地质勘探、水利交通和军事等领域。测绘遥感技术被运用到汶川地震、青海玉树地震和舟曲特大泥石流等应急测绘保障建设上。之前无人机还承担过测绘钓鱼岛的任务。

(6)森林消防。固定翼无人机搭载视频拍摄或者红外镜头,通过烟雾探测识别火源,大大降低了森林巡防的成本,同时也提高了效率。

习　　题

1.简述无人机系统的定义及分类。

2.多旋翼无人机通常有几种构型?

3.简述螺旋桨螺距的含义。

第 2 章　无人机飞行基础知识

本章主要介绍关于无人机飞行相关的基本空气动力学知识、升力产生的原因、机翼受力分析飞行运动状态分析，以及机翼的一些基础知识。

(1)了解空气相关的常用概念。
(2)掌握伯努利定律。
(3)掌握机翼上的合力、升力与阻力。
(4)熟悉机翼翼型分类。

本章内容框架表见表 2-1。

表 2-1　内容框架表

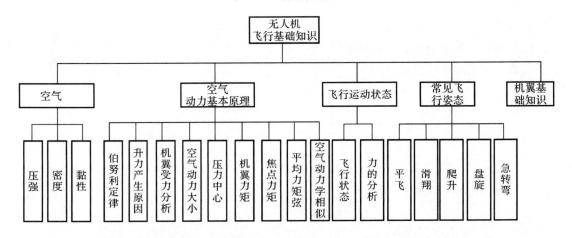

2.1　有关空气的一些知识

空气是人类生存不可缺少的物质，它具有很多特性，这里只介绍一些与无人机飞行有关的性质。

空气是一种混合气体,包括氧气、氮气、水汽和一些稀有气体等成分。早年的研究证明,大气中空气的成分基本是不变的:地面的空气含有 20.9% 左右的氧气,78% 左右的氮气;而到达离地面 100 km 的高空,空气虽然很稀薄,但空气的成分还是差不多。

可以说一般物体都是由分子组成的。如果是固体,分子与分子之间的连接很坚固,物体的形状可以保持得很好,要用很大的力才能使它变形。液体的分子与分子连接比较差,所以液体没有一定的形状,装在什么样的容器中便是什么样子。不过液体的体积还是保持得很好,要想将一杯水压缩为半瓶水简直就是不可能的。至于气体,分子与分子之间的连接最差,所以气体没有一定的形状也没有一定的体积,只要加以压力便可以将很多气体压缩到一个小瓶子里。

空气是很多气体混合而成的,本来就没有一种所谓“空气分子”的东西。不过因为各种气体混合得很均匀,所以考虑空气的一些物理特性时能够笼统地将空气当作一种气体看待。在这里我们主要讲解空气的压强、密度和黏性三个特性,因为这三个特性和无人机飞行的关系非常密切。

2.1.1　空气的压强

气体的压力是由于气体分子在不断运动时冲击到物体表面产生的。气体分子经常不停地运动,我们感觉或者测量到的气体压力就是气体分子的冲击力。假如在一个瓶子里存在的气体分子越多,那么平均的冲击力便越大。物体表面每单位面积所受到的空气压力称为空气的压强,所以同一瓶子里气体的分子越多,气体的压强就越大。如果气体分子数目不变而温度升高,那么瓶子内的分子运动活跃,速度加大,结果冲击力也加大,气体的压强相应增大。

地球的周围有一层空气——大气。空气的分子非常活跃,由于地球具有很大的吸引力,所以地球表面的空气不会跑向宇宙空间。在大气层内,越靠近地面,空气分子越多,越离开地面便越少。在低空,分子数目多、温度高,所以空气压强比较大;随着高度增加,分子数目减少,温度也降低,大气的压强也逐渐减小。

在海平面,温度为 15℃ 时,标准大气压强为 $1.013\ 25 \times 10^5$ Pa,称为一标准大气压。事实上这个数字只是一个标准,由于气候和地区的不同,即使是在海平面上,各处的大气压强也不一定等于这个数值。工程上的计算有时会把 1 kgf/cm²(1 kgf=9.806 N)算作一个大气压。

当空气流动的时候,分子的活动情况就不相同了,所以气体的压强也有变化。气体流动时,在流动方向所有的空气分子会有较大的冲击作用,压强也就加大。这种由于气流流动而形成的压强称为动压强。人们在大风天里所感到的风力,就是空气的动压力。当气体向一个方向流动的时候,气体分子向其他方向冲击的平均力量便相对地减小,作用在平行于气流方向的物体表面上的压强称为静压强。这就是说,气体流动时,速度越大动压强便越大,而同时静压强越小;反之,速度越小动压强便越小,而静压强越大。气体不动时,静压强便最大。这个关系首先是由瑞士数学家伯努利所证明并整理为数学公式的,通常称之为伯努利定律。

2.1.2　空气的密度

这里首先介绍质量与重量。物体内所含有的物质的数量称为质量。质量是不随地区、气候不同而变化的,譬如有 5 kg 水,在地球上是 5 kg,而在月球上还是那么多(假设不会蒸发等)。重量是物体受到地球的吸引力而由人们感觉到或者度量到的力量,地球吸引力的大小与物体和地球的距离有关,所以物体的重量是会改变的。同样的物体,质量没有改变,但在地球上不同的地方,重量可能不同。当然,物体离地球球心的距离变化不大(地球平均直径约12 700 km),如高度变化在数十米甚至数百米之内,重量的微小变化是很难感觉或测量出来的。

空气的密度,就是单位体积空气的质量。在不同的地区气压不同时,空气的密度也会不同。为了计算容易,国际上规定了一种标准的大气情况,称为国际标准大气,按照这种标准在各个不同的高度上空气的温度、压强和密度便是一定值。按照国际标准,在海平面,温度为15℃,一标准大气压下,空气的密度为 1.226 kg/m³。我们都知道,纯净的水每立方米质量为1 000 kg,所以比较起来,空气算是很轻的物质了。

对于无人机的计算来说,一般采用国际标准给定的标准值就可以了。

2.1.3 空气的黏性

假如我们将两块平板合在一起,然后将上面的一块推动,我们便会感觉到有摩擦力。这种摩擦力是固体与固体之间的摩擦力。为了减小摩擦力,大家都知道应该在两平板之间加上润滑油。加上润滑油后,摩擦力是大大减小了,可是并不能完全消除。即使加的油很多,以至平板与平板之间根本分开,中间隔着一层润滑油,但还是会感觉到有摩擦力。不过这时候的摩擦力不是固体与固体之间的摩擦力,而是润滑油由于黏性作用产生的摩擦力了。

为了更进一步了解黏性的作用,我们可以将油层的厚度放大很多倍考虑。两块平板之间的油可看作是由很多很薄的油层组成的,最靠近下面一块平板的油层,由于黏性的作用,附在下面的平板上。当下面的平板不动时,油层也不动,所以它的速度是零。而最靠近上面平板的一层也是附着在上面的平板上的,所以当上面的平板以速度 v 移动时,油层的速度也是 v。介于这两薄层之间的其他油层速度便不一致了。越靠近下面的速度便越小,越靠近上面的速度便越大,整个油层的变化是从 0 逐渐增大到 v。由于每一薄层的速度都不同,所以油层与油层便会产生摩擦力,即所谓黏性摩擦力。

空气也是有黏性的,空气的黏度为 0.000 017 8 Pa·s(当温度为 15℃时)。从这个数字便可看出空气的黏性是非常微弱的。虽然空气黏度很小,但对于飞机来说关系很大,尤其是无人机,一定要考虑到空气黏性的影响。

当空气流过物体表面的时候,也像润滑油一样,最靠近物体表面的空气是附着在物体表面的,离开表面稍远,空气的速度稍大。远到一定距离后,黏性的作用便不明显,在这附近的气流速度等于没有黏性作用时气流的速度。所以空气的黏性作用只是明显地表现在物体表面薄薄的一层空气内,离开了这紧靠着物体表面的薄层便可以认为空气没有黏性。这一薄层空气称为边界层(旧称附面层)。在边界层内的空气流动情况与外面的气流不同,边界层最靠近表面的地方气流速度是零,边界层最外面的地方流动速度和外面的气流流动速度相同。将边界层的各局部速度用箭头长短来表示,如图 2-1 所示。而边界层内空气黏性摩擦力的总和就等于物体的表面阻力,或者称为摩擦阻力。

气流在刚开始遇到物体时,在物体表面所形成的边界层是比较薄的;之后流过物体的表面越长,边界层便越厚。在开始的时候,边界层内空气的流动是较有层次的。各层的空气都以一定的速度在流动,这种边界层称为层流边界层。之后边界层内的流动便慢慢地混乱起来了:一方面气流流过物体表面而被扰乱(不管物体表面多光滑,对于空气质点来说还是很粗糙的),同时空气质点的活动也是很活跃的,结果使边界层内的气流不再是很有层次的了;另一方面最上面的速度比较大的空气质点可能走到底下速度慢的那一层来,而底下的质点也会走到上面去,这种边界层称为湍流边界层。气流的速度越大、流过物体表面的距离越长或者空气的密度越大,层流边界层便越容易变成湍流边界层。相反,如果气体的黏性越大,流动起来便越稳定,越不容易变成湍流边界层。

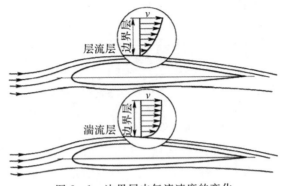

图 2-1　边界层内气流速度的变化

一般的小型无人机机翼表面上多数是层流边界层,很少会变成湍流边界层。而对于大型无人机或飞机来说,速度很大,机翼很大,故雷诺数也很大,机翼表面上气流形成的边界层绝大部分是湍流边界层,因此在分析各种空气动力的作用时要具体分析。计算无人机的性能时不能用真飞机试验出来的数据,因为这些数据都是在雷诺数很大的时候测量出来的。只有雷诺数很相近的时候试验出来的数据才可以用类似的无人机上。

总之,决定黏性的作用主要根据雷诺数的大小。如果两架相像的飞机的雷诺数很接近,那么空气对这两架飞机的作用也相似。

2.2　空气动力基本原理

2.2.1　伯努利定律

丹尼尔·伯努利在 1726 年提出了"伯努利原理",其演示方法如图 2-2 所示。这是在流体力学的连续介质理论方程建立之前,水力学所采用的基本原理,其实质是流体的机械能守恒,即动能+重力势能+压力势能=常数。其最为著名的推论为:等高流动时,流速大,压力就小。

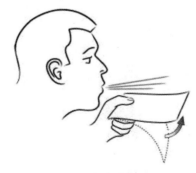

图 2-2　伯努利原理演示方法

2.2.2 升力的成因

1.错误的升力理论

错误一:真空理论。认为飞机产生升力是因为机翼有攻角,当气流通过时机翼的上缘产生"真空",于是机翼被真空吸上去(见图2-3)。

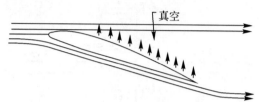

图2-3 错误的升力理论(真空理论)

错误二:子弹理论。认为飞行时空气的质点如同子弹一般打在机翼下缘,将动量传给机翼。此动量分成一个向上的分量,于是产生升力,另一个分量向后,于是产生阻力(见图2-4)。

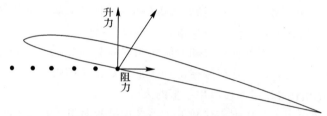

图2-4 错误的升力理论(子弹理论)

2.升力产生的原因

伯努利定律是空气动力最重要的公式,简单地说就是:流体的速度越大,静压力越小,速度越小,静压力越大。这里说的流体一般是指空气或水,在本书当然是指空气。设法使机翼上部空气流速较快,则静压力较小,机翼下部空气流速较慢,静压力较大,两边互相较力(见图2-5),于是机翼就被往上推去,然后飞机就飞起来了。以前的理论认为两个相邻的空气质点同时由机翼的前端往后走,一个流经机翼的上缘,另一个流经机翼的下缘,两个质点应在机翼的后端相会合(见图2-6)。经过仔细计算后发觉如依上述理论,上缘的流速不够大,机翼无法产生那么大的升力。现在经风洞试验已证实,两个相邻空气的质点流经机翼上缘的质点会比流经机翼的下缘质点先到达后缘(见图2-7)。

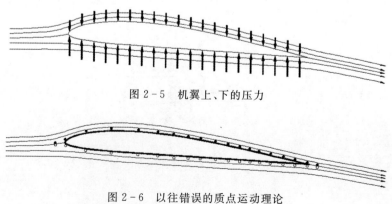

图2-5 机翼上、下的压力

图2-6 以往错误的质点运动理论

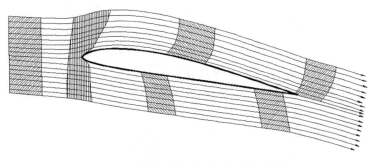

图 2-7　现代经风洞验证的质点运动理论

2.2.3　机翼合力、升力与阻力

1. 机翼上的合力

首先观察空气流过机翼的情况,如图 2-8 所示是四种流线谱。

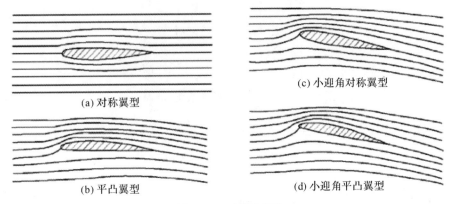

(a) 对称翼型

(b) 平凸翼型

(c) 小迎角对称翼型

(d) 小迎角平凸翼型

图 2-8　四种流线谱

图 2-8(a)是迎角为 0°的对称翼型。气流在前缘受阻分成两股分别挤进机翼上、下空间,如同进入收缩的流管,速度逐渐增加,到翼型最大厚度处速度达到最大。之后又如同进入扩大的管道,速度逐渐减小,到后缘恢复到原来的速度,上、下两股气流汇合继续向前流动。

图 2-8(b)是迎角为 0°的平凸翼型。气流在机翼前缘受阻后沿斜坡向上表面流动。上表面气流速度变化大体上和对称翼型相同,只是加速更快些。下表面气流基本不受影响,只是前缘下方的气流受上面气流加速时压强降低的吸引而略有上偏,驻点(驻点是上下两股气流的分界点)稍向前缘下方移动,速度稍有降低,后缘气流略带下洗。

图 2-8(c)是小迎角对称翼型。气流不但受翼剖面本身阻挡,而且还受翼剖面倾斜造成的阻挡,后者作用往往更大。前缘及其下方压强增大,气流绕过前缘向上流动,驻点下移,机翼上表面气流速度迅速增大后逐渐降低。机翼下表面气流速度减小,后缘形成下洗气流。

图 2-8(d)是小迎角平凸翼型,可以说是图 2-8(b)(c)所示两种情况的叠加。因而其上表面气流流速更大,下表面流速更小,驻点下移更多,后缘气流下洗角更大。

在流线谱里,流线密集的地方,表示单位横截面相同时间内通过的空气较多,故流速较大,压强较小;流线稀疏的地方表示单位横截面相同时间内通过的空气较少,故流速较小,压强较大。这一结论是利用风洞试验,根据物理学中的相对性原理、连续性原理和伯努利定理得出的。图2-9所示是一个有着普通翼型的机翼在中等迎角时,沿翼弦方向的气流速度和压强的分布图。气流进入机翼区前,上、下方的气流速度相同。接近前缘时,上股气流流速迅速增大,到最高点达到最大值,然后逐渐下降,到后缘恢复到接近原来的速度;机翼下面的气流速度减小后又逐渐增大。速度的变化接近于直线型,压强分布由速度变化所决定。机翼上表面压强先是迅速下降,然后逐渐回升;机翼下表面压强先略有增大,然后逐渐回落。到后缘时大体上恢复到原来的压强。压强的变化接近抛物线型。机翼上表面压强的下降量大大超过机翼下表面压强的增加量。但是要注意,机翼上表面压强永远是正的,绝不会出现负压力区。

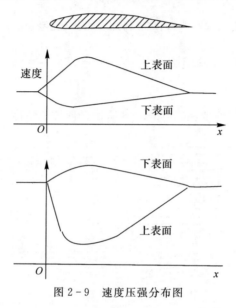

图2-9 速度压强分布图

空气动力包括两类:一类是压力,垂直于机翼表面;另一类是摩擦力,平行于机翼表面。这些空气动力分散地作用在机翼表面。将这些力按照力的合成原理合成为一个力,其大小、方向、位置都能代表整个空气动力的作用,机翼上的这个力就叫作合力或总空气动力。合力和机翼翼弦的交点即为合力的作用点,叫作"压力中心",如图2-10所示。合力方向稍向后倾斜,这是存在阻力的缘故。为了计算方便,将合力分解为两个分力:跟气流方向垂直的分力,叫作升力;跟气流方向相同的分力,叫作阻力。升力和阻力的作用点也都在"压力中心"上。

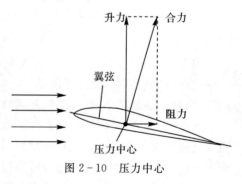

图2-10 压力中心

2.机翼上的升力

物体要在空气中飞行,一定要设法产生升力。产生升力的方法很多,可以利用机翼产生升力,也可以利用旋翼产生升力(直升机)。不过无论什么方法,都是利用物体运动时的上、下压力差来产生升力的。上、下表面的压力差越大,产生的升力也就越大。

机翼是产生升力最主要的部件,机翼的形状通常都制作成如图2-11所示的形状。这样一来,气流流过上表面时速度比较大,流过下表面时速度比较小。我们知道,根据伯努利定律,气流流速增大则压强减小,所以机翼上表面产生负压力,下表面产生正压力,于是机翼便产生升力。

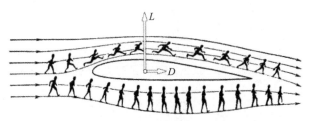

图 2-11 机翼产生升力的原因

机翼升力系数是用试验(例如用风洞)方法测量出来的。机翼产生的升力大小除了与空气密度、飞行速度和机翼面积有关外,还与机翼的截面形状(翼型)、气流与机翼所成的角度(迎角)等有关。机翼的翼型有千种以上,气流与机翼所成的角度也可以有许多变化(一般为 $-6° \sim +18°$),如果把这些因素都列入式中会非常麻烦,所以通常是用一个数值(升力系数)来代替。不同的机翼、不同的翼型在不同的迎角下便有不同的升力系数。科学家们花费很多功夫把各种各样的翼型放在风洞中做试验,分别求出不同迎角时的升力系数,最后整理这些数据,并把每个翼型的资料都画成曲线(如升力系数曲线等),以便查阅。升力系数曲线如图 2-12 所示。由图可看到,曲线的横坐标代表迎角(α),纵坐标代表升力系数(C_L)。根据一定的迎角便可以查出相应的升力系数。迎角就是相对气流速度(v)与翼弦所成的角度,如图 2-13 所示。翼弦是指翼型前缘与后缘连成的直线。

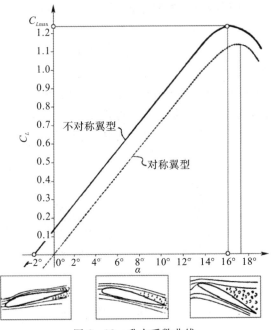

图 2-12 升力系数曲线

一般的翼型在迎角等于零时仍然产生一定的升力。因此升力系数在零迎角时不是零,而要到负迎角时为零,这时的迎角称为零升力迎角。从这个迎角开始,迎角与升力系数成正比,升力系数曲线成为一根斜向上的直线。在迎角加大到一定程度以后升力系数开始下降。这个使升力系数达到最大值的迎角称为临界迎角。超过临界迎角,升力突然减小,无人机可能下坠或自动倾斜,这种情况称为失速。无人机失速的现象十分普遍。

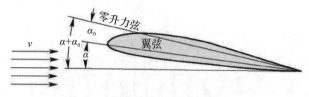

图 2-13 迎角(α)与零升力迎角(α_0)

为什么一般翼型在迎角为零时仍然会产生升力呢?这是因为这些翼型的上表面弯曲,下表面比较平直,气流即使在零迎角吹过来时也会使上表面的气流流速快,下表面的气流流速慢,结果还是产生升力。只有气流从斜上方吹来,迎角才是负的(见图 2-13),升力才等于零。如果翼型是上、下对称的那就完全不同了。这种翼型在零迎角时不产生升力,升力系数为零。这时候机翼上、下表面的流速一样,只有在正迎角时才会产生升力。

3. 机翼上的阻力

一般物体在空气中运动时不仅不会产生升力,还会产生阻力。前面已讲过,阻力是空气动力之一,它主要由两部分组成:一部分是由空气黏性作用产生,称为摩擦阻力或表面阻力;另一部分是由物体前、后压力不同而产生,称为压差阻力或形状阻力。另外,还存在诱导阻力和干扰阻力。下面重点介绍摩擦阻力及压差阻力。

摩擦阻力与物体表面的光滑程度有关,也和物体表面的气流情况有关。物体表面的光滑程度直接影响气流的流动,所以减小摩擦阻力的主要办法是尽量把物体表面加工得光滑一些,以减少表面上各种凸起物阻碍气流流动。

压差阻力主要决定于物体的形状,不过产生这种阻力与空气黏性有关。譬如圆球在空气中运动时,如果空气没有黏性,不但没有摩擦阻力而且也没有其他阻力。因为气流流过圆球时,流动的情况如图 2-14(a)所示,圆球前后、上下的压强分布相同,所以也没有压差阻力。只当空气有黏性时,气流流过圆球表面损失了一些能量,不能绕过圆球回到圆球的后面去,于是产生气流分离现象,如图 2-14(b)所示。这时圆球后面的气流形成涡流区,压强在圆球前面较低,于是前后压力差产生压差阻力。

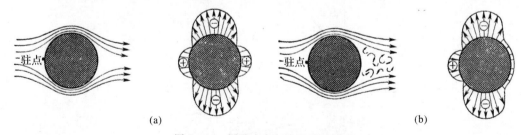

(a)   (b)

图 2-14 圆球在空气中运动的情况

很明显,要想减小压差阻力必须减少物体后面的涡流区、增大物体后面气流的压强,一般流线型的物体能很好地满足这一要求。气流流过良好流线型物体所产生的阻力只有圆球阻力的 1/5 左右。

一般来说,对于流线型物体,如无人机的机身,产生的阻力中摩擦阻力占总阻力的大部分;而对于非流线型的物体,如平板、圆球等,压差阻力在总阻力中占主要地位。但不管哪一种阻力都是直接或间接地由空气黏性的影响产生的,所以还必须进一步了解空气黏性的作用。已知空气黏性的作用主要表现在最靠近物体的一层薄薄的气流中,这一层称为边界层。边界层一般可分为两种:一种是层流层,另一种是湍流层(旧称紊流层)。这两种边界层的性质有所不同,层流层的流动是一层一层很有"规则",因此气流流过物体时如果形成的边界层是层流层,由空气黏性所产生的摩擦阻力便比较小;湍流层内气流是紊乱的,所以摩擦阻力比较大。从减小物体表面阻力的观点看,最好能设法使边界层保持层流层。

这两种边界层有一个很大的区别,就是它们产生的速度变化不同。两种边界层在最靠近物体的那一点上速度都是零,即相当于"黏"在物体表面上一样;离开物体表面稍远一些,空气便流动了;到了边界层的最外面,两种边界层内气流的速度都与外面气流速度相同。可是在从零变到外界速度之间,这两种边界层速度的变化却不相同。层流边界层的速度变化是比较激烈的。而湍流层却不是这样,其空气质点互相"走来走去",互相影响,因此在边界层内速度是比较均匀的,变化不激烈,边界层内靠近物体表面的气流速度还很大。湍流层的这个特点使它在物体表面上流动时很不容易停顿下来,而层流层则相反。

物体的空气阻力有一部分是由于气流从物体表面分离形成涡流区而产生的压差阻力。气流分离的早晚与物体形状有关,同时也与边界层的性质有关。如果边界层是层流层,流动时容易在一定的地方(受反压力的时候)停顿下来,这样气流很早分离,涡流区便很大,压差阻力也就很大;如果边界层是湍流层就好得多,湍流层不容易停下来,气流分离可以比较晚,压差阻力也就比较小。圆球表面边界层对流动及阻力的影响如图 2-15 所示。所以从减小压差阻力的观点看,边界层最好是湍流的。

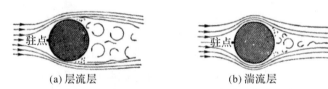

(a) 层流层   (b) 湍流层

图 2-15 圆球表面边界层对流动及阻力的影响

无人机的各部分多数是流线型的,要减小的阻力主要是摩擦阻力,所以基本上应使边界层保持层流而不是湍流。要想达到这点必须把表面打磨得很光滑。不过对于无人机最主要的部件——机翼而言,情况却完全不同。机翼的截面形状虽然是流线型的,但在大迎角飞行(如滑翔)时,气流很容易从机翼上表面分离以至形成失速,所以对于机翼需加以特别的考虑。

2.2.4 空气动力的大小

进行飞行调整时,要对空气动力的大小有个大体估计。决定空气动力大小的因素反映在升力计算式中:

$$L = \frac{1}{2}C_L \rho v^2 S$$

其中,L 是机翼的升力;C_L 是升力系数;ρ 为空气密度;v 是机翼同气流的相对速度;S 是机翼面积。

此外,ρv^2 是动压。升力系数 C_L 由试验测定。试验时先测出 L,ρ,v,S,再用公式将升力系数计算出来。C_L 综合反映 ρ,v,S 以外的、决定升力大小的多种因素,主要有翼型形状、机翼平面形状、表面状态、雷诺数和迎角等。调整无人机时,特别要注意迎角和升力系数的关系。

图 2-16 是升力系数曲线示意图，它反映升力系数和迎角的对应关系，曲线因翼型而异。

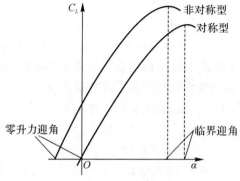

图 2-16　升力系数曲线示意图

对称翼型机翼的零升力迎角是 0°。随着迎角增大，C_L 接近直线增长。临界迎角时 C_L 增到最大值，超过临界迎角后，如迎角再增大，C_L 反而迅速降低。临界迎角的大小和曲线的斜率主要取决于雷诺数。一般飞机的临界迎角为 $16°\sim20°$，最大升力系数可达 1.4 或更大。无人机的临界迎角一般为 $10°\sim12°$，最大升力系数为 $1.0\sim1.2$，甚至更小。迎角小于 0°时，C_L 为负值。

非对称翼型（如平凸型、双凸型、凹凸型）机翼的升力系数曲线有所不同。主要区别为非对称翼型机翼的零升力迎角是一个负值。翼型中弧线弯度越大，零升力迎角越小，最大 C_L 值较大。另一个区别是临界迎角稍小。C_L 随迎角增减的情况和对称翼型大体相同。

阻力的计算公式为

$$D = C_D \rho v^2 S$$

式中，S 仍然指面积。不过要注意，通常计算机翼、尾翼的阻力时用平面面积；计算其他部件的阻力时用最大迎风面积。C_D 叫作阻力系数，也是通过试验计算得出的。C_D 值决定于机翼的剖面、平面形状、表面粗糙度和雷诺数等。机翼阻力和迎角的关系最为密切，它清楚地反映在阻力系数曲线上，如图 2-17 所示。一般零升力迎角时 C_D 最小，这时主要是机翼表面摩擦阻力起作用。迎角增大，C_D 值也增大，增加的成分主要是诱导阻力。超过临界迎角后，阻力急剧增长，原因是机翼上面的气流发生了分离，如图 2-18 所示，增加的成分主要是压差阻力。无人机飞行时，如果超过了临界迎角，由于阻力大增，加上升力的急剧下降，就会失去前进速度而下冲或螺旋下降。所以临界迎角也叫作"失速迎角"。

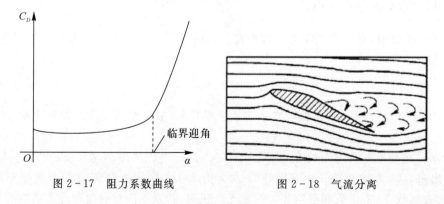

图 2-17　阻力系数曲线　　　　　图 2-18　气流分离

2.2.5　压力中心

此处主要讨论压力中心的位置问题。无人机的重心位置确定之后,压力中心位置就是决定力臂的唯一条件。压力中心的位置通常用翼弦长度的百分数(以压力中心至机翼前缘的距离来计算)来表示。例如,压力中心在翼弦的中点,就叫压力中心在50%翼弦长处。

关于压力中心的位置要注意三个问题:①压力中心的位置和速度无关;②压力中心的位置和翼型有关;③压力中心的位置通常和迎角有关(对称型机翼例外)。

关于问题①,气流速度改变之后,机翼上、下气流速度的分布会发生相应变化,压力分布也随着改变,总空气动力相应地增加或减小,但压力中心位置不变。打个比方,天平配平之后,如两端各加(减)一个相同的砝码,并不会破坏对原支点的平衡。调整无人机时不必担心速度变化而引起压力中心的变化。但如速度变化很大,会引起雷诺数的大范围变化,压力中心也会移动。

关于问题②,对称翼型机翼压力中心位于25%翼弦处。非对称翼型的压力中心一般在30%翼弦长后。中弧线弯度越大或最大弯度越靠后的翼型,压力中心越靠后。

最重要的是问题③,即压力中心位置和迎角的关系。对称翼型机翼的压力中心位置不因迎角的变化而移动。在一般应用迎角范围内,无论迎角大或小,压力中心总是固定在25%翼弦长处。因为迎角的变化只引起机翼上、下气流的速度和压力的变化,不能改变它们的变化规律。速度沿翼弦的变化呈线性(一次曲线)关系。压力是速度的二次函数,所以压力的变化呈抛物线(二次曲线)规律,因而压力中心的位置也就是固定的了。

非对称翼型(平凸、凹凸、双凸)机翼的压力中心随迎角的变化而前后移动。以平凸翼型为例,在0°迎角时已产生升力,这个升力是由翼型不对称引起的,记为L_c,作用点在45%弦长附近,如图2-19(a)所示。当为一个小迎角时,因翼型产生的升力L_c基本不变,因迎角产生的升力(L_a)开始出现,如图2-19(b)所示,后者作用点在25%弦长处。因此,总升力作用点前移了。迎角越大,L_a越大,压力中心前移越多。在临界迎角时移到最前位置,一般在(30%~35%)弦长之间。超过临界迎角后,L_a减小,压力中心向后移动。由于大部分无人机机翼都采用非对称翼型,所以必须掌握压力中心移动规律才能正确调整好无人机。

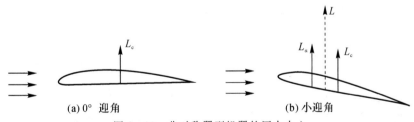

图2-19　非对称翼型机翼的压力中心

S翼型机翼的压力中心移动方向和前者相反。但无人机上一般不采用这种翼型。对于各种翼型,在超过临界迎角后,压力中心都向后移动。迎角为90°时,压力中心在翼弦中点处。

2.2.6　机翼力矩

机翼力矩是指机翼升力对前缘的力矩。在图2-20中,压力中心P点到前缘距离为l,升力L对前缘的力矩为$-Ll$(负号表示低头力矩)。

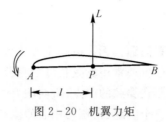

图 2-20　机翼力矩

压力中心位置用距翼弦前缘(A 点)的距离占翼弦总长度的百分数来表示。设翼弦长$\overline{AB}=b$,代入升力公式有

$$M_A = -\frac{1}{2}C_L\rho v^2 S \frac{xb}{100}$$

2.2.7　焦点力矩

距离机翼前缘 25% 弦长的点叫作焦点,又叫作空气动力中心。机翼升力对这一点的力矩叫作焦点力矩。对于研究力矩平衡和稳定性,焦点力矩是一个十分重要的概念,利用它可以简化问题。

前面介绍过,对称翼型机翼的压力中心作用在焦点上,并且不随迎角变化。所以对称翼型的焦点力矩等于零,并且也不随迎角变化。就是说,对称翼型所有飞行迎角的焦点力矩都等于零。

非对称翼型机翼的压力中心在焦点之后,升力对焦点产生一个低头力矩。或者说非对称翼型有一个负焦点力矩。非对称翼型焦点力矩也有一个很重要的特点,即同一个翼型的焦点力矩不随迎角改变而改变。或者说每一种翼型的焦点力矩系数是一个常数。如图 2-21 所示,小迎角时压力中心靠后,力臂 l_1 较大,升力 L_1 较小,力矩为 $L_1 l_1$;迎角增大后,压力中心前移,力臂 l_2 缩短,升力 L_2 却增大。奇妙之处就是升力的变化和力臂的变化正好成比例。通常情况下都能保持 $L_1 l_1 = L_2 l_2 = \cdots$。可以这样理解:以平凸翼型为例,零度迎角时,它产生一个升力,对焦点形成一个力矩,这个力矩纯粹是因翼型上下不对称而产生的,与迎角无关,以后因迎角增大产生的升力的作用点又在焦点上,升力的增量对焦点不形成力矩,所以无论迎角增加多少,对焦点的力矩并不增加,始终是零度迎角时的焦点力矩。

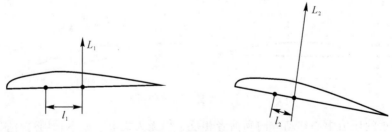

图 2-21　平凸翼型机翼的焦点力矩

机翼焦点力矩的性质可以简要地概括为,各种翼型的机翼焦点力矩系数都是一个常数。焦点力矩系数的大小由翼型中弧线弯度所决定:中弧线弯度越大,焦点力矩系数的绝对值越大;中弧线弯度越小,焦点力矩系数的绝对值越小;中弧线是直线(即对称翼型)时,焦点力矩系数等于零。

2.2.8 平均力矩弦

计算机翼力矩或确定重心位置时,都要以翼弦为标准。这里说的翼弦指矩形机翼的翼弦。但是无人机上很少采用矩形机翼。多数机翼的平面形状是梯形,少数机翼是椭圆形的。当一副机翼的翼弦长度有大有小时,以机翼上哪一位置的翼弦为代表是有讲究的。现在有一种较流行的方法以翼根弦为计算标准,这是不正确的。正确的方法是严格确定翼根"平均力矩弦"(又叫作平均气动弦长)。平均力矩弦不但其长度要起到平均弦的作用(平均弦乘翼展等于机翼面积),而且其前后位置也应当是力矩作用相当的矩形机翼弦的位置。

求梯形机翼平均力矩弦的方法如下:如图 2-22 所示,AB 和 CD 是翼根弦和翼尖弦,在 AB 延长线上截取 $\overline{BE}=\overline{CD}$,在 CD 延长线上截取 $\overline{DF}=\overline{AB}$。$G,H$ 分别是 AB 和 CD 的中点,连接 EF 与 GH 交于 P,过 P 作 $A'B'$ 平行于 AB,则 $A'B'$ 就是平均力矩弦。

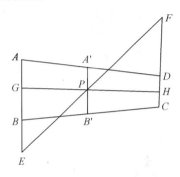

无人机机翼使用最多的是矩形和梯形相结合的平面形状。通常中段用矩形,翼尖为梯形,如图 2-23 所示。求平均力矩弦的方法是先分别求出矩形和梯形的平均力矩弦(b_j 和 b_t),再由 b_t 向根部平移 d,该处翼弦即为机翼的平均力矩弦。

图 2-22 梯形机翼的平均力矩弦

梯形机翼圆翼尖的处理方法是:延长前后缘,在适当位置作一翼根弦的平行线,使线右侧减少的机翼面积等于左侧增加的面积,此时相当于梯形机翼,再按梯形机翼取平均力矩弦,如图 2-24 所示。

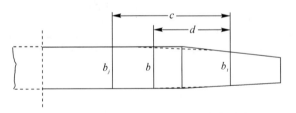

图 2-23 矩形＋梯形机翼的平均力矩弦

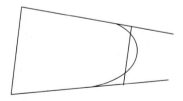

图 2-24 曲线翼尖近似法

对于完全呈椭圆形状的机翼,可以先求出平均弦长,再用逐渐接近的方法在图上确定平均力矩弦的位置。

2.2.9 空气动力学相似

在估计无人机的特性时,一般不可能把无人机放在风洞中做试验,通常只能利用别人已经试验出来的资料。利用别人的资料时有一个最基本的条件,即别人试验所用的物体形状与我们的无人机或其中某一部分形状一定要相似。这一点恐怕不会有什么疑问了，可是只是形状相似，别人的试验成果是否就能用上呢？这就不一定了。使用别人的资料时还要注意到"空气动力学相似"问题。

所谓"空气动力学相似"，就是要求作用在两个大小不同但形状相似的物体上的空气动力要成比例，而且力的方向要相同。

如图 2-25 所示为两个形状相似的机翼，A 与 a 是任意相对应的点。作用在 A 与 a 两点上的力分别有压力 P_1 与 P_2，摩擦力 F_1 与 F_2。如果这两个机翼是"空气动力学相似"的，空气动力的大小虽然不同，但是成比例，方向必须相同，即由压力和摩擦力所形成的合力与摩擦力的夹角应该相等。空气产生的压力与空气密度及速度 v 的二次方成比例。而空气摩擦力与空气黏度 μ、速度成正比，与流经机翼表面的长度 l 成反比。很明显，要使两个机翼的 θ 角相同，两个机翼的压力和摩擦力的比值必须相同。要使两个物体空气动力学相似，必须要求这两个物体的雷诺数相同。

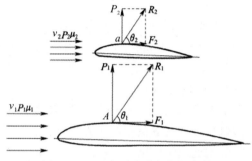

图 2-25　空气动力学相似的条件

现在，雷诺数又有一个更具体的意义了。雷诺数不仅是决定边界层性质和机翼是否容易失速的一个参考，又是决定他人无人机的空气动力资料是否对自己的无人机有参考价值的依据。为此，必须首先估计自己无人机的速度，量出弦长，代入计算雷诺数的公式算出雷诺数。如果两者雷诺数接近，参考的资料就可以应用。

比较可靠的无人机资料一般都注明试验时的雷诺数，以便使用者对比、参考。使用雷诺数差别很大的资料，往往很难得到良好的结果。例如，适合于大雷诺数的真飞机的翼型用在无人机上性能一定不好，很多人的经验已经充分证明了这一点。

当机翼上表面的边界层始终是层流层时，机翼的性能不好。如果雷诺数比较大，即机翼翼弦较长，或者飞得较快，层流层可能在没有分离前就变成湍流层，机翼的性能便可以大为提高。一些科学家把机翼放在风洞中测量它的升力和阻力，在求它的升力系数和阻力系数时，发现如果不断增大雷诺数（例如增大风速），机翼产生的升力系数会在达到一定雷诺数时突然增大很多，阻力系数会突然减小，如图 2-26 所示。这时的雷诺数称为临界雷诺数（Re_{cr}）。

如果无人机飞行时雷诺数大于 Re_{cr}，性能一定大为提高。要达到这点，可设法使无人机飞行速度加大或者翼弦加长。根据各种翼型的临界雷诺数来决定机翼翼弦最小长度是很理想的办法，这样可保证机翼在临界雷诺数以上的条件下工作。可惜绝大部分翼型的临界雷诺数我们并不知道。一般翼型资料所标明的雷诺数不是临界值而只是该资料试验时的雷诺数值，这点千万不要弄错。由于缺乏数据，到目前为止，利用临界雷诺数来设计机翼的想法不可能实现。根据最粗略的估计，厚度是翼弦 8% 的弯曲翼型的临界雷诺数大约为 50 000。

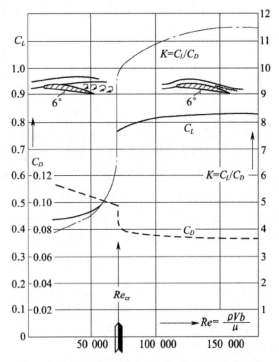

图 2-26　雷诺数不同时 C_L, C_D 及 K 的变化情况

机翼临界雷诺数（Re_{cr}）的大小与翼型的弯曲程度、厚度等有关，也与机翼上表面的粗糙程度、气流的紊乱程度等有关。弯曲度小、厚度大的翼型，Re_{cr} 很大，这种翼型不宜在小型及小速度的无人机上使用。近年来很多人使用扰流器来减小机翼的 Re_{cr}，从而提高了无人机的飞行性能。这种办法主要是增加机翼上表面靠近前缘部分的粗糙程度，或者在机翼前缘加扰流线。总的目的是使机翼上表面的边界层从层流变为湍流，延迟气流分离，提高最大升力系数。

很多时候，无人机飞行时机翼雷诺数与翼型的 Re_{cr} 十分接近。只要把翼弦稍微加长些，使雷诺数正好比 Re_{cr} 大，便可以使性能提高很多。

2.3　飞行运动状态

2.3.1　飞行状态

因为有飞控参与飞行控制，无人机可以快速满足飞行要求，但如果无人机本身没有调试好，虽然有了飞控参与仍然可以飞行，但是无人机的飞行效率、安全性、稳定性将大打折扣。所以无人机做好后要经过无飞控手工试飞，这是无人机调试中的重要环节。无人机不同于车船，车船调整不当，可以停下来再调。无人机如果调整失误，就可能摔个粉碎，前功尽弃。所以，无人机操纵者调整无人机时必须认真仔细，严格遵循一套科学的程序和方法。要做到这一点，就需要懂得飞行调整的原理，在理论方面下一番功夫。

飞行调整就是在试飞中判断哪些是正常的飞行姿态，哪些是不正常的飞行姿态。对不正常的飞行姿态,从力学上找到原因,采取相应的调整措施,达到无人机能正常飞行的目的。所以,进行无人机调整,首先要善于对飞行现象进行分析。

1. 平动

物体的运动是各式各样的,如车辆行驶、鸟类飞翔、机器运转等。从表面上看,运动形式千差万别,但实质上都离不开两种基本的运动——平动和转动。什么是平动?抽屉的拉出推进、活塞在汽缸中往复运动、火车车厢在直线轨道上移动[见图2-27(a)]等都属于平动。从定义上看,物体(这里指的物体相当于刚体)在运动中,物体内任何一条给定的直线的方向始终保持不变,这种运动则称为平动。在平动过程中物体内各点的运动方向和速度都是相同的。关于平动有几点需要弄清楚:第一,不要误认为平动必须是水平的运动,车厢直线爬坡、小朋友从直线滑梯上滑下[见图2-27(b)],也都是平动。第二,不要误认为平动必须是直线运动,在图2-27(c)中,方格的运动轨迹虽是曲线,但在方格中任意画一条直线,运动过程中该直线的方向始终不变,因此方格的运动仍属于平动。车厢在水平面上转弯就不是平动,因为在转弯时,车厢内侧和外侧的速度不同,沿车厢纵向或横向作一直线,运动过程中方向改变,不具备平动的特征。

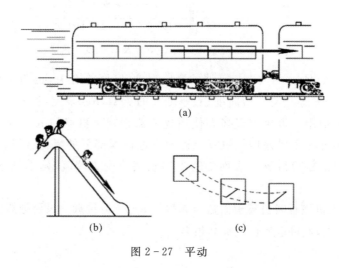

(a)

(b)　　　　(c)

图2-27　平动

2. 转动

什么是转动?电动机轴的旋转、机器上飞轮的旋转、门窗被推开或拉合上的运动等都属于转动,如图2-28所示。物体进行转动时,它的整体不发生位移,物体上各点绕固定轴旋转一周后又回到原来位置,各点运动的方向和速度(线速度)一般都不相同。

物体有没有作平动运动的同时又作转动的情况呢?有的,飞盘就是一边前进(平动)一边又快速旋转的,投掷出的手榴弹、乒乓球运动员拉出的弧旋球、地球的公转和自转等都是平动、转动同时存在的例子,如图2-29所示。这些运动叫做复合运动,一切复杂的运动都可以看作是平动和转动结合而成的。也就是说,一切复杂的运动都可以分解为平动和转动两种简单的运动。这样一分解,对复杂运动的分析就大大简化了。对无人机复杂的飞行状态进行分析,正是借助于这种分解运动的方法。

图 2-28 转动

图 2-29 平动加转动

2.3.2 力的分析

1. 重心和三轴

研究物体的转动必然要涉及转动的中心（轴）问题。电风扇叶片、洗衣机波轮以及录音磁带或录像磁带的卷带轮等部件，都是绕着固定的轴转动。物体在空中运行时处于自由状态，没有固定的旋转轴，没有支点，那么旋转中心是怎样确定的呢？物体在空中的转动以自己的重心为旋转中心。图 2-29 中飞盘以自己的圆心为旋转中心；乒乓球以球心为旋转中心；手榴弹的旋转中心不在中间，而是在弹头一侧。这些物体的旋转中心都是它们的重心。所以，物体在空中自由状态下的转动也叫作绕重心运动。已知，物体在作单纯平动时，物体内各点运动的轨迹互相平行，方向相同，速度相等。因此，物体上任一点的运动都可以代表整体的运动。平动加上转动（见图 2-30）之后，物体上各点运动的轨迹、方向和速度都不一定相同，只有重心的运动不因转动而发生变化（因为重心是旋转中心不参与转动，严格说应为物体的质量中心，由于本书讨论的物体不是很大，物体上各点所受重力可以看作是平行的，质心与重心重合），仍可以作为平动。所以，物体在空中的平动以自己的重心运动为代表，也叫作重心运动。

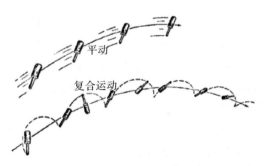

图 2-30 平动和复合运动

　　无人机飞行时转动的中心也是它的重心。为了对无人机的转动进行详细分析,把它绕重心的转动分解为绕三根假想轴的转动,如图 2-31 所示。这三根轴互相垂直,并且相交于重心。贯穿无人机前后的轴叫作纵轴,绕纵轴的转动就是无人机的滚转(Roll);贯穿无人机上下的轴叫作竖轴,绕竖轴的转动就是无人机方向的偏航(Yaw);贯穿无人机左右的轴叫作横轴,绕横轴的转动就是无人机的俯仰(Pitch)。无人机可以只绕其中一根轴转动,也可以同时绕两根或三根轴转动。整架无人机的运动则以无人机重心的运动为代表。

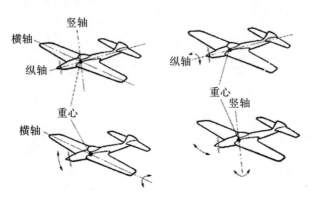

图 2-31　无人机的重心和三轴

2.飞行状态的分析

　　对飞行状态进行分析,就是把飞行状态分解为重心运动状态和绕重心运动状态。

　　例如无人机平飞,对它飞行状态的分析是:重心在一水平面上做匀速直线运动,没有绕重心的运动。通过分析就很容易确定力和力矩的相互关系。匀速直线爬升和直线滑翔的情况也是如此。再如无人机波状飞行,对它飞行状态的分析是:重心运动轨迹是向下的波浪线,速度随波浪的周期性变化;无人机绕横轴做周期性的往返转动。由此再进一步找出转动、速度、轨迹间的内在联系,波状飞行的问题就迎刃而解了。

　　又如,无人机急转下冲是一个常见的复杂飞行现象,如图 2-32 所示。对它的飞行状态分析是:重心沿螺旋线向下运动,角度和速度越来越大,无人机同时绕三轴转动。如控制无人机绕竖轴和纵轴的转动,就可以制止其急转下冲,调整的主要问题就抓住了。

3.作用在无人机上的力

　　无人机的飞行状态由作用在无人机上的力以及这些力对重心产生的力矩所决定。力决定重心运动,力矩决定无人机绕重心运动,且两者互相影响。所以,可以通过飞行姿态来间接判断无人机所受的力或力矩的情况,这是进行飞行调整时对无人机进行受力分析的主要手段。通过改变作用力和力矩的方法使无人机达到理想的飞行状态,这就是飞行调整的基本内容。

　　作用在无人机上的力主要有三种,即重力、拉力和空气动力。

　　重力的方向永远向下,垂直于地平面。重心就是假想的重力

图 2-32　无人机急转下冲

的作用点,其条件是无人机各处所有重力对这一点的力矩恰好抵消,于是可把无人机各部分所受的重力都平移到这一点集合成为总的重力。当然总的重力对重心不形成力矩。

拉力(或叫推进力)一般是向前的,由动力装置产生。通常,螺旋桨轴的中心线就是"拉力线"。拉力相对于重心是否产生力矩,由拉力线的位置而定。如果拉力线(包括延长线)正好通过重心,拉力就不产生力矩。如果拉力线不通过重心,就会产生力矩:拉力线通过重心下面会产生抬头力矩,拉力线通过重心上面会产生低头力矩,拉力线通过重心左侧产生右转力矩,拉力线通过重心右侧产生左转力矩,如图 2-33 所示。

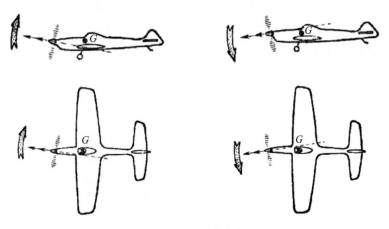

图 2-33　拉力力矩

力矩具有使物体转动的作用,力矩等于力乘力臂(力到转动中心的距离)。改变力和力臂的大小是调整无人机绕重心运动的基本方法。通常用改变拉力线角度的方法来调整拉力力矩的方向和大小。

空气动力的情况较为复杂,机身、起落架及尾翼等只产生阻力,阻力方向和飞行方向相反。机翼和水平尾翼除产生阻力外,还产生升力或负升力。升力方向垂直于相对气流(即飞行方向)。空气动力也会产生转动力矩。飞行调整主要是处理空气动力的力矩平衡问题。

2.4　常见飞行姿态

2.4.1　平飞

1. 平飞的条件

平飞也叫作平直飞行,就是水平匀速直线飞行。这种飞行状态在无人机上比较常见,平飞是最简单、最基本的飞行姿态,是研究其他复杂飞行状态(盘旋、滑翔、爬升等)的基础,也是分析无人机一些主要性能(速度、留空时间和飞行距离)的基础。

无人机实现平飞的条件,首先是无人机上的力矩要互相平衡,以使无人机不发生绕重心的转动。由于力矩已经平衡,分析平飞时就可以假定所有的力都通过重心(见图 2-34),只考虑这些力的相互关系。要保持无人机平飞,条件是升力(L)等于重力(G),拉力(P)等于阻力(D)。

有些读者可能疑惑不解:升力等于重力,无人机岂不是会掉下来?拉力等于阻力,无人机怎么前进?这些都是误解。由于人们常见的运动总是有阻力的,现实中如果没有动力,运动就不能发生,或不能持续。于是有些人一开始就形成错误概念,认为力是维持运动(而不是克服阻力)的必要条件。实际上无人机之所以下落,是重力作用的结果,重力既然被升力所平衡,无人机自然不会下落了。如果升力大于重力,无人机会逐渐升高;如果升力小于重力,无人机会逐渐下降,都不能保持平飞。无人机达到一定速度后,完全可以依靠本身的惯性保持这个速度,但是因为有阻力,飞行速度要逐渐减慢。阻力如果被拉力平衡,减速的原因就消除了,无人机就能保持这个速度飞行。如果拉力大于阻力,无人机的飞行速度会逐渐增大;如果拉力小于阻力,无人机的飞行速度会逐渐减小。这时,都不能保持匀速飞行。

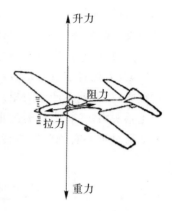

图 2-34　平飞力平衡

2.平飞速度

本小节并不单纯研究平飞速度,而是研究为了实现无人机平飞,需满足的第一个条件——升力等于重力的有关因素,以及这些因素之间的相互关系。

在等式 $L=G$ 中,G 是一个单纯的因子,而 L 是多因子的函数。为了具体分析这些因素之间的关系,将其代入升力公式,有

$$G = 1/2C_L\rho v^2 S$$

可整理为

$$v = \sqrt{\frac{2G}{C_L\rho S}}$$

ρ 也可以看成是不变的。因而只需注意升力系数(它决定于迎角)和平飞速度的关系。小迎角时升力系数较小,为保持平飞,无人机需要有较大的速度,以产生足以平衡重力的升力。大迎角时升力系数较大,不需要那么大的速度就可以维持平飞。无人机迎角与速度的关系如图 2-35 所示。为了尽量减小无人机着陆时飞行速度而又维持足够的升力,就采用将无人机拉到大迎角,甚至接近临界迎角的方法。为了增大升力系数以降低飞行速度,无人机上还普遍采用襟翼和开缝翼等措施,如图 2-36 所示。仔细观察不难发现鸟类飞行也有类似现象。鸟在空中飞行时,一般直伸着脖子,身体呈水平状态,翅膀迎角较小。将近着陆时,一般要抬起脑袋,身体和水平面间出现一个较大的角度,此时翅膀的迎角很大。

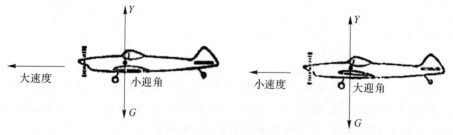

图 2-35　无人机迎角与速度的关系

无人机正常飞行时,一般机翼的迎角接近经济迎角。这个迎角的升力系数大体上是固定的。这样,平飞需用速度就和翼载荷(G/S)的二次方根成正比。翼载荷越大,平飞需用速度越大;翼载荷越小,平飞需用速度越小。例如螺旋桨式战斗机的翼载荷约为 1 500 N/m²,飞行速度约为 7 00 km/h;现代喷气式战斗机的翼载荷约为 5 000~6 000 N/m²,飞行速度 2 000 km/h

以上；近年发展起来的轻型飞机的翼载荷约为 140 N/m²，飞行速度约为 80 km/h；国际级牵引无人机滑翔机的翼载荷为 120 N/m²，飞行速度约为 18 km/h。鸟类和昆虫也遵循这个规律，大雁每小时飞行距离在 70 km 以上；蝙蝠的翅膀很大，翼载荷较小，每小时只飞 15 km 左右；蝴蝶的翼载荷更小，飞行速度约为 12 km/h。

3. 平飞拉力

已知一定翼载荷的无人机，如果迎角已被调整并确定，它的平飞需用速度也就确定了。为了获得这个速度，需要动力装置产生相应的拉力，这个拉力要正好等于无人机用平飞需用速度飞行时所受到的阻力，这就是无人机平飞需要的第二个条件。

首先，平飞需用拉力与无人机所受重力成正比。在其他条件相同的情况下，无人机越重，需要的拉力越大。因为平飞时重力虽然并不需要拉力直接平衡，但重力越大需要升力就越大，这时产生的阻力相应增大，需用拉力也就增加。

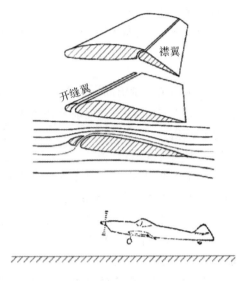

图 2 - 36　增大升力系数的措施

其次，平飞需用拉力与升阻比成反比。在平飞条件下升阻比是重力和拉力之比。如果升阻比是 1（$K=1$），则需用拉力等于重力（$P=G$），如果升阻比等于 10，则需用拉力是重力的 1/10。同一架无人机如果迎角不同，升阻比也不同，有利迎角时的升阻比最大，所以用有利迎角平飞时需用拉力最小。用其余的迎角平飞，由于升阻比的降低，需用拉力都比较大。

2.4.2　滑翔

飞机或无人机的机头向下与地平面成一小角度的匀速直线飞行状态称为"下滑"。下滑和平飞的区别仅在于飞行轨迹的方向，下滑速度方向和地平面间的夹角叫作"下滑角"。下滑角度超过 30° 后叫作"俯冲"。滑翔是没有动力的下滑。

1. 滑翔原理

滑翔飞行也会产生阻力，克服滑翔机的阻力不是依靠动力而是依靠滑翔机所受重力的分力。所以，在平静的气流中，不能保持平飞，更不能爬升。重力给人们的印象总是飞行的负担，在这里却成了克服阻力的"动力"。滑翔时作用在无人机上的力有三个，即升力（L）、阻力（D）和重力（G），如图 2 - 37 所示。升力方向垂直于相对气流方向，也就是垂直于下滑轨迹，所以升力不再和地面垂直，而是向前倾斜。阻力方向和相对气流方向一致，即平行于滑翔轨迹，所以阻力不是水平的，而是向上倾斜。重力永远和地平面垂直。重力的一个分力 $G\sin\theta$ 和飞行方向一致，重力的另一个分力 $G\cos\theta$ 和飞行方向

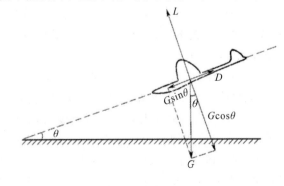

图 2 - 37　滑翔时作用在无人机上的力

垂直（θ 表示滑翔角）。

稳定滑翔时，无人机上各力之间的关系是

$$L = G\cos\theta$$
$$D = G\sin\theta$$

当阻力等于重力的一个分力 $G\sin\theta$ 时，才能保证滑翔速度不发生变化；当升力等于重力的另一个分力 $G\cos\theta$ 时，能保证滑翔角不发生变化。此外，与平飞的情况一样，无人机上的力矩应互相平衡。

2. 滑翔速度

与平飞相似，滑翔时为了保证升力和重力的一个分力相等，即 $L=G\cos\theta$，也需要滑翔速度和升力系数等因素保持平衡关系。

这一点与我们生活中的直观感觉似乎矛盾。骑自行车下坡时，角度越大，速度就越大。问题在于：骑自行车下坡和无人机滑翔虽然在利用重力的分力克服阻力这一点上是相同的，但平衡重力另一分力作用的方式则完全不同。骑自行车下坡时，$G\cos\theta$ 的作用由地面平衡，故下滑角越大，重力向斜前方的分力越大，所能克服的阻力越大，这一分力作用的结果，一部分用来克服阻力，另一部分产生加速度，使自行车速度加快，直到由于速度加大致使阻力加大到等于重力向斜前方的分力时，速度才重新稳定下来。滑翔机滑翔时 $G\cos\theta$ 的作用由升力平衡。滑翔角加大后，$G\cos\theta$ 的值减小，需用的升力也减小，如果迎角等条件不变，需用的速度自然要小了。

减小滑翔速度的主要措施如下：

(1)在规则允许范围内，尽量增大升力面积，减小飞行质量，以减小翼载荷(G/S)。

(2)采用较弯曲的翼型、较大的展弦比，以及使用较大的迎角飞行，尽量增大升力系数。

增加滑翔速度主要措施如下：

(1)增大飞行质量，这样俯冲时可以获得较大的速度，拉平之后又具有较大的动能，维持大速度时间较长。

(2)减小阻力系数。阻力和速度的二次方成正比。阻力系数大时，俯冲不可能获得大速度，而且拉平之后，速度又会迅速降低，所以要求尽量减小无人机表面粗糙度值，减小操纵面的缝隙，减小机身等部件的表面和迎风面积。尤其要注意增加机翼的刚性，如果大速度飞行时机翼发生扭曲变形或颤抖，阻力就会急剧增加，速度将急剧下降。

3. 滑翔角

骑自行车下坡的下滑角由斜坡决定，无人机滑翔时并没有斜坡限制，重力的方向又垂直向下，无人机为什么不垂直下降呢？它的滑翔轨迹（即滑翔角）是怎样确定的呢？

如果把无人机静置于空中，让它自由坠落，在重力作用下，无人机确实会垂直下落，这和一般自由落体一样，如图2-38中 a 所示。但当无人机具有一定速度后，由于无人机的俯仰平衡及稳定性作用会产生一个力矩，使机头像风标一样自动朝下，对着迎风方向，如图2-38中 b 所示。一般调整好的无人机机翼有一个正迎角，于是产生升力，开始升力是水平的，随着下落速度不断增加，升力也不断增加。从开始产生升

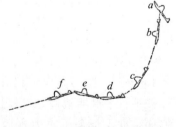

图 2-38 滑翔轨迹的确定

力时起,由于没有(或没有这样大的)重力与其平衡,升力(或多余的升力)起着向心力的作用,将无人机慢慢拉起,飞行轨迹由垂直下降逐渐变为倾斜,角度逐渐减小,如图2-38中 c 所示。这就是无人机不继续垂直下落或大角度俯冲的原因,同时也说明如果无人机不产生升力,它就只能垂直俯冲。

待机头抬到接近水平位置时,重力不再起加速或抵消阻力的作用。飞行速度开始减慢,只是由于无人机下降时已经积累了较大的速度,这时靠惯性维持的速度仍然大于滑翔需用速度,升力大于重力,无人机继续被拉起,飞行轨迹由下滑转变到爬升,如图2-38中 d 所示。

当无人机爬升和机头抬起后,阻力和重力向斜后方的分力使无人机的速度很快下降。当速度降到小于需用速度后,升力就不足以平衡重力了,于是无人机又由上升转入下滑,如图2-38中 e,f 所示。

可见,下滑角过大或过小都不能维持稳定的下滑。下滑角过大,速度也过大,无人机将被拉起,如图2-39(a)所示;下滑角过小,速度也过小,无人机将被推下,如图2-39(b)所示。

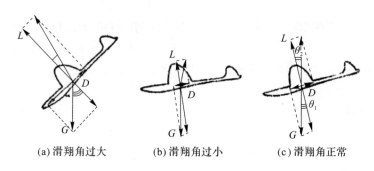

(a)滑翔角过大　　　　(b)滑翔角过小　　　　(c)滑翔角正常

图 2-39　滑翔角的确定

可见,滑翔角决定于升阻比。对于一架具体的无人机来说,升阻比又取决于迎角。

最后,滑翔比等于无人机的升阻比。升阻比越大,滑翔角越小;升阻比越小,滑翔角就越大。

4.下沉速度

下沉速度(v_y),即滑翔时每秒下降的垂直高度为

$$v_y = h/t$$

高度 h 一定时,v_y 越大,留空时间越短;v_y 越小,留空时间越长。例如从 50 m 高度向下滑翔,$v_y=0.4$ m/s 时,留空时间为 125 s;$v_y=0.3$ m/s 时,留空时间为 167 s。所以,减小下沉速度是竞时项目提高留空时间的关键。

前面已经讨论过滑翔角和滑翔速度。从图2-37中可以看出 $v_y=v\sin\theta$。一般说,可以从减小滑翔角和降低滑翔速度这两个方面来减小下沉速度。具体措施有减小飞行重量、减小阻力、增大机翼面积等。这些方法既能减小速度,也能减小滑翔角,最终都起到减小下沉速度的作用。但也有不一致的地方。如最小速度在最大 C_L 迎角时获得,最小滑翔角却在最大 K 迎角(有利迎角)时获得。这两个迎角是不相同的。到底哪一个迎角时的下沉速度最小,还需要进一步分析。

2.4.3 爬升

1.稳定爬升的条件

无人机的爬升有各种姿态。稳定爬升是最简单、最基本的爬升。稳定爬升属于匀速直线爬升,要求的条件和下滑类似,除力矩平衡外,还要求无人机所受力达到平衡,如图 2-40 所示。

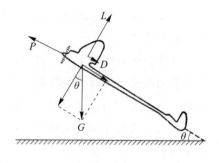

图 2-40 稳定爬升力平衡

$L=G\cos\theta$ $P=G\sin\theta+D$。其中,L 是升力;D 是阻力;P 是拉力;G 是重力;θ 是爬升角。只有当 $L=G\cos\theta$ 时,才能保证爬升角不发生变化。如果 $L>G\cos\theta$,爬升角会越来越大;反之,爬升角会越来越小。只有当 $P=G\sin\theta+D$ 时,才能保证爬升速度不发生变化。如果拉力过大,速度会越来越大;反之如果拉力过小,速度就会越来越小。

2.爬升需用速度

爬升速度不是随便规定的,它被飞行质量、机翼面积、迎角(C_L)和爬升角等因素所限定。在相同调整情况下,爬升需用速度小于平飞需用速度。爬升角越大,爬升需用速度越小。这是因为爬升不需要那么大的升力,一部分重力由拉力负担。爬升需用拉力大于平飞需用拉力,一般爬升角越大,爬升需用拉力也越大。

例如,一架弹射无人机,$G=0.1$ N,$S=0.01$ m²,$C_L=0.6$,$\rho=1.25$ kg/m³,其平飞需用速度约为 5.17 m/s。当它以 60°角爬升时,需用速度约为 1.3 m/s。实际上弹射无人机的初速常在 30 m/s 以上。这样大的速度产生的升力达重力的 30 倍以上,升力大大超出重力的分力,破坏了稳定爬升的条件,引起无人机在垂直面上作小半经的圆周运动,这通常叫"拉翻",如图 2-41 所示。所以,拉翻是直线大速度爬升的必然结果。一般说,它并不是由机翼安装角不合适、头轻或弹射角过大所造成的。

3.爬升率

爬升率是单位时间内爬升的高度,也叫作爬升垂直速度。怎样提高爬升率呢?从图 2-42 中可以看出 $v_y=v\sin\theta$。

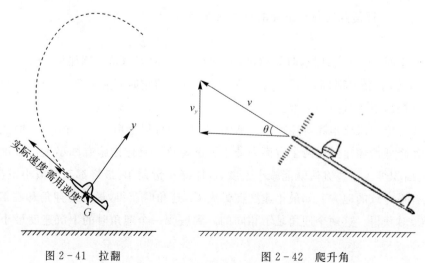

图 2-41 拉翻   图 2-42 爬升角

一般地,增大爬升角(θ)和爬升速度(v)就可以提高爬升垂直速度(v_y)。具体措施是增大功率、减小翼载荷和采取适当的迎角等。但要注意,一架无人机调好之后,它的迎角就被确定了,于是升力系数也被确定。对于特定的升力系数(包括推杆后的小升力系数值),爬升角和爬升速度是互相制约的,即增大爬升角就必须同时减小爬升速度,增大爬升速度就必须同时减小爬升角。

最后需要指出三个注意事项:第一,以上分析是就稳定爬升而言。如果不是稳定爬升,爬升角不断变化,研究哪一个爬升角、爬升率最大就没有意义。第二,怎样实现用这个角度爬升,还需要动力和迎角配合适当。第三,是否用这个角度爬升最有利,还要由无人机的具体情况决定。

4.爬升拉力

爬升时力平衡的第二个方程是 $P=G\sin\theta+D$。在同样条件下,爬升需用拉力大于平飞需用拉力。该式还可以写成 $\sin\theta=P-D/G$。可见,拉力越大,重力和阻力越小,爬升角越大。

爬升角很小时,爬升需用拉力随着爬升角的增大而增大。到一定角度后,需用拉力增到最大,此时的角度叫作最大需用拉力爬升角。超过这个角度后,爬升角增大,爬升需用拉力反而减小。前期增长的原因,是重力向斜后方的分力随爬升角增长较快。后期下降的原因,是爬升速度降低,阻力减小。最大需用拉力爬升角的大小决定于升阻比。此外,升阻比还影响各个爬升角的需用拉力,即升阻比越大,需用拉力越小;升阻比越小,需用拉力越大,如图2-43所示。

爬升需用拉力和无人机所受重力成正比,此外重力的大小不影响需用拉力曲线的形状。重力增大时,曲线向上平移;重力减小时,曲线向下平移,如图2-44所示。

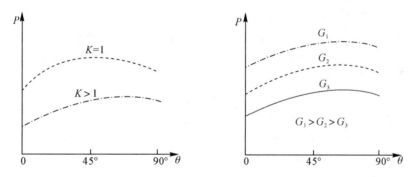

图2-43 升阻比和最大需用拉力爬升角　图2-44 飞行重量和需用拉力最大爬升角

5.爬升消耗的能量

无人机爬升消耗的能量等于爬升需用拉力乘以爬升距离,即 $E=Pl$。爬升需用能量和无人机所受重力成正比,即重力越大,爬升同样高度消耗的能量越大。升阻比越大,爬升消耗的能量越小。

这里要注意两方面:第一,爬升并非越急越好,太急容易前期拉翻,不得不采取抵消措施进行调整,这些措施往往要以损失能量为代价,而且螺旋桨的效率也会降低。第二,爬升后期动力减小,已不可能大角度爬升。这时如勉强拉杆抬头,企图用大角度爬升,会"心有余而力不足",无人机虽抬头但升不上去,严重时甚至造成失速下冲。

6.爬升需用功率

爬升消耗的能量除以时间 t,得到单位时间的能量消耗,就是爬升需用功率。无人机质量越大,爬升需用功率也越大。爬升需用功率同机翼面积的二次方根成反比,面积较大时翼载荷减小,有利于爬升。爬升需用功率最小的迎角也接近最大功率因数迎角。

爬升需用功率和爬升角的关系是:小爬升角时需用功率较小,随着爬升角增大,爬升需用功率也相应增大。到一定角度时,爬升需用功率增到最大,此时的角度稍小于最大爬升速度的爬升角。升阻比越大,这个角度越接近于最大爬升速度的爬升角;升阻比越小,这个角度也随之减小。超过这个角度后,爬升角增大,爬升需用功率反而降低。

2.4.4 盘旋

1.水平盘旋

前面讨论过的飞行都是匀速直线运动,不存在加速度。盘旋是一种曲线运动,始终存在加速度。这里从最简单、最基本的盘旋——水平盘旋入手,讨论盘旋飞行的一些主要的规律,为进一步研究复杂飞行打下基础。

无人机在同一水平面上作等速度、等半径的圆周飞行叫作水平盘旋。无人机作圆周运动,需要一个和运动方向垂直的力,它不断改变物体运动的方向,而不改变物体运动的线速度。这个力叫作向心力,向心力的作用是产生向心加速度。无人机作水平盘旋受到的向心力呈水平方向指向圆心。

无人机盘旋时的向心力来源于升力的水平分力,如图 2-45 所示,所以,无人机在盘旋时必须有一个倾斜角(β),力的平衡关系是 $P=D$(拉力等于阻力),$L\cos\beta=G$(升力的垂直分力等于无人机所受重力)。

水平盘旋时 应该明确以下三方面:

第一,盘旋飞行时无人机必须倾斜。如果想减小盘旋半径,就要增大倾斜角度。

第二,由直线平飞进入水平盘旋后,如果其他条件不变,升力的垂直分力将小于重力。为了补足倾斜损失的升力,如保持速度就必须增大迎角,如保持迎角就必须增大速度,两者都要增大阻力,都需要加大油门。因此,盘旋飞行比平飞要消耗更大的动力。盘旋半径越小,消耗越大。滑翔时减小盘旋半径会增大下沉速度。在无风天气,用较大的半径进行盘旋要合算些。在有风天气,盘旋半径也要控制适当,要估计减小半径造成的空气动力损失。

第三,盘旋半径和速度的平方成正比。倾斜角相同时,速度越大,盘旋半径越大。也就是说,当控制在相同的半径盘旋时,速度大的无人机要倾斜更多些。

2.盘旋和侧滑

左右完全对称的无人机只能作直线飞行。要使无人机进入盘旋,有两种调整或操纵方法。第一种方法是利用副翼。例如,向左压杆,左机翼安装角减小、迎角减小、升力减小,右机翼安装角增大、迎角增大、升力增大。这样形成左倾力矩使无人机向左倾斜,升力随之倾斜。升力向左的水平分力成为向心力,使无人机重心运动轨迹从直线变为圆形。但是要注意,向心力只改变重心的运动轨迹,并不直接使无人机绕竖轴相应转动。实际情况是重心开始作圆周运动时,机头并未转动。机身方向和前进方向不一致(作圆周运动的前进方向是通过这一点的切线方向),前进方向就是气流吹来的方向。因此从俯视方向看,机身和气流有一夹角。气流从转弯的内侧吹来,这种现象叫做内侧滑。不过因为无人机有方向稳定性,使机头不断跟随前进方向,使内侧滑角限制在很小的范围内;但只要是单纯利用副翼进行盘旋,内侧滑就始终存在。无人机的盘旋和内侧滑如图 2-46 所示。

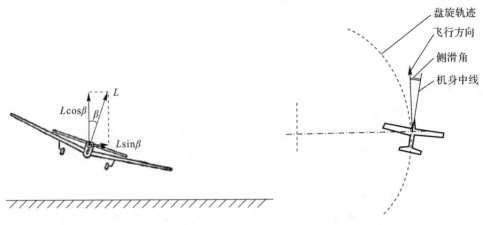

图2-45　水平盘旋力的分解　　　　　图2-46　盘旋和内侧滑

第二种方法是打舵。例如，需要左转弯时打左舵，产生一个绕竖轴的左转力矩，机头向左偏转。但要注意，有些人认为机头偏转时，飞机就转弯了，这是错误的。不要忘记，要使重心运动的轨迹由直线变为圆形，必须有向心力。单纯的机头偏转不会改变整机（以重心为代表）的运动方向。因此，打左舵后只引起右侧滑，如图2-47所示。对机翼没有上反角的无人机，这种侧滑会保持下去，无人机并不进入盘旋。所以这类无人机必须有副翼。单纯用方向舵转弯，会反应迟钝（在上反角极小时），甚至完全不能转弯（在没有上反角又是中下单翼时）。

对机翼有上反角的无人机，当机头左转形成右侧滑时，右机翼迎角增大，左机翼迎角减小，从而形成左倾力矩，使无人机绕纵轴向左倾斜。升力的水平分力起着向心力的作用，无人机进入盘旋。这种调整方法的倾斜是通过侧滑造成的，整个盘旋始终存在着侧滑。机头总是指向盘旋方向的内侧，气流总是从机身外侧吹来。这种侧滑也叫作外侧滑，如图2-48所示。

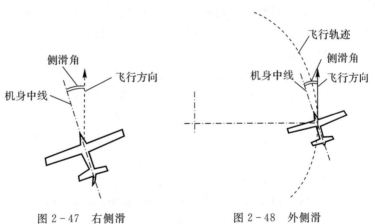

图2-47　右侧滑　　　　　　　　图2-48　外侧滑

在机翼有下反角的情况下，当机头左转形成右侧滑时，右机翼的迎角反而减小，升力也减小；左机翼的迎角加大，升力也加大。从而形成右倾力矩，使无人机绕纵轴向右倾斜，进入右转弯。

讲到这里，可能还会有一些人不太相信，为什么打左舵后，机头左转了，无人机不左转呢？这与上反角有什么关系？那么请做个试验试一试。首先直线慢速骑自行车，然后身体保持正直，微微左转车把。这时你会感到，车把虽然微小转动，车身连同人体还是朝原来方向前进，并不转弯。车把拐急了,就会向外摔倒。可见,身体倾斜是转弯时必不可少的动作,是转动车把所不能代替的。

由此可见,单独用副翼或单独用方向舵都能达到盘旋的目的。但是这两类盘旋都是在侧滑中进行的。飞行方向和机身纵轴间有一夹角,气流总是从侧面吹来。这种带侧滑的盘旋会降低无人机的空气动力性能。

正确的盘旋需要副翼和方向舵协同配合,使无人机重心的圆周运动角速度和绕竖轴方向转动的角速度相等,且机身纵轴恰好同盘旋圆周相切(有侧滑时机身纵轴是割线),气流从正前方吹来。这种无侧滑的盘旋保持着最好的空气动力性能。这大概就是盘旋调整的奥妙所在。

3. 内、外机翼速度差

盘旋飞行时,无人机内、外机翼的线速度是不相同的。内翼速度小,外翼速度大。这个道理很浅显,为了调整时的具体应用,只有这种粗略的认识是不够的,还应该建立一些数量上的概念。盘旋时,无人机的线速度以重心为代表。它等于盘旋圆周长除以盘旋一周的时间。内、外机翼的线速度各以自己的中点为代表,外翼中点的轨迹半径比重心的轨迹半径大 1/4 翼展,内翼中点的轨迹半径比重心轨迹半径小 1/4 翼展,如图 2-49 所示。

从图 2-49 中可以清楚地看出以下三方面:

第一,速度差与翼展成正比。翼展越大,速度差越大。速度差超过一定限度后,横侧力矩足以使无人机急转下冲。所以,小无人机因其翼展小,盘旋半径可以调得很小;大无人机的翼展大,盘旋半径就不可能调得太小。

第二,速度差与速度成正比。

第三,速度差与盘旋半径成反比。滑翔盘旋半径过小,就可能导致无人机急转下冲。

4. 盘旋和迎角

在进行无人机盘旋调整时,一般有这样的经验:盘旋半径变小后,无人机显得头重;盘旋半径变大后,无人机显得头轻。所以,减小盘旋半径的同时要"拉杆",加大盘旋半径的同时要"推杆"。其中原因常常被解释为:因为盘旋半径减小需要无人机倾斜角加大,有效升力减小,因此显得头重,需要"拉杆"抬头,以增大迎角和升力,补偿倾斜的损失,保持正常飞行。其实这种解释其实是错误的。一架已经调好的无人机,其迎角是经济迎角,盘旋半径改小后,由于倾斜,升力确有损失,但这个损失靠增大迎角是补偿不了的,因为超过经济迎角后,功率因数反而降低。同理,盘旋半径改大后,更不应减小迎角,去制造一些升力损失。这是因为小于经济迎角后,功率因数同样降低。总之,无论盘旋半径改大还是改小,都不应改变迎角,只宜保持原来的经济迎角。

但是,实际调整半径时,"拉杆"或"推杆"又是绝对必要的。为什么呢? 相应的"拉杆"或"推杆",并不是为了改变迎角,而是为了保持原来的经济迎角。这是因为盘旋半径的变化在俯仰平衡其他因素不变的情况下也会引起迎角的变化。

先做两个试验来证实这一点:将一架大半径盘旋的无人机飞行调到微波状(说明这时已经稍微超过临界迎角了),然后扳动方向舵,减小盘旋半径,波状飞行立即消失,说明这时迎角已小于临界迎角。可见,盘旋半径减小后,飞行迎角随着减小。

将一架小半径盘旋的无人机迎角调到临界迎角(说明这时接近但还没有达到临界迎角)。然后扳动方向舵,增大盘旋半径,无人机飞行会出现波状,说明此时已经超过了临界迎角。可见,盘旋半径加大后,飞行迎角随着加大。

机翼的飞行迎角是由俯仰力矩平衡点确定的。迎角的改变只能由俯仰力矩的变化引起。因此,只要搞清楚盘旋半径和俯仰力矩变化的关系,这个问题就解决了(附带说明一点,无人机倾斜并不影响俯仰力矩的平衡)。下面通过直线飞行转入盘旋的过程来说明这个问题。直线飞行时,机翼和尾翼的速度是相同的(在研究这个问题时可以不考虑洗流和扰动)。盘旋时,机翼和尾翼的速度不同,内、外翼速度也不相同,如图 2-50 所示。它们中点的速度是各自的平均速度。机翼的平均速度十分接近重心运动的速度。水平尾翼的中点轨迹在机翼中点轨迹之外。

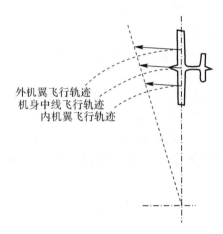
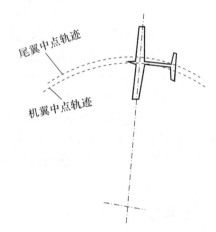

外机翼飞行轨迹
机身中线飞行轨迹
内机翼飞行轨迹

尾翼中点轨迹
机翼中点轨迹

图 2-49　盘旋时内、外机翼速度差　　　　图 2-50　机翼和水平尾翼中点的盘旋轨迹

5. 波状改出性能

正常滑翔的无人机受扰动出现波状飞行后,可能出现两种结果:一种是无人机飞行呈波状后抬头急转,很快改出;另一种是无人机波状飞行越来越厉害,直至坠落地面。前者不但能抵抗乱气流的干扰,而且有利于保持在上升气团之中。后者十分危险,容易摔坏无人机。许多人用动稳定性解释该现象。但大量事实证明,决定动稳定性因素(质量分布、重心位置和翼型等)完全相同的无人机,波状改出性能可能截然相反。可见,多数情况下不是一般的动稳定性问题。习惯上将其称为"波状改出性能"。造成波状改出性能好坏的原因是机翼扭曲的情况。波状改出性能好的无人机,其盘旋内翼的安装角扭大,外翼安装角扭小,俗称"好扭";波状改出性能不好的无人机,盘旋外翼安装角扭大,内翼安装角扭小,俗称"坏扭"。现对"好扭"作用的过程及原理分析如下:

(1)波状飞行是机翼失速造成的。

(2)扭曲机翼飞行时各处迎角不同,进入失速也就有先有后。具有"好扭"的机翼,内翼迎角较大,先失速。内翼阻力剧增,升力剧减,盘旋半径急剧减小。具有"坏扭"的机翼,外翼先失速,失速后盘旋半径反而变大。

(3)盘旋半径减小时,迎角减小,波状可改出。盘旋半径增大时,迎角增大,波状更严重。

"好扭"还有助于无人机爬升。在转弯前,无人机抬头接近失速状态,没有"好扭"的无人机往往整个机翼失速而下坠。有"好扭"的无人机,内翼先失速,无人机进入转弯,克服拉翻现象。

"好扭"也存在缺陷,应用时要注意,具体如下:

第一,由于机翼有扭曲,飞行时迎角就不可能处处相同,即不可能调整到使整个机翼都在理想的迎角下工作,而有些部位迎角偏大,有些部位迎角偏小。这使得机翼空气动力性能降

低。扭曲越大,迎角偏差就越大,空气动力性能降低越多。

第二,易使无人机盘旋时带侧滑。"好扭"使无人机向转弯反方向倾斜。为了实现盘旋,必须大幅增加方向舵角。无人机有一较大的外侧滑角,产生超过"好扭"的横侧力矩。由于气流总是从外侧吹来,无人机的空气动力性能也要降低。"好扭"越大,侧滑角就越大,空气动力损失越多。

"好扭"角度太大还会降低以至无人机完全丧失波状改出性能。因为俯冲阶段机翼尚未失速,过分的扭曲产生的滚转力矩使无人机向反方向转弯。抬头时无人机已向外倾斜,不可能实现波状改出了。

调整无人机时,对于"好扭"的应用要注意以下两方面:

(1)"好扭"的大小要恰到好处,并非扭曲越大越好,只要能实现波状改出就够了,一般在0.5°以下。大展弦的"好扭"可以比机翼的小些。

(2)"好扭"的分布也有讲究。整个机翼沿展向均匀扭曲并不好。比较好的是外翼和内翼的中段都不扭曲,只把内翼翼尖部分安装角加大。翼尖部分离重心远,失速后力矩变化大。这样做可以减小扭曲,减小空气动力的损失,又具有足够的波状改出性能。

以上措施能相当程度地减小机翼扭曲带来的损失。但是,只要机翼扭曲,空气动力损失就不可避免。

2.4.5 急转弯

1.急转弯的方式

在某些特殊的情况下要求尽量减少无人机转弯的路程和时间。为此要求无人机进行急转弯,其实质是小半径盘旋问题,对于无人机来说一般有以下几种方式。

(1)水平急转弯。减小盘旋半径进行急转弯的具体措施如下:

第一,减小翼载荷可以减小急转弯半径。

第二,增大倾斜角使升力水平分力增大,可以减小急转弯半径。但增大倾斜角是有限度的,即必须保证无人机不掉高度。如倾斜太大,无人机将盘旋下降。

第三,增大升力系数可以减小急转弯盘旋半径,这是最主要的措施。设计上应选择最大升力系数较大的翼型,操纵上要用大升力系数迎角(大杆量拉杆)。但要注意,绝对不要超过临界迎角,否则不但由于升力系数减小达不到小半径急转的目的,而且由于阻力系数的激增使飞行速度骤降。用临界迎角也不是最好的方法。虽然临界迎角升力系数最大,理论上急转半径最小,但它有两个缺点:一是诱导阻力很大(诱导阻力系数与升力系数平方成正比),对飞行速度不利。二是操纵上很容易超过临界,缺乏可靠性。因此,正确的选择是稍小于临界迎角。

(2)侧飞急转弯。无人机由平飞快速滚转90°呈侧飞状态,大拉杆做内筋斗后滚转改为平飞。

这个方法的优点是急转半径最小,因为全部升力都用于转弯。但其一个缺点是要掉些高度,所以转弯前应使无人机处于小角度爬升状态。另一个缺点是两次90°滚转操纵上比较复杂,速度上也略有损失。

2.急转弯过负荷

对于大载重无人机,在急转弯时过负荷的问题已经非常值得注意,这容易引起上反角永久变形和机翼折断事故。所有事例都说明,最大过负荷产生于急转弯。

　　无人机急转弯时也会出现过负荷现象。因为转弯半径是由多余升力(向心力)决定的,所以可用实际升力和无人机所受重力之比来表示过负荷的大小,这个比值叫作负荷因数。

　　无人机平飞时升力等于重力,负荷因数等于1。作为可变的条件,负荷因数主要取决于迎角和飞行速度。无人机急转弯前一般用小迎角冲到最大速度,作转弯时猛然拉杆,增大迎角,增大升力系数。假定平飞时升力系数是0.1,转弯时升力系数是1.4,升力增大到原来的14倍,这时的过负荷因数是14。

　　实际试飞时,难以确切掌握平飞升力系数。这时可以测出飞行速度,根据翼型性能估计出最大 C_L(一般为1.2～1.4),计算出最大升力。用这个升力和重力之比,也可以计算出过负荷因数。例如,一架无人机配重后飞行时所受重力为20N,机翼面积为0.5m²,急转弯时升力系数为1.4。这时产生的升力约为394.8N,负荷因数为19.7。就是说,实际升力是重力的19.7倍,相当于平飞时负荷增重374.8N。增加这么大的力,如果没有足够的强度,无人机是无法承受的,而且这是最低的强度要求,实际上要有相当的安全系数。在进行无人机一般设计时,破坏强度总要在可能达到的最大负荷的1.5倍以上。这样,上例中的无人机强度应能够承受约560N的负荷。可以用计算出来的负荷,把机翼支起来,在机身上逐渐加重,用静力做过负荷的模拟试验,作为参考。有人可能会认为无人机所受重力越大过负荷越小,这是不对的。原因是:首先,过负荷因数是升力对重力的比值。如果两架无人机的负荷因数相同而重力不同,则重力大的无人机,其过负荷的绝对值要大;其次,重力值大的无人机在其他条件相同情况下,能够冲出更大的速度,过负荷一般也较大。

2.5　机翼基础知识

　　机翼是无人机产生升力的主要部件。无人机性能的好坏往往决定于机翼的好坏,良好的机翼应该能产生很大的升力和很小的阻力,并有足够的强度和刚性,不容易变形而且容易制作。决定机翼产生升力大小的因素很多,且与机翼面积、速度等直接有关。决定机翼升力系数及阻力系数的是机翼截面形状(即翼型)、机翼平面形状和当时的迎角。与其他翼型相比,好的翼型能够在相同的迎角下有较大的升力系数和较小的阻力系数,这两种系数的比值(称为升阻比)可达到18以上。

2.5.1　翼型

　　翼型就是机翼的截面形状。现代无人机所用的翼型一般可分为六类,即平凸型、对称型、凹凸型、双凸型、S型和特种型,如图2-51所示。这六种翼型各具特点,每种翼型一般能符合某几种无人机的要求。

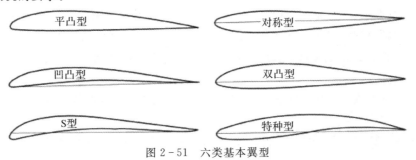

图2-51　六类基本翼型

翼型各部分名称如图 2-52 所示。其中对翼型性能影响最大的是中弧线（或中线）的形状、翼型的厚度和翼型厚度的分布。中弧线是翼型上弧线与下弧线间距离中点的连线。如果中弧线是一根直线且与翼弦重合，那就表示这个翼型上表面和下表面的弯曲情况完全一样，这种翼型称为对称翼型。普通翼型中弧线总是向上弯的。S 翼型的中弧线呈横放的 S 形。

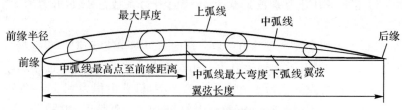

图 2-52　翼型各部分名称

表示翼型的厚度、中弧线的弯曲度和翼型最高点所在位置等通常不用长度计算，因为大小不同的飞机都可以用同样的翼型。翼型如用具体长度表示，在设计计算时很不方便。现在的翼型资料对这些长度都用百分数表示，不用厘米或米为单位，基准长度是翼弦。例如翼型厚度是 1.2cm，弦长 10cm，那么翼型厚度用（1.2/10）来表示，即翼型厚度是翼弦的 12%。这样的表示方法很方便，即不管用在大飞机或小飞机上，这种翼型的厚度始终是 12%。只要牢记基准长度是弦长便可以很容易算出实际的翼型厚度来。此外前后距离也用百分数表示，也以弦长为基准，而且都是从前缘做出发点。例如，翼型最高点在 30% 弦长处，那就表示翼型最高的地方离前缘的距离等于全翼弦的 30%。

下面分别对翼型的画法、性能的表示法和性能的计算等问题加以讨论。

1. 翼型的画法

现在适合无人机使用的翼型已有一百多种，每种翼型的形状都不相同。幸而每种翼型的形状都用同一办法（外形坐标表）表示，所以只要把翼型外形坐标表找到，该翼型的形状便完全决定了。如某翼型坐标见表 2-2。常用"Profili2 翼型软件"绘制机翼。

表 2-2　翼型坐标数据表

X	0	1.25	2.5	5.0	7.5	10	20	30	40	50	60	70	80	90	100
Y_a	0	2.73	3.80	5.36	6.57	7.58	10.34	11.65	11.8	11.16	9.95	8.23	6.63	3.33	0.12
Y_b	0	−1.23	−1.64	−1.99	−2.05	−1.99	−1.25	−0.38	−0.2	0.55	0.78	0.85	0.73	0.39	0.12

所谓翼型坐标表是从翼型上下弧线选出一定的点，将这些点的坐标用弦长百分数表示所列成的表。坐标的原点是前缘，计算百分数的基准长度是弦长，横坐标是翼弦。表 2-2 就是这样的表格，表格第一行（X）表示点到前缘的距离；第二行（Y_a）对应于第一行距离的翼型上弧线上的一点到翼弦的距离；第三行（Y_b）是下弧线上一点到翼弦的距离。把所有这些点都在图上标出以后，用圆滑的线将各点连接起来便可以得到正确的翼型形状。

画翼型前，首先要确定翼弦的长度。将弦长乘上表中的数字再除 100 就可以得出所需要的实际长度。

（1）首先在纸上画一直线代表翼弦。在线上量出翼弦的长度，例如 15 cm，如图 2-53（a）所示。

（2）在翼弦上按表 2-2 中第一行量出距离。如第一行的 30 表示离前缘的距离是（30/

100)×15 即 4.5 cm。在翼弦上离前缘 4.5 cm 的地方轻轻地点上一点,依此类推。通过所有这些点画出垂直翼弦的线,如图 2-53(b)所示。

(3)按表 2-2 中第二、第三行的数值将上弧与下弧的距离算出来。例如,在离前缘 4.5 cm 的地方表中数字是 11.65,上弧到翼弦的实际距离是 11.65×15/100=1.75 cm。对应的表中第三行数字-0.38,即下弧到翼弦距离是-0.38×15/100=-0.057 cm(负值表示这一点在翼弦下方)。根据计算出来的数值便可以在刚刚画好的垂直线(离前缘 4.5 cm 的那一根线)上点出两点:一点在翼弦上面离翼弦 1.75 cm,另一点在翼弦下面离翼弦 0.057 cm。用同样的方法将不同距离的上、下弧各点都标出来,如图 2-53(c)所示。

(4)将点出来的各点连成圆滑的曲线便得到翼型的形状,如图 2-53(d)所示。如果点出来的点不能连成连续圆滑的曲线时表示有错误:或者距离没有算好;或者量得不准确,没有注意正负号。最好将画出的翼型与相关资料同一种翼型的形状对照一下,这样可以及时改正错误。

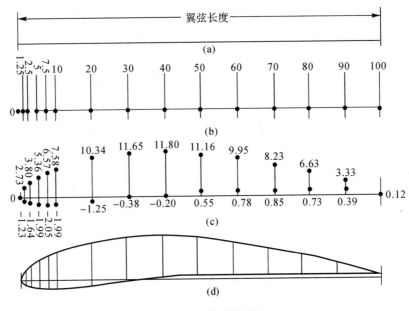

图 2-53　翼型的画法

2.翼型的名称

翼型的种类很多,形状各异,所以每种翼型都有确定名称或牌号。以前的翼型多数是用发明者或研究机关的名称来命名的,如茹科夫斯基翼型、哥廷根翼型等。

常用翼型的来源不外乎以下两方面:

(1)一些国家的航空研究机构经过风洞试验给出的翼型。这些翼型资料往往还附有特性曲线。

(2)爱好者自己设计和改进的翼型。这类翼型一般都是经过无人机的实际飞行并证明性能较好的,当然也有一些是经过风洞试验的翼型。

3.翼型性能的表示法

翼型的性能就是指翼型在不同迎角时所产生的升力系数、阻力系数和压力中心的位置。表示这三种数据的方法很多,有的用表格的形式,有的用曲线的形式,其中以后者最为普遍,使用也最方便。

（1）升阻特性。表示翼型性能的曲线有很多种。最常见的是所谓升力系数曲线、阻力系数曲线和极曲线（亦称李林达曲线）。升力系数曲线的横坐标表示迎角 α，纵坐标表示升力系数 C_L，如图 2-54 所示。从曲线上可以直接查到不同迎角时的升力系数、机翼的零升力迎角（用 α_0 表示，通常是负值），以及临界迎角 α_{cr1} 升力系数 C_{Lmax}。

阻力系数曲线与升力系数曲线相似。横坐标是迎角 α，纵坐标是翼型的阻力系数 C_D。该曲线表示在不同迎角时翼型产生阻力系数的大小。

还有一种翼型的性能曲线称为极曲线。极曲线与以上两种曲线不同。这种曲线的横坐标表示翼型的阻力系数，纵坐标表示升力系数，在曲线上标出迎角的大小，如图 2-55 所示。利用这种曲线可以迅速地查到一定迎角下的升力系数和阻力系数。譬如从图 2-55 上可查到这种翼型在迎角 6°时的升力系数是 0.80，阻力系数是 0.078（相当于雷诺数 84 000 的曲线）。从这种曲线上还可以看到翼型的最大升力系数（相当于曲线最高点的升力系数）和临界迎角（对应于最大升力系数的迎角）。

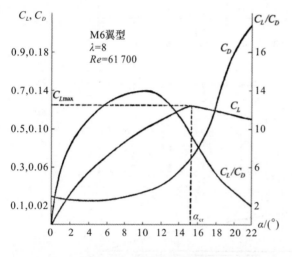

图 2-54　翼型的性能曲线

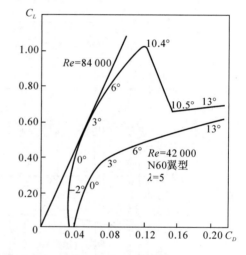

图 2-55　翼型的极曲线

极曲线还有一个方便之处，就是可以直接查到有利迎角。所谓有利迎角就是升力系数与阻力系数的比值为最大时的迎角。无人机用这个迎角飞行时，可以保证在同一高度滑翔得最远。

有时将机翼极曲线与升力系数曲线画在一起。横坐标同时表示迎角和阻力系数，纵坐标则只表示升力系数。这种曲线上的极曲线一般不标明迎角，需要知道迎角时可通过升力系数曲线决定，如图 2-56 所示。例如当升力系数为 1.2 时迎角是 6°。这样极曲线上对应于升力系数 1.2 那一点的迎角也是 6°。

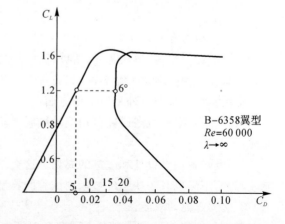

图 2-56　利用升力系数曲线决定极曲线上的迎角

此外还有一种不常见的曲线,即升阻比曲线。这种曲线是根据不同迎角时机翼产生的升阻比的大小画出的。

对每种翼型都可以通过试验方法找出它的极曲线或升力系数曲线来,这些曲线通称翼型性能曲线。不同翼型的曲线也不同,所以在每一曲线上都应注明是哪一种翼型,如 B-6358 或 MVA-301 等。此外,最好写上试验时的雷诺数,以便查阅。雷诺数相差很大的资料不能随便通用。如果在曲线旁边写有 $A=\infty$ 字样,表示这些曲线是翼型数据不是实际机翼数据。A 称为展弦比,表示机翼的长度(翼展)和翼弦长度之比,机翼翼尖的气流会影响到整个机翼的情况,所以要准确地测量出翼型的性能,应把机翼做得无限长(即 $A=\infty$),实际上不可能实现。但可在风洞中用隔板把两翼尖顶住(相当于两个很大的垂直面装在翼尖上),试验出的结果与翼展无限长的机翼基本相同。

(2)力矩特性。除了升力、阻力特性外,还需要知道的翼型数据是压力中心的位置,即合力作用点的位置。一般假设这个作用点在翼弦上(实际情况是稍微高一点儿),所以阻力也作用在翼弦上。

对一般的翼型,当迎角增大时压力中心向前移,迎角减小时压力中心向后移,只有 S 翼型例外。对称翼型的迎角变化不大时,可以认为压力中心是不动的。如图 2-57 所示为翼型压力中心随迎角变化的情况。

从图 2-57 上可以看到,要表示各种不同迎角时压力中心的位置,还需要另一条曲线,即迎角与压力中心变化曲线。之后从理论和实际中找出了另一个更好的办法,所以现代翼型资料中已看不到这种曲线了。

在考虑无人机的飞行问题时,都把升力看成作用在焦点上。但是应注意,因为全机的焦点位置受尾翼作用的影响,与单独机翼的焦点位置是不相同的。

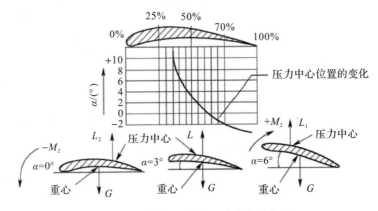

图 2-57　翼型压力中心随迎角的变化

4.提升翼型性能的方法

针对小型无人机低雷诺数特性,提高翼型性能的办法围绕以下几方面进行。

用增加流过机翼上表面气流紊乱程度来促使边界层从层流转变为湍流的方法是一种提高机翼性能简便有效的途径。目前采用的办法有四种。

(1)在机翼上表面前缘部分贴上细砂纸或粘上细木屑。表 2-3 列出的是用这种方法进行试验的结果。从这个结果可以看到不但升力系数有所增大,阻力系数也有所减小;在迎角 9.3°时,机翼的最大升阻比从 7.3 提高到了 9.0。此方法的问题是粗糙部分应贴到哪里为止?

粗糙的程度如何确定？对于每个具体的翼型都需要进行试验才能获得良好的结果，处理不好反而会增加阻力和质量，而未必能提高性能。

表 2-3　前缘上表面粗糙的效果（翼型 NACA-6412　$Re=45\,000$）

迎角/(°)	正常翼型			前缘上表面粗糙		
	C_L	C_D	k	C_L	C_D	k
2.9	0.348	0.064	5.4	0.392	0.059	6.7
6.2	0.614	0.085	7.2	0.670	0.077	8.7
9.3	0.870	0.120	7.3	0.918	0.102	9.0

（2）在机翼上表面近前缘部分粘上一条细木条或粗的扰流线。此方法的试验结果见表 2-4。从这个试验的结果可以看到，对这种翼型来说，扰流线直径以 0.2 mm 为最佳。当位置在 30% 时，最大升阻比从 8.8 提高到 10.5。这个试验还充分说明当扰流线用得不合适（譬如太粗）时，升阻比反而大为降低，甚至只有原来的一半（从 8.8 减到 4.9）。过粗的扰流线不但没有把边界层从层流变为湍流，延迟气流分离，相反地，却使气流在扰流线上分离。如果扰流线直径为 0.8 mm 或 1.6 mm 时，把扰流线放在 50% 的地方反而比放在前面好。扰流线的直径大小与翼弦长度有关。翼弦长度大，扰流线可以粗一些。扰流线的位置则与翼型及迎角大小有关，最好能放在翼型最高点前面一些（放得太靠近前缘也不好），如图 2-58 所示。

表 2-4　扰流线直径和位置对翼型特性的影响（翼型 R310）

扰流线直径/mn	迎角/(°)	无扰流线			位置 10%			位置 30%			位置 50%		
		C_L	C_D	K	C_L	C_D	K	C_L	C_D	K	C_L	C_D	K
0.2	2.9	0.331	0.054	6.1	0.381	0.051	6.2	0.350	0.044	8.0	0.300	0.048	6.3
	6.2	0.577	0.070	8.3	0.582	0.062	9.0	0.600	0.059	10.1	0.540	0.063	8.6
	9.4	0.817	0.093	8.8	0.867	0.090	9.6	0.860	0.082	10.5	0.770	0.088	8.8
0.8	3.3	—	—	—	0.271	0.065	3.3	0.194	0.060	3.2	0.256	0.054	4.7
	6.6	—	—	—	0.449	0.085	5.3	0.427	0.080	5.3	0.524	0.073	7.2
	9.9	—	—	—	0.649	0.119	5.4	0.648	0.112	5.8	0.762	0.102	7.5
1.6	3.2	—	—	—	0.230	0.043	5.3	—	—	—	0.350	0.068	5.2
	6.5	—	—	—	0.481	0.098	5.0	—	—	—	0.600	0.115	4.0
	9.8	—	—	—	0.635	0.128	4.9	—	—	—	0.845	0.162	5.3

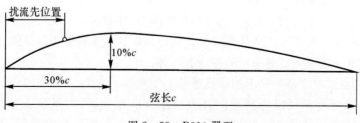

图 2-58　R310 翼型

（3）在机翼前缘前方安装一根有弹性的扰流线。扰流线可用钢丝、细橡筋条或有弹性的尼龙线制成，一般装在距前缘约 1/10～1/8 弦长的地方（见图 2-59），而且是装在翼弦平面上或比翼弦平面稍微低一些。装的时候要将扰流线绷紧。扰流线越粗，振动越剧烈，扰乱气流的作用则越好，可是本身的阻力也越大。细的扰流线阻力小，但扰流作用不好。将这两种影响加以比较，有人认为 0.4 mm 直径的最好，但也有用 1 mm 的。对于不同的无人机，必须根据试验来决定最好的扰流线的直径及位置。

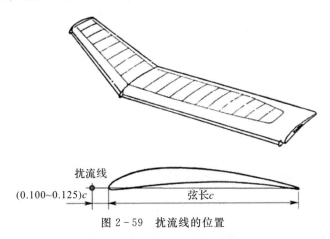

图 2-59　扰流线的位置

如图 2-60 和图 2-61 所示为加了扰流线后机翼特性的变化情况。从这些曲线可以看到扰流线的作用是很大的。可能是因为这种翼型的临界雷诺数正好在 84 000，所以加了扰流线后性能突然提高很多。在低雷诺数时，扰流线的作用并没有这样显著。

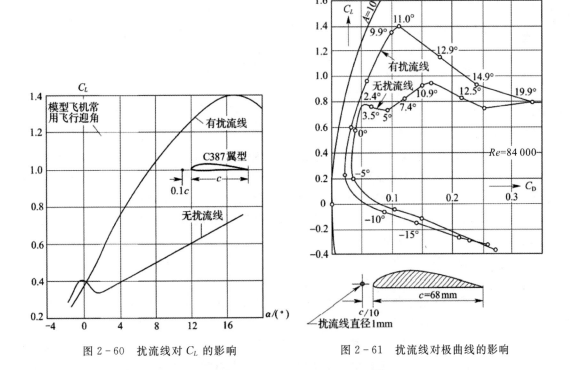

图 2-60　扰流线对 C_L 的影响　　　　　图 2-61　扰流线对极曲线的影响

从图 2-61 可看到扰流线在大迎角下的效果较为显著。没有扰流线的翼型在迎角 2.4°时,机翼上表面的气流就开始分离了,最大升力系数只有 0.96 左右,相应的阻力系数达 0.17。而安装了扰流线后,迎角 9.9°时翼型上表面才开始出现分离,最大升力系数提高到 1.4,而此时的阻力系数仅为 0.11 左右。

(4)采用弯后缘的翼型。自从 1953 年有人采用明显而且后缘突然下弯的翼型获得成功以来,这种翼型开始广泛受到重视。如图 2-62 所示,这样的翼型增大了下表面靠近后缘部分的压力,而不过多地增大阻力,所以升阻比增大。现代高速客机采用的"后加载"翼型也是根据类似的原理设计的。后缘向下弯翼型的发现,给研究无人机翼型的人开辟了一条新道路。但这种翼型还有很多问题。例如,这类翼型的后缘下弯角度多大,下弯部分占多少等还需要进一步地试验和研究。

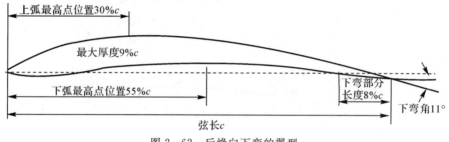

图 2-62 后缘向下弯的翼型

2.5.2 机翼形状的影响

2.5.1 节着重介绍了翼型的问题。事实上只有将机翼做成无限长时,机翼的性能才能和翼型的完全一样,所以还必须进一步了解实际机翼形状对机翼空气动力特性的影响。

机翼的形状包括机翼的平面形状和正面形状。机翼的平面形状指的是机翼的几何形状(例如长方形、梯形和椭圆形等)。机翼的正面形状主要由上反角的大小和形状决定,机翼的平面形状影响机翼产生的空气动力大小和分布,而机翼正面形状主要影响无人机的飞行稳定性。在机翼平面形状的选择过程有一个很重要的参数——展弦比。它就是机翼的翼展与平均翼弦的比值。展弦比越大表示机翼越狭长。

1. 展弦比与翼尖涡流的影响

要了解这个问题首先必须知道机翼的长度是有限的。在机翼翼尖部分,上、下压强不同的气流会产生流动,下表面高压强的气体可绕过翼尖向上表面流动。气体的这种流动形成翼尖涡流(见图 2-63),使整个机翼的气流流动情况都受到影响。这种影响可分为以下三方面:

(1)使机翼上、下压强分布产生变化,减小了压力差(而越近翼尖部分影响便越大),结果升力减小;

(2)使机翼各部分实际迎角减小,长方形机翼越近翼尖部分迎角减小越多;

(3)使机翼后面的气流(即下洗流)向下倾斜,增大了阻力。

总的来说,翼尖涡流使机翼在相同迎角下产生的升力减小,阻力增大,使空气动力性能变差。可以想象,为避免这种现象,最好将翼尖上、下隔开来。这样便不再会产生翼尖涡流了。可惜这种方法只能在风洞中实现,在无人机上行不通。如在无人机翼尖上加上垂直隔板,虽然翼尖涡流影响减小,但垂直隔板本身的摩擦阻力却使总阻力增大,而且增加质量,不一定合适。

现在常用的办法是尽量使机翼左、右翼尖相隔远一些。这是因为这些麻烦是从翼尖引起然后影响到全机翼的,那么翼尖相隔越远,影响会越小。同样面积的机翼,如果翼弦越小,翼展越大,两翼尖相隔的距离便越远,翼尖涡流的影响便越小。这种又狭又长的机翼就是展弦比很大的机翼。

图 2-63 翼尖涡流的影响示意图

下面再进一步讨论翼尖涡流的影响。

2.翼尖涡流引起的诱导阻力

在前面所介绍的空气动力理论中没有提到一种与机翼升力并存的特殊阻力——诱导阻力。这种阻力在无人机飞行时占很重要的地位,差不多占总阻力的1/3以上。

诱导阻力指由于机翼上下表面压力不同引起翼尖涡流产生的阻力。机翼上下表面的压力差产生升力,而升力与这种阻力并存,好像是由于有了升力才诱导出来的阻力,所以称其为诱导阻力。机翼升力越大,诱导阻力也越大;机翼升力为零时,诱导阻力也减小到零。

机翼的诱导阻力与机翼展弦比有关:展弦比大的机翼,翼尖涡流相对较弱,诱导阻力也小一些。根据理论推算证明,诱导阻力系数与展弦比成反比,而与机翼升力系数平方成正比。

翼尖涡流对无人机的另一个影响是形成下洗流。尾翼通常在机翼所影响的气流之内,所以下洗流主要对尾翼产生作用,即改变了吹到尾翼上的气流方向。下洗角就是机翼前面吹过来的气流方向与机翼后气流方向所成的角度,如图 2-64 所示。当机翼产生升力越大,即翼尖涡流越强时,下洗角越大。这个影响也随着展弦比的加大而减小。

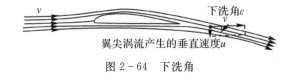

图 2-64 下洗角

事实上机翼后面的气流相当混乱,各处下洗角大小不同。一般如果没有螺旋桨的气流作用,尾翼的相对气流速度只有无人机飞行速度的 90%。

3.翼尖涡流对升力的影响

翼尖涡流不但影响诱导阻力及下洗角,而且还会影响升力系数。由于翼尖涡流的影响,机翼的实际迎角比没有翼尖涡流时的迎角小。原来以翼弦与相对气流的夹角所形成的迎角是测量机翼性能时作为依据的迎角。但翼尖涡流使机翼气流发生变化,减小了机翼的相对气流与翼弦线所成的角度,使机翼产生的升力系数减小。如机翼无限长时,迎角为 8°,升力系数为1.2。当展弦比为 8 时,同一机翼(具有同样的翼型)迎角也为 8°,产生的升力系数只有 0.96。这是因为对后一种机翼来说,气流作用的实际迎角没有 8°。由图 2-65 可看到,相同翼型的机翼迎角相同时,展弦比愈小,升力系数也愈小。同时可以看到,机翼产生的最大升力系数一般不随着展弦比的改变而改变,所以展弦比越小的机翼临界迎角越大。

机翼产生的升力系数在小迎角时与绝对迎角成正比,所以升力系数曲线开始部分都像一条直线,如图2-65所示。所谓绝对迎角就是零升力迎角与迎角数值之和,也是零升力弦与相对气流的夹角。

4. 展弦比的确定

根据以上的计算及考虑,无人机机翼的展弦比应该越大越好,但大展弦比机翼是很难制作得又轻又坚固的。对于无人机来说,考虑展弦比的同时还应该考虑雷诺数的影响。无人机机翼的面积往往有一定的限制,所以用大展弦比就要求短翼弦,也就是小雷诺数。我们知道,雷诺数越大,机翼的性能便越好,尤其是最大升力系数受雷诺数的影响更大。小雷诺数时机翼容易失速。从这方面考虑,机翼应该用小展弦比。

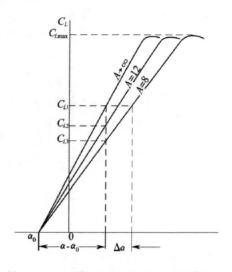

图2-65 不同展弦比时的升力系数曲线

应该用多大的展弦比呢?这要根据不同的无人机情况而定。一般来说最好争取机翼的雷诺数在30 000以上,这就相当于翼弦是100 mm左右(无人机飞行速度大约是5 m/s)。对于相同的翼型,雷诺数越大,最大升力系数也越大。尤其是当雷诺数在临界值附近(40 000~50 000之间)时,争取大雷诺数很重要。超过临界雷诺数,机翼上表面的边界层就可从层流转为湍流。如果雷诺数在20 000~30 000之间,一般是不可能成为湍流层的,这样机翼容易失速。翼弦90 mm的机翼最大升力系数可能达不到0.9。如果用120 mm的翼弦,雷诺数在40 000左右,最大升力系数是1.35,飞行时可用8°迎角,离临界迎角12°还有一定距离,所以比较理想。至于用150 mm翼弦,虽然雷诺数更大,但由于展弦比太小,阻力很大,因而不合算。另外从结构的观点来比较这三种机翼时,当然展弦比越小越好。事实上展弦比大到18以上的机翼是很难制作的,即使做得坚固,机翼本身也一定很重。

总之,无人机机翼展弦比的大小应该结合雷诺数、诱导阻力和强度/质量的影响来考虑。机翼面积小于500 cm² 时,展弦比最好在6左右。较大面积的机翼,应争取翼弦长度在120 mm以上。

2.5.3 机翼的形状

1. 机翼的平面形状

无人机机翼的平面形状种类不多。从空气动力学的观点看,椭圆形的机翼诱导阻力最小,但实际情况却很少采用这种外形,原因主要是其制作不方便。大多数无人机都采用梯形的平面形状,而长航时无人机的机翼一般都采用长方形中段加梯形翼尖。这是因为从理论上讲梯形机翼的诱导阻力较接近理想的椭圆机翼,而且翼肋大小变化有规律,制作起来虽不及长方形方便,但也不十分麻烦。几种常见机翼的平面形状如图2-66所示。

长航时无人机机翼采用长方形加梯形形状,除了考虑制作比较方便和诱导阻力比较小外,还有一个原因是这种平面形状的机翼可提高无人机进入上升气流的能力。此形状机翼实例如图2-67所示。

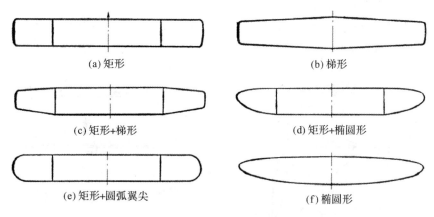

(a) 矩形　　　　　　　　　　　　　　　(b) 梯形

(c) 矩形+梯形　　　　　　　　　　　　(d) 矩形+椭圆形

(e) 矩形+圆弧翼尖　　　　　　　　　　(f) 椭圆形

图 2-66　机翼的平面形状

图 2-67　"全球观察者"超长航时无人机

由于机翼涡流的影响,沿着机翼翼展方向每个翼剖面产生的升力是不相同的,而且与机翼的平面形状有很大的关系,如图 2-68 所示。图中横轴是半翼展长度相对值,0 代表机身中线,1.0 代表翼尖。

一般所称的机翼升力系数,实际上是沿着翼展方向各个翼剖面所产生的升力系数的平均值。梯形机翼升力分布的特点是:靠近翼尖处剖面的升力系数比机翼平均升力系数大很多。如果无人机飞行时右机翼翼尖遇到了上升气流,使右机翼的迎角增大,由于翼尖附近翼剖面的升力系数已经很大了,再增大迎角后便有可能先达到临界迎角,于是在右机翼翼尖处先出现气流分离,升力下降;左、右机翼升力不相同,翼尖离重心距离远,无人机便朝右机翼方向倾侧,于是使无人机进入这股上升气流中。

2.上反角

机翼上反角就是从正面看机翼向上翘的角度,严格地说,就是机翼翼弦平面与通过翼根弦而垂直于机身对称面的平面所夹的角度。为简单起见,也可以将其看作机翼没有左右倾斜时,机翼前缘与水平面的夹角。

上反角主要用来使无人机具有横侧稳定性。当由于外界突然的影响(如突风)以至无人机倾斜时,上反角的作用是使机翼产生使无人机从倾斜中恢复的力矩。

无人机机翼的上反角形状一般有四种,即 V 形上反角(一折上反角)、U 形上反角(双折上反角)、双 V 形上反角(三折上反角)和海鸥形上反角,如图 2-69 所示。

具有上反角的机翼之所以能起到稳定的作用,是由于无人机倾斜后会自动向倾斜的一方侧滑,这时相对气流从斜前方吹过来,有上反角的机翼左右两侧迎角便不同,产生的升力也就不同,于是形成恢复力矩将无人机从倾斜中恢复过来。上反角角度越大,迎角的变化便越大,即恢复倾斜作用越大。此外我们也可以想象得到,使无人机从倾斜恢复的是升力差产生的力矩,与作用的"力臂"大小也有关系。具有上反角的机翼离中轴越远,两侧机翼升力不同时产生的力矩就越大。因此,从这一观点来看,U形上反角效率最好。

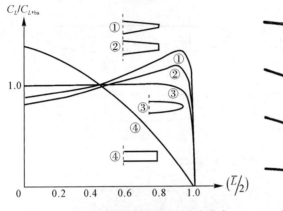

图 2-68　不同形状机翼的展向升力分布

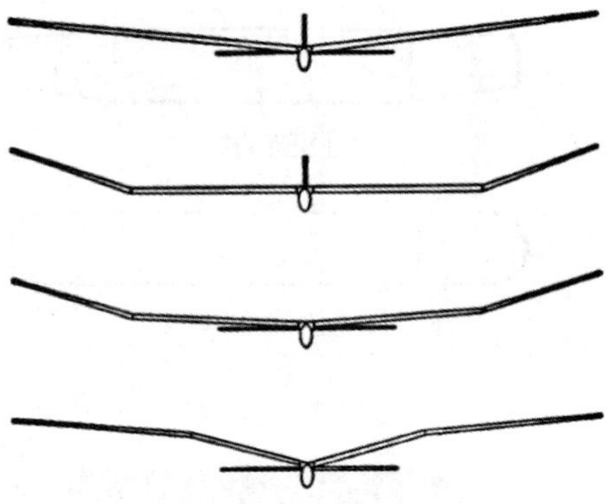

图 2-69　无人机机翼的不同上反角

现代的无人机多数用 U 形或双 V 形上反角。后一种上反角的优点是:它具有 U 形上反角的效率(因上反角大的部分在翼尖),同时机翼中部也有一点上反角,若外翼在侧滑角太大、迎角增加过多以至失速情况下,机翼中部还能起一定作用。所以,虽然这种上反角制作上稍微困难一些(多一个折点)但使用仍十分广泛。

事实上,具有上反角的机翼不一定要在无人机倾斜时才起作用,当有侧风或者无人机飞行方向与机身不重合时也起作用。这时,相对气流吹到机翼上也有一偏斜角度,即侧滑角 β,如图 2-70 所示。这种情况也称为侧滑。如果无人机在飞行中机头向左偏不与飞行方向重合,这时无人机是在右侧滑,此时机翼的上反角使得右侧机翼升力加大,左侧机翼升减小,无人机向左倾斜。因此上反角虽然可以使无人机具有横侧稳

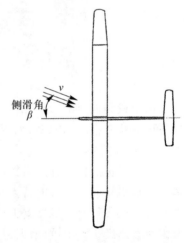

图 2-70　右侧滑

定性,却不利于无人机保持方向,也就是影响了方向稳定性。要保持方向稳定性还需要足够大的垂直尾翼。两者的作用必须协调。

习　题

1.简述固定翼无人机如何获得升力。

2.机翼上的阻力有哪些?

3.固定翼无人机绕哪三个轴改变姿态?

4.无人机的重心如何确定?

5.常见的飞行姿态有哪些?

6.飞行时产生侧滑的原因是什么?

第3章 无人机系统结构

内容提示

本章主要介绍无人机的系统构成。首先讲解固定翼、多旋翼飞行平台的构成,随后主要从无人机飞行控制系统、无人机数据链路系统、无人机任务载荷系统、无人机发射与回收系统对无人机系统构成进行讲解。

教学要求

(1)掌握固定翼、多旋翼无人机飞行平台的布局与结构。

(2)掌握无人机飞行控制系统、无人机数据链路、无人机任务载荷系统、无人机发射与回收系统。

内容框架表

本章内容框架表见表3-1。

表3-1　内容框架表

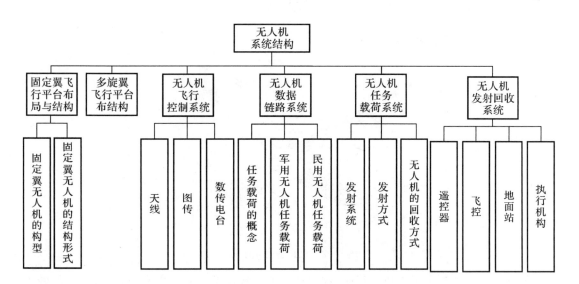

3.1 固定翼飞行平台布局与结构

3.1.1 固定翼无人机的构型

固定翼无人机的各部分名称如图 3-1 所示。

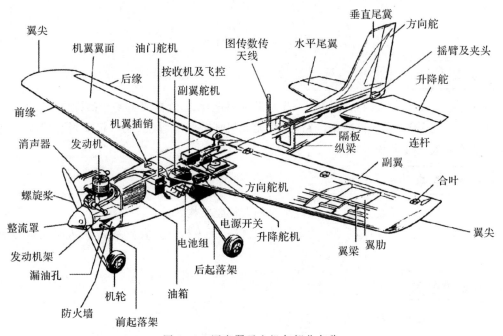

图 3-1 固定翼无人机各部分名称

1. 机翼

机翼各部位名称如图 3-2 所示。

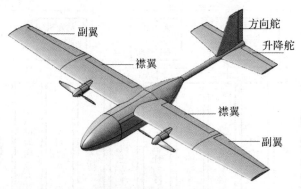

图 3-2 机翼各部位名称

(1)机翼工作原理。无人机飞行时,在空气动力的作用下机翼产生升力,克服无人机的重力,维持飞机在空中的飞行。如机翼具有上反角还能起到横向静稳定性的作用,即当飞机受外力干扰向右(或左)倾斜时,有上反角的飞机右(左)半翼有效迎角增大,而左(右)半翼有效迎角减小,使右(左)半翼升力增加,左(右)半翼升力减小,从而产生一个负的滚转力矩以减小或消除飞机的右(左)倾,使其自动恢复横向平衡。

(2)副翼。操纵副翼能控制无人机机翼左右倾斜,以恢复和保持机翼的水平状态及作滚转等特技动作。操纵副翼时,左、右副翼动作互相反向。当右副翼向上、左副翼向下时,产生的滚转力矩使飞机向右滚转;当左副翼向上、右副翼向下时,产生的滚转力矩使飞机向左滚转。

(3)襟翼。操纵襟翼向下的角度,可起到增升和减速的作用,以改善无人机起飞和着陆时的性能。

2.机身

机身起着连接发动机、机翼、尾翼和起落架的作用。机身内还可以装载动力装置、遥控设备、飞控、操纵机构、电台和任务载荷设备等。机身后半部的长度决定着保持俯仰和方向安定性及平衡力矩的大小。

3.尾翼

(1)水平尾翼保持无人机纵向安定性和操纵性。当无人机抬头或低头时,作用在水平尾翼上的空气动力能使无人机恢复到水平飞行姿态。水平尾翼前半部称为水平安定面,后半部称为升降舵面。当升降舵面向上或向下动作时,无人机会以横轴为运动轴,做上升、下降动作。

(2)垂直尾翼保持无人机方向的安定性和操纵性。前半部为垂直安定面,后半部为方向舵。垂直尾翼用来辅助无人机盘旋飞行,尤其是起飞和着陆过程中,操纵方向舵和前轮,能控制无人机的正常滑跑。

4.起落装置

起落架形式如图3-3所示。其具体分类如下:

(1)三轮式、前三点式、前轮可操纵式。前轮上的摇臂与方向舵舵机摇臂连动,可在起飞和着陆过程中控制无人机滑跑时的左右方向。前三点式无人机滑跑起飞距离短、着陆不易前倾翻;但缺点是急速转弯容易侧翻,结构较复杂,质量稍大。

(2)两轮式、后三点尾轮可动式。尾轮或滑橇与方向舵连动,操纵方向舵能控制滑跑时的左右方向。后三点式结构简单,质量稍小;但缺点是滑跑起飞距离长,着陆时若操纵不当,容易"拿大顶"(机头接地,尾部翘起)。

(3)收放式起落架。应用于长航时无人机,可减小飞行阻力,增加飞行速度。

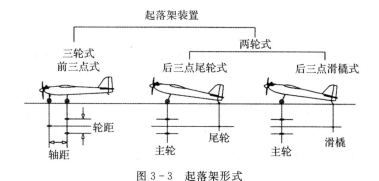

图3-3　起落架形式

3.1.2　固定翼无人机的结构形式

固定翼无人机的结构通常包括机翼结构、尾翼结构、机身结构、发动机舱结构和起落架结构。

1. 机翼结构

首先要了解机翼在飞行过程中所受到外力载荷的情况,才能决定采用何种结构形式。

(1)机翼承受的外力载荷。机翼的主要作用是产生升力。机翼上可安装起落架、发动机以及副翼、襟翼和收放式起落装置的操纵机构。因此,机翼应具有良好的结构强度,能承受在各种飞行姿态或飞行动作(包括特技动作)下产生的巨大载荷且结构不破坏,也应具有足够刚度来保证无人机在各类载荷的作用下不产生过分的弯曲和扭曲变形,同时还要在满足结构强度和刚度的情况下质量尽可能小。

强度是指材料承受载荷后抵抗发生破坏的能力。刚度指的是材料在载荷作用下抵抗弹性变形的能力。如在受弯矩作用下,不会产生不能恢复原状的永久变形和不会破坏结构的功能。材料的刚度常用产生单位变形所需的力或力矩来表示,大小取决于材料的几何形状和材料种类。

机翼承受的外力载荷包括无人机在平飞、盘旋和起降过程中,空气动力所产生的升力和阻力(见图 3-4)、发动机的推力(发动机安装在机翼上的情况)、因重力和过载引起的惯性力以及地面对起落架的作用力(起落架安装在机翼上的情况)。在上述外力的作用下,还会在机翼结构内部产生内力,如剪力、弯矩和扭矩。

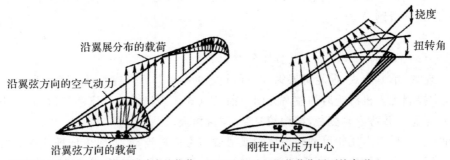

图 3-4 机翼受空气动力作用的情况

在结构设计中,无人机的过载是一个重要参数。无人机飞行中产生的升力与无人机重力之比称为载荷因数 n(简称过载)。过载越大,无人机的受力越大。为保证安全,无人机的过载不能过大。

一般的无人机很少作激烈运动,过载较小;而当弹射无人机大张力脱钩和无人机高速俯冲时,过载则很大,甚至可以达到正常飞行动作时过载的 5~8 倍。

检验机翼强度是否能承受过载的方法是:以机翼距机身中心线两侧约 1/3~1/2 处为支点在机翼中间加配重;当配重量大于或等于惯性力,机翼虽有弯曲变形,但毫无损坏时,说明机翼强度已够。

例如:一架无人机飞行质量为 4 000 g,在设计弹射脱钩时,其过载系数为 5,则要求机翼能承受 4 000 g×5 即 20 kg 的配重载荷,且不会发生永久变形和结构损坏。

(2)无人机的机翼结构。大部分采用实体式、桁条构架式和薄壳式。

1)实体式。机翼有木制机翼、泡沫塑料机翼、轻木片全蒙板机翼、碳纤维或玻璃钢薄壳机翼及泡沫塑料芯机翼等。图 3-5(a)(b)所示为不同材料的实体式机翼结构。

2）桁条构架式。机翼由前缘、翼梁、后缘、翼肋和蒙皮组成。翼梁分单梁、双梁和多梁式。单梁的位置一般在翼型弧线最高点或稍前；双梁式机翼前梁一般在机翼翼弦的 20%～30% 处，后梁在机翼翼弦的 55%～65% 处。图 3-5(c)所示为多梁式，图 3-5(d)所示为双梁式加半翼肋和斜翼肋（可增加抗扭作用）。

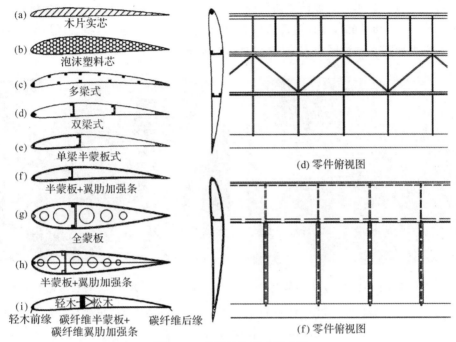

(a) 木片实芯
(b) 泡沫塑料芯
(c) 多梁式
(d) 双梁式
(e) 单梁半蒙板式
(f) 半蒙板+翼肋加强条
(g) 全蒙板
(h) 半蒙板+翼肋加强条
(i) 轻木 松木
轻木前缘 碳纤维半蒙板+ 碳纤维后缘
碳纤维翼肋加强条

(d) 零件俯视图

(f) 零件俯视图

图 3-5　机翼结构形式示意图

前缘和后缘的作用是保持翼型前、后剖面形状。因前、后缘在机翼结构中受力较小，故多采用轻木、桐木材料，有时为增加抗冲击力和防止变形也采用碳纤维或松木加强，如图 3-6 所示。

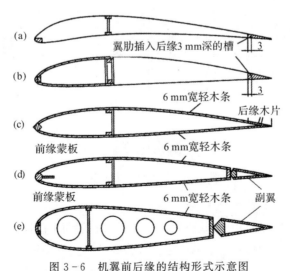

(a) 翼肋插入后缘3 mm深的槽 3
(b) 3
(c) 6 mm宽轻木条 后缘木片
前缘蒙板 6 mm宽轻木条
(d) 前缘蒙板 6 mm宽轻木条 副翼
(e)

图 3-6　机翼前后缘的结构形式示意图

3）薄壳式。常见的有从前缘到翼梁之间半蒙板式机翼，它广泛应用于各种无人机，刚性好,质量轻;此外还有全蒙板式机翼,多用于追求优异气动布局的飞机。图3-5(e)所示为单梁半蒙板(前缘到翼梁)式;图3-5(f)(h)所示为单梁半蒙板式,但翼梁后的翼肋粘贴加强木片;图3-5(g)所示为单梁全蒙板式。

（3）机翼的固定方式。

1）螺栓固定式。将机翼用螺栓或防滑的尼龙螺栓固定在机身上。为了方便快捷,一些机翼前缘有两个伸出来的竹销,可直接插入机身隔框上,如图3-7所示;将后缘用螺栓固定在机身上,如图3-8所示。这种固定方式定位准确、结实牢靠。

图3-7　机翼前缘上的竹销插入机身隔框上　　　　图3-8　机翼后缘用螺栓固定在机身上

2）插接式。为方便携带展弦比较大的无人机,将机翼分成左、右两部分。根部有供插接插销用的套管或套箱,机身上有用碳纤维管、碳纤维棒或薄壁硬铝管制作的左、右机翼插销。这种插接方式能承受较大载荷。另外,一些无人机的机翼根部还有用于前后定位的定位销和插入机身内壁紧固用的螺栓,在机身内用螺母和螺栓将左右机翼固定在机身上,如图3-9所示。

图3-9　机翼用插接式固定

2.尾翼结构

尾翼的效率取决于尾翼面积、形状、位置和刚度。对尾翼的基本要求是在最小质量下,保证无人机在所有飞行状态时具有一定的稳定性和操纵性。尾翼类型如图3-10所示。

（1）尾翼承受的载荷。平尾上作用有气动载荷和重量载荷。气动载荷由保证无人机在水平直线飞行时处于平衡状态的平衡载荷、做动作时的机动载荷及突风作用下的升力增量组成。

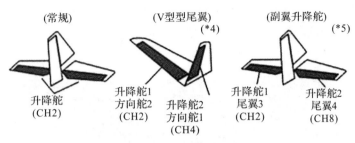

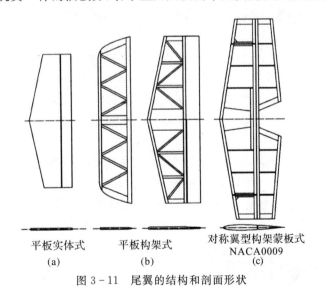

图 3-10 尾翼类型

左、右两半的平尾安定面支点在机身上(除高平尾外),垂尾底端固定在机身上。在载荷作用下,平尾安定面和垂尾安定面的主要构件将承受剪切力、弯矩和扭矩,基本上和机翼受力构件的情况类似。

(2)尾翼结构形式。尾翼结构如图 3-11 所示,尾翼受外力载荷相对于机翼小得多,因此结构比较简单,主要有实体式、平板构架式和对称翼型构架蒙板式。

(3)尾翼翼型。无人机垂尾和平尾大都采用相对厚度较薄(如 9% ~ 12%)的对称翼型。长航时无人机机翼采用凹凸翼型,平尾则采用相对厚度较薄的平凸翼型。

(4)尾翼固定方式。由于大部分无人机垂尾安定面较小,因此几乎都是直接固定在机身上。尾翼一般采用螺栓与机身尾部连接,或者与机身作为整体一同制作;为方便携带,大型遥控无人机尾翼用和机翼一样的插接方式;小型无人机的平尾安定面大多采用螺栓固定方式。

图 3-11 尾翼的结构和剖面形状

3.机身结构

机身的主要作用是连接机翼和尾翼,装载动力装置、遥控设备、操纵系统、任务载荷设备和起落架等。

从气动特性考虑,机身的迎风面积应尽可能小,且表面光滑、外形流畅,没有过多的凸起和缝隙,以最大限度地减少阻力。除承受无人机的自重外,机身还要承受各种飞行姿态所引起的扭曲力和着陆时的冲击力等。

无人机的机体一般有机身式、船身式和短舱式。机身式主要为陆上无人机采用,外形如同拉长的流线体；水上无人机机体一般采用船身式，"船"底的台阶便于其离水起飞；至于短舱式则多用于无尾翼机和双机身无人机，如图3-12所示。

图3-12 短舱式机身

（1）机身承受的载荷。机身的主要载荷是由与其相连的无人机其他部件，如机翼、尾翼、动力装置、任务载荷、起落架等传递给它的力。其大小不仅取决于无人机的用途和使用条件、机翼气动布局、尾翼布局形式或平面形状等，也取决于无人机所处的飞行状态，如不同速度的水平飞行、侧滑、爬升和下降、起飞和着陆等。

在外力（机翼、尾翼、动力装置、起落架接头处的反作用力）及机身结构和机身内部设备载荷的作用下，机身如同在两个平面上同时受剪、受弯、受扭力的梁。

（2）机身结构形式。

1）构架式机身由两个侧面和上下两个平面桁架组成，如图3-13所示。桁架的构件承受拉压，而蒙皮承受局部气动载荷。对于构架式机身，由弯矩产生的轴向力基本上由机身桁条承受，剪力由垂直和水平的构架构件承受，扭矩由上下左右四个平面形成的闭合空间构架承受。

构架式机身的纵梁位于机翼后缘和水平尾翼前缘间，是受剪切力最大的构件。为防止应力集中，要采取适当的过渡加强办法。

2）桁条式机身由桁条（纵梁）、隔框和蒙皮组成。桁条和隔框用于支持蒙皮，而蒙皮与桁条一起承受弯矩引起的轴向力。此外，蒙皮还要承受剪切力。

3）壳式机身由加强框和其支持的蒙皮组成。蒙皮承受全部的剪力、弯矩和扭矩，如全轻木蒙板的机身、碳纤维、玻璃钢外壳的无人机机身（见图3-14）。

图3-13 构架式机身

图3-14 玻璃钢机身无人机

4.发动机舱结构

简单的发动机或电动机直接固定于机身木架、塑料支架和厚层板上,甚至连机罩都没有,如图3-15所示。

为减少风阻,高级的无人机机头一般都有玻璃钢发动机或电动机罩。发动机或电动机被固定在用无刷电动机座上,如图3-16所示。不论采取何种固定形式,前提是必须保证动力系统工作时不抖振。

图3-15　发动机装在塑料支架上再固定在机身层板隔框上　　图3-16　无刷电动机固定在前防火板上

5.起落架结构

起落架可在无人机起降滑跑、着陆和地面运动时减缓撞击。

(1)对起落架的要求。

1)在起飞和着陆滑跑、滑行时,无人机具有良好的操纵性和稳定性。

2)着陆和滑行时对动载荷有良好的缓冲作用。

3)有灵活机动的转弯能力(主要利用可操纵机轮、刹车装置与发动的配合实现)。

4)机轮大小、形状和质量根据无人机类别选择并与其相匹配。

5)收放起落架应有可靠的收放、锁定机构(有舵机控制和气动控制两种)。

6)外形尺寸应尽可能小,以减小迎风阻力。

7)在满足强度、刚度和寿命的条件下,起落架质量应尽可能小。

(2)起落架的配置形式。有后三点式、前三点式、自行车式三种,如图3-17所示。

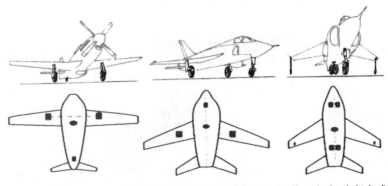

图3-17　起落架的配置形式(从左至右依次为后三点式、前三点式、自行车式)

1）后三点式——飞机重心在两个主轮之后；

2）前三点式——飞机重心在两个主轮之前；

3）自行车式——飞机的两个主轮分别安在机身下，另外有两个辅助护翼轮。

（3）起落架的结构形式。

1）主起落架为板式结构，用硬铝板和气撑杆制作的起落架如图3-18所示，用碳纤维板制作的起落架如图3-19所示。

图3-18 用气撑杆制作的减震起落架

图3-19 用碳纤维板制作的起落架

2）机械或气动式收放起落架如图3-20所示。

图3-20 收放起落架放下时的状态

3）大型无人机采用的弹簧减震起落架如图3-21所示。

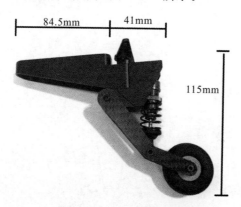

图3-21 弹簧减震起落架

3.2 多旋翼飞行平台构成

多旋翼无人机一般包括机架、起落架、电动机和电调、电池、螺旋桨、飞控系统、遥控装置、GPS模块、任务设备和数据链路。其结构组成如图3-22所示。

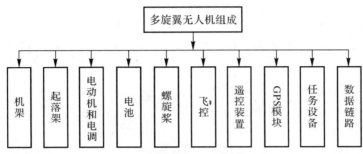

图 3-22 多旋翼无人机结构组成

1. 机架

机架是大多数设备的安装位置,也是多旋翼无人机的主体,又称为机身。电动机、电调和飞控板(飞行控制器)等设备都要安装在机架上。根据机臂个数不同,无人机可分为3旋翼、4旋翼、6旋翼、8旋翼、16旋翼、18旋翼,也有四轴八旋翼等,结构不同,叫法也不同。

(1)按材质,机架一般可以分为以下几种类型:

1)塑胶机架的主要特点是,具有一定的刚度、强度和可弯曲度,价格比较低廉。

2)玻璃纤维机架的主要特点是强度比较高,而且需要的材料很少,可以减轻整体机架的质量。

3)碳纤维机架的特点是价格要贵一些,但质量要轻一些。出于结构强度和质量考虑,一般采用碳纤维材质。碳纤维机架如图3-23所示。

(2)机架的主要作用如下:

1)提供安装接口。这些接口包括安装和固定电动机、电调、飞控板螺丝孔的接口。

2)提供整体的稳定和坚固的平台。飞行器飞行过程中需要一个稳定、坚固的平台,这样既可以使电机转动过程中不会毁坏其他设备,又为传感器提供了一个稳定的平台。

图 3-23 碳纤维机架

3)起落架等缓冲设备。这些可以为飞行器提供安全的起飞和降落条件,避免损坏其他仪器。

4)保证足够低的质量。这样就可以为其他设备提供更多的设计余量。

5)提供相应的保护装置。保护装置用于保护飞行器本身和可能接触到的操作人员。

2. 起落架

起落架是多旋翼无人机唯一和地面接触的部位。作为整个机身在起飞和降落时的缓冲,也为保护机载设备,要求其强度高,结构牢固,和机身保持相当可靠的连接,能够承受一定的冲力。一般在起落架前后安装或者涂装上不同的颜色,用来多旋翼无人机在远距离飞行时区分多旋翼无人机的前后。

3.飞控

飞控主要由陀螺仪、加速度计、角速度计、气压计、GPS、指南针和控制电路等组成,主要功能是计算并调整无人机的飞行姿态,控制无人机自主或半自主飞行。

4.动力装置

多旋翼无人机的动力装置通常为电动系统,主要由电池、电调、电动机和螺旋桨等四个部分组成。

(1)螺旋桨安装在电动机上,多旋翼无人机安装的都是不可变总距的螺旋桨,主要指标有螺距和尺寸。桨的指标是 4 位数字,前面 2 位代表桨的直径[单位:英寸(ft),1 ft=254 mm],后面 2 位是桨的螺距。多旋翼无人机安装的螺旋桨如图 3-24 所示。

正反桨:四轴飞行时为了抵消螺旋桨的自旋,相邻的桨旋转方向是不一样的,所以需要正反桨。正反桨的风都向下吹。适合

图 3-24 螺旋桨

顺时针旋转的是正桨,适合逆时针旋转的是反桨。安装的时候,一定记得无论正反桨,有字的一面是向上的(桨叶圆润的一面要和电机旋转方向一致)。

电动机与螺旋桨的搭配:螺旋桨越大,升力就越大,但需要更大的力量来驱动;螺旋桨转速越高,升力越大;电动机的 KV 值(每伏转速值)越小,转动力量就越大。

综上所述,大螺旋桨就需要用低 KV 电动机,小螺旋桨就需要高 KV 电动机(因为需要用转速来弥补升力不足)。如果高 KV 带大桨,力量不够,那么飞行就很困难,实际还是低速运转,电动机和电调很容易烧坏。如果低 KV 带小桨,升力不够,可能造成无法起飞。

对于电动机需要使用对应的螺旋桨,表 3-2 中列出了几种电动机与桨的选择方法。

表 3-2 电动机与桨的选择

电动机 KV 值	桨
800~1000	11~10 英寸桨
1000~1200	10~9 英寸桨
1200~1800	9~8 英寸桨
1800~2200	8~7 英寸桨
2200~2600	7~6 英寸桨
2600~2800	6~5 英寸桨
2800 以上	9 英寸桨

(2)电调。动力电动机的调速系统统称为电调,全称为电子调速器。根据动力电动机不同,可分为有刷电调和无刷电调。无刷电调如图 3-25 所示。

1)电调的作用与连接。电调的作用就是将飞控板的控制信号转变为电流的大小,以控制电动机的转速。因为电动机的电流是很大的,通常每个电动机正常工作时,平均有 3A 左右的电流。如果没有电调,飞控板根本无法承受这样大的电流(另外也没驱动无刷电机的功能)。同时电调在四轴中还充当了电压变化器,将 11.1V 的电压变为 5V 为飞控板和遥控器供电。

图 3-25 电调

对于它们的连接,一般情况如下:

(a)电调的输入线与电池连接;

(b)电调的输出线(有刷两根,无刷三根)与电动机连接;

(c)电调的信号线与接收机连接。

另外,电调一般有电源输出功能,即在信号线的正负极之间有 5V 左右的电压输出,通过信号线为接收机及舵机供电。

电调都会标上电流值(单位为 A),如 20 A,40 A 就是电调能够提供的电流。大电流的电调可以用在小电流的地方。小电流电调不能超标使用。常见新西达 2212 加 1045 桨最大电动机电流有可能达到了 5 A,为了保险起见,建议这样配置用 30 A 或 40 A 电调(目前用 20 A 电调的也较多),以后也可以用到其他地方。

2)电调的选择。电动机确定了,就能知道它的最大电流,也就可以根据电动机的最大电流来选电调。选择标准一般遵循以下条件:

(a)电调的输出电流必须大于电动机的最大电流;

(b)电调最高承载电压要大于电池电压;

(c)电调最大电压不能超过电动机能承受的最大电压;

(d)电调最大持续输出电流要小于电池持续输出电流。

例如,现有电动机带桨的最大负载电流是 20 A,那么就必须选取能输出 20 A 以上电流的电调,越大越保险。

另外,当电池的放电电流达不到电调的电流时,电调就发挥不了最高性能,而且电池会发热,发生爆炸,所以一般情况下电池的电流都要大于电调的电流。

(3)电动机。

1)特点。无人机使用电动机作为动力具有其他动力装置无法比拟的特点,如结构简单、重量轻、使用方便,可使无人机的噪声和红外特性很小,同时又能提供与内燃机不相上下的比功率。它尤其适合作为低空、低速、微型无人机的动力。

民用无人机使用的动力电动机可以分为 2 类:有刷电动机和无刷电动机。其中有刷电动机在无人机领域已经不再使用。

2)常用参数。电机常用的参数为 T 数,KV 值和尺寸。

电动机 T 数指线圈绕了多少圈,例如线圈绕了 21 圈,则称为 21 T。无刷电动机因为结构限制,常见都是从输入端开始,结束于另外一侧,因此常见都是多半圈,大多数都是 4.5 T,8.5 T,21.5 T。

KV 值:KV 值是指每伏转速值,为输入电压增加 1 V,无刷电动机空转转速增加的转速值。例如：1 000 KV 电动机，外加 1 V 电压，电动机空转时转速为 1 000 r/min，外加 2 V 电压，电动机空转时转速为 2 000 r/min。单从 KV 值，不可以评价电机的好坏，因为不同 KV 值有不同的适用浆。绕线匝数多的 KV 值低，最高输出电流小，但扭力大，上大尺寸的浆；绕线匝数少的，KV 值高，最高输出电流大，但扭力小，上小尺寸的浆。

尺寸：电动机四个数字，如 2212 电动机、2018 电动机等，这表示电动机的尺寸。不管是什么牌子的电动机，都要对应 4 位数字，其中前面 2 位是电动机转子的直径，后面 2 位是电动机转子的高度。注意，不是外壳。简单来说，前面 2 位越大，电动机越大，后面 2 位越大，电动机越高。又高又大的电动机，功率就更大，适合做大四轴。通常 2212 电动机是最常见的配置了。

（4）电池。

1）锂聚合物电池规格参数。

（a）电池容量用 Ah（安·时）或者 mAh（毫安·时）标注，这表示在一定条件下（放电倍率、温度、终止电压等）电池放出的电量大小，可以理解为电池的容量，通常以安·时为单位。例如标称 1 000 mAh 电池，如果以 1 000 mA 放电，可持续放电 1 h。如果以 500 mA 放电，可以持续放电 2 h。但是因为电池放电并不均匀，实际上和理论上还是有些差距。严格来说，电池容量应该以 Wh 表示，Ah 乘以电压就是 Wh。

（b）电池电压用 V 标注，表示电池正负极之间的电压压降。目前工业生产的每一个锂聚合物电池单体电芯的额定电压都是 3.7 V，为了使电池有更高的工作电压和电量，必须对电池单体电芯进行串联和并联以构成锂聚合物电池组。电池组上面经常出现 S 和 P 字样，S 表示串联，P 表示并联。例如"6S1P"就是 6 节电芯串联，如果是"4S2P"就是每 4 节电芯串联，然后 2 串这样的电芯组再并联成一块完整的电池。电芯单体 1 节标注电压为 3.7 V，充满电压为 4.2 V。锂电池电芯组合方式，如图 3-26 所示。

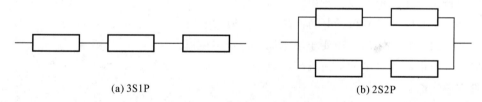

(a) 3S1P　　　　　　　　　　　　　　(b) 2S2P

图 3-26　锂电池电芯组合方式

（c）放电倍率。锂聚合物电池能以很大电流放电，普通锂离子电池不能以大电流放电，这是两者最重要的区别之一。放电倍率代表了锂聚合物电池放电电流的大小，代表电池放电能力。这个放电能力就用 C 来表示，它代表电池充放电时电流大小的比率，即倍率。例如 2 200 mAh 的电池，0.2C 放电表示放电电流为 440 mA（2 200 mAh 的 0.2 倍率），1C 放电表示放电电流为 2 200mA 即 2.2A。如果用低 C 数的电池大电流放电，电池会迅速损坏，甚至自燃。另外倍率越高，电池越贵，同容量的 30C 电池价格可能是 5C 的 3～4 倍。

（d）充电倍率。充电倍率也用 C 表示，只是将放电变成了充电。比如，1 000 mAh 电池，2C 充电，就代表可以用 2A 的电流来充电。超过规定参数充电，电池很容易缩短寿命和损坏。

（e）放电终止电压。锂离子电池的额定电压为 3.6 V（锂聚合物的为 3.7 V），终止放电电压为 2.5～2.75 V（电池厂家给出工作电压范围或给出终止放电电压，各参数略有不同）。电池的放电终止电压不应小于 2.5 V,低于放电终止电压继续放电称为过放,过放会使电池寿命缩短,严重时会导致电池失效,其中锂聚合物电池过放会"胀肚",内部产生气体,不可复原。电池不用时,应将电池充电到保有全电压值(3 V 以上)范围内。

(f)放电温度。不同温度下的放电曲线是不同的。在不同温度下,锂离子电池的放电电压及放电时间也不同,电池应在−20~60℃温度范围内进行放电工作。聚合物锂电池中聚合物和凝胶态电解质的离子传导率不如普通锂电池液态电解质高,因此在高倍率放电和低温情况下性能不佳。所以低温环境下飞行,在飞行前,需要做好电池保温。

2)智能锂电池。多旋翼无人机飞行器或者航模基本上使用可充电的锂电池,这种电池的缺点就是不能过放电,一旦过放就意味着电池性能的下降,甚至报废。为了避免过放电,人们在电池组里增加了过放电保护电路,当放电电压降到预设电压值时,电池停止向外供电。然而实际的情况还要更复杂一些。比如笔记本电脑,多旋翼无人机和电动汽车,如果因避免电池过放电而立即停止供电,电脑就会立即关机,很多数据来不及保存,多旋翼无人机就会从天上直接掉下来,电动汽车就会在毫无征兆的情况下抛锚。因此,智能电池的放电截止只是电池自我保护的最后一道防线,在此之前,管理电路还是要计算出末端续航时间,来为用户提供预警,以便用户有足够的时间来采取相应的安全措施。

对于续航时间的计算,在电流设备上处理起来要简单得多,例如笔记本电脑和手机等。但是对像多旋翼无人机、电动汽车等工作电流大、电流变化大、工况复杂的系统来说,需要动态计算续航时间,那情况就变得复杂得多了。

有些厂家的电池比较高级,针对无人机这种用户专门做了一些安全优化,具体如下:

第一级:当检到电量剩余 30%时,开始报警,提示用户应该注意剩余电量,提前做好返航准备。

第二级:当检测到剩余电量仅够维持返航时,开始自动执行返航;而这个时间点的把握,与飞行距离、高度有关,是智能电池数据与无人机飞控数据融合后实时计算出来的。

第三级:当检测到剩余电量都不足以维持正常返航时(例如返航途中遇到逆风,则有可能超出预估的返航时间),则执行原地降落,以最大限度避免无人机因缺电坠毁。

续航时间的计算结果与飞行距离、飞行高度,当前电动机输出功率等因素有关。这些因素是动态变化的,而且变化幅度有可能很大,所有都需要实时计算,这对智能锂电池管理芯片、算法设计都提出了极高的要求。

3.3 无人机飞行控制系统

无人机飞行控制系统一般由遥控器、飞控、接收机、GPS、教传电台和地面站构成,负责无人机的数据和控制信号的传输,以控制无人机完成飞行及任务动作。

3.3.1 遥控器

无线电遥控设备由发射电路和接收电路两大部分构成,如图 3-27 所示。操纵者通过拿在手中的遥控发射机(拨动发射机上的旋钮和摇杆)把控制无人机的起飞、前进、后退、左右转弯、降落的指令变成电信号并将其发射到空中;无人机上装载的遥控接收机收到这些电信号后再伺服舵机转换成机械动作,从而实现对无人机的遥控。

图 3-27　无人机遥控设备

无线电遥控设备有很多种,一台遥控设备如果只能允许一种指令信号通信,即只能发射、接收一种指令信号,就说这台遥控设备只有一个通道。模型的遥控设备通常有两通道、四通道、十通道等多种。

1.无线电遥控设备的组成

(1)发射电路。常用的发射电路由高频振荡器、中间放大极、高频功率放大器及调制电路组成。对于不同场合的遥控设备,发射电路的组成是不同的。高频振荡电路可视为发射电路的心脏,由它产生高频载波。通常对高频振荡电路的要求是频率稳定度高,波形失真小,有足够的输出功率。否则发射电路就不能正常工作。

(2)接收电路。接收电路用于对发射电路发出的无线电载波信号进行接收、放大、解调,将其还原为控制信号。为了使遥控设备正常工作,对接收电路的要求是:要有较高的灵敏度,以便接收到远距离的遥控信号;选择性要好,以提高抑制其他干扰信号的能力;工作要稳定,不受环境温度、电源电压等因素的影响;体积小,质量轻,便于维修等。

用于遥控设备的接收电路有超再生式和超外差式两种。超再生式接收电路仅用一级超再生式检波电路就能完成选择信号、放大信号及解调功能。为使信号达到一定的幅度,推动译码电路工作,一般在超再生后级还加有低频放大电路。超再生电路简单,使用电子元器件少,且有较高的灵敏度。其缺点是选择性差、噪声大。这种电路常用于简易遥控装置。对于远距离、高灵敏度、高抗干扰能力的遥控系统,普遍采用超外差式接收电路。

2.遥控器的使用方法

正确掌握无线电遥控设备的使用方法和操纵手法,对发挥无人机性能有重要意义。

(1)先开发射机,后开接收机。如果只接通无线电遥控接收机的电源,接收机就像听收音机一样,能够接收到各种各样的电磁波干扰信号和接收机本身产生的杂散信号。这些信号很容易使接收机的执行机构产生误动作。如果开启发射机,情况就不同了。即使发射机不发出指令信号,但由于发射机天线不断向天空发射载频信号,对各种干扰信号具有一定的抑制作用,就能够大大减少执行机构误动作。因此,使用无线电遥控设备的时候,应该首先接通发射机的电源,然后接通接收的电源。暂停使用无线电遥控设备的时候,应该先关掉接收机的电源,再关掉发射机的电源。

(2)防止其他干扰。无线电遥控设备在使用中容易受到各种干扰而产生误动作。了解干扰的来源,有助于保证设备的正常工作。有的干扰来自闪电等自然界放电现象,但更多的来自人为干扰,如外界的交流电动机、荧光灯、高压水银灯、高频炉、电焊机、电视广播设备等,以及无人机本身的继电器、发动机、开关电路等。

这些干扰信号通过两种方式影响设备。一种是辐射传播,这是一种从无线或者从中频放大器直接窜入的干扰信号;另一种是直接传异,它们是沿电源或其他连接导线进入接收机的。

了解了干扰信号的来源和它的干扰方式,就可以在电路设计和元器件选用上采用相应的抗干扰措施,比如增加接收机输入调谐回路,提高载频频率,采用电动机防火花电路,以及对电感元件加以屏蔽等。

为防止同频干扰,在独自练习的时候,最好先打开接收机,看看有没有其他信号,在确认没有其他信号干扰的情况下再开机。

另外,在实际使用中要注意选择较好的环境。不要在雷电时候进行设备的调试,不要在电视广播设备附近或者机场、加油站、遥控爆破点等对无线电管制的地方开机,这样会造成无法预见的后果。

3.3.2　飞控

飞控子系统是无人机完成起飞、空中飞行、执行任务和返场回收等整个飞行过程的核心系统,如图3-28所示。

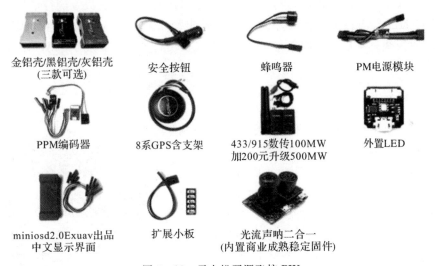

图3-28　无人机开源飞控 PIX

飞控对于无人机的作用相当于驾驶员对于有人机的作用,是无人机最核心的技术之一。飞控一般包括传感器、机载计算机和伺服作动设备三大部分,实现的功能主要有无人机姿态稳定和控制、无人机任务设备管理和应急控制三大类。其内部主要有陀螺仪(飞行姿态感知)、加速度计、地磁感应、气压传感器(悬停高度粗略控制)、超声波传感器(低空高度精确控制或避障)、光流传感器(悬停水平位置精确确定)、GPS模块(水平位置高度粗略定位),以及控制电路。其主要功能就是自动保持飞机的正常飞行姿态。

3.3.3　地面站

地面站(GCS)作为整个无人机系统的指挥中心,其控制内容包括飞行器的飞行过程、飞行航迹、有效载荷的任务功能、通信链路的正常工作，以及飞行器的发射和回收，如图 3-29 所示。GCS 除了完成基本的飞行与任务控制功能外，也要能灵活地克服各种未知的自然与人为因素的不利影响，适应各种复杂的环境，保证全系统整体功能的成功实现。

无人机地面站是无人机系统驾驶员远程操控和实时监控无人机飞行姿态、航拍视频的平台，可提供人性化 3D 图形操作界面，直观便携、浅显易懂，突破了传统(安装复杂、操作烦琐、表现形式单一、过于依赖数据显示)无人机控制系统的陈规。

图 3-29 无人机地面站

无人机地面站可实时接收、显示空中视频图像和详尽的飞行器遥测数据，对信号不良、电池电量不足、操作有误可实时进行光学、声音、画面报警。基于地图或其他 GIS 数据规划用于自动驾驶的 3D 航线和空中航点任务，空中航点任务应包括环景拍摄、中心点包围拍摄和垂直对地遥感拍摄等常见任务模式，可读取机载飞行数据记录仪数据并对数据进行分析。此外，它还可指点飞行、绕点飞行、自动起飞、一键自动返回、自动降落。

地面站一般采用三防防护箱，内置三防计算机，具有抗震、防水，以及测控信号丢失自动返航功能，具有 HDMI、SDI、CVBS、莲花头等视频输出接口。有些高级别的地面站遥控系统天线和视频接收天线具备自动跟踪功能，可根据无人机飞行方向，自动调整角度跟踪无人机飞行器。

3.3.4　执行机构

舵机是无人机系统的重要部件，它是一种位置(角度)伺服的驱动器，适用于那些需要角度不断变化并可以保持的控制系统，如图 3-30 所示。舵机是控制动作、改变方向的重要执行机构，不同类型的结构，由于角度、拉力不同，所需的舵机种类也不同。故在使用中必须审慎地选择经济且合乎需求的舵机。控制信号实际上是一个脉冲宽度调制信号(PWM 信号)，该信号可由 FP-GA 器件、模拟电路或单片机产生。

舵机主要由外壳、电路板、驱动电动机、减速器与位置检测元件所构成。其工作原理：由接收机发出信

图 3-30　舵机

号给舵机，电路板上的 IC 驱动无核心电动机开始转动，通过减速齿轮将动力传至摆臂，同时由位置检测器送回信号，判断是否已经到达定位。位置检测器其实就是可变电阻，当舵机转动时电阻值也会随之改变，借由检测电阻值便可知转动的角度。一般的伺服电动机是将细铜线缠绕在三极转子上，当电流流经线圈时便会产生磁场，与转子外围的磁铁产生排斥作用，进而产生转动的作用力。依据物理学原理，物体的转动惯量与质量成正比，因此要转动的物体质量越大，所需的作用力也越大。

生产厂商所提供的舵机规格资料，都会包含外形尺寸(mm)、扭力(kg/cm)、速度(s/60°)、测试电压(V)及质量(g)等基本资料。扭力的单位是 kg/cm,表示在摆臂长度 1cm 处,能吊起的物体的质量。这就是力臂的观念,因此摆臂长度愈长,扭力愈小。速度的单位是 s/60°,意思是舵机转动 60°所需要的时间。

电压会直接影响舵机的性能。例如,Futaba S - 9001 在 4.8 V 时扭力为 3.9 kg/cm,速度为 0.22 s/60°;在 6.0 V 时扭力为 5.2 kg/cm,速度为 0.18 s/60°。若无特别注明,JR 的舵机都以 4.8 V 为测试电压,Futaba 则以 6.0 V 作为测试电压。速度快、扭力大的舵机,除了价格高外,还有耗电高的特点。因此使用高级别的舵机时,务必搭配高品质、高容量的锂电池,它们能提供稳定且充裕的电流,才可发挥舵机应有的性能。

3.4 无人机数据链路系统

3.4.1 天线

1.电磁波传播的基础知识

(1)无线电波的定义。无线电波是一种信号和能量的传播形式,在传播过程中,电场和磁场在空间中相互垂直,且都垂直于传播方向,如图 3 - 31 所示。

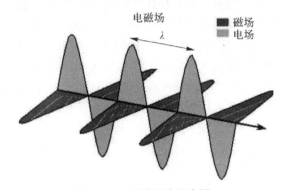

图 3 - 31 无线电波示意图

无线电波的传播方向如图 3 - 32 所示。

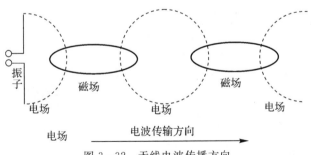

图 3 - 32 无线电波传播方向

无线电波具有正交特性:电生磁、磁生电。

无线电波的波长、频率与传播速度的关系如下:

$$\lambda = c/f \tag{3-1}$$

式中,c 为光速;f 为工作频率;λ 为波长。

在相同的介质中,不同频率下,天线的工作波长不同。频率越高,波长越短。无线电波长示意图如图 3-33 所示。

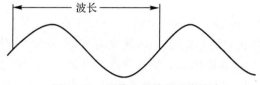

图 3-33 无线电的波长示意图

天线的电性能与电长度(波长)对应。对物理长度则需要进行换算。常用无人机使用频率波长计算实例如下:2 400～2 483 MHz 遥控器工作频率,该频段也用于图传和路由器、wifi 等场合,是开放的公众使用频率。对应波长计算为 300(光速)/2 450 MHz(频率)=0.122 45 m(波长)。5 725～5 875 MHz 为无人机或航模常用的图传工作频率,也用于高速率的路由器。对应波长计算为 300/5 800＝0.051 7 m。其他常用频率计算方式相同,如 433 MHz,1 280 MHz,1 440 MHz,1 575 MHz 等遥控增程、图传和 GPS 工作频率,此处不一一举例。

(2)无线电波的极化。无线电波在空间传播时,其电场方向是按一定的规律而变化的,这种现象称为无线电波的极化。当电磁波的极化方向保持在固定的方向上时,称为平面极化,也称为线极化。无线电波的极化是由电场矢量在空间运动的轨迹确定的。电波的电场方向垂直于地面,为垂直极化波;电场方向与地面平行,为水平极化波,分别如图 3-34 所示。电场方向和地面有 45°夹角,为 45°极化。垂直极化、水平极化和±45°极化都为线极化。当无线电波的极化面与大地法线面之间的夹角从 0～360°周期地变化,即电场大小不变,方向随时间变化,电场矢量末端的轨迹在垂直于传播方向的平面上投影是一个圆时,称为圆极化,如图 3-35 所示。若极化面随时间旋转并与电磁波传播方向成右螺旋关系,称右圆极化;反之,若成左螺旋关系,称左圆极化。若无线电波极化面与大地法线面之间的夹角从 0～2π 周期地改变,且电场矢量末端的轨迹在垂直于传播方向的平面上投影是一个椭圆,则称为椭圆极化。

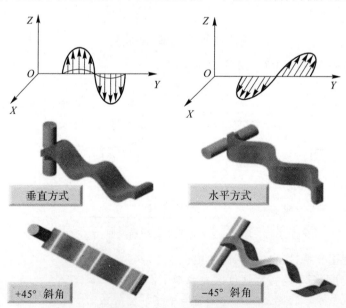

图 3-34 无线电的垂直及水平极化、±45°极化

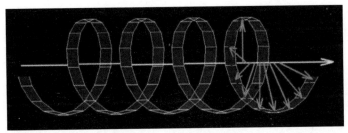

图 3 - 35 无线电圆极化

为了便于无电磁知识基础的读者理解极化的含义,此处作简单类比。如我们小时候玩的绳子,绳子抖动的方向为电场方向。当我们手拿一条绳子作上下抖动时,绳子是以上下波浪式前进的,上下运动往前为垂直极化电磁波的电场前进姿态。如换成左右抖动,则绳子是以左右波浪式前进的,此时为水平极化状态。同理,±45°极化为绳子和地面有 45°夹角时的运行状态。当绳子作圆圈状旋转时,绳子的运动是螺旋状前进的,此时为圆极化工作状态,如果绕的圈不够圆为椭圆形时,为椭圆极化。往左绕圈为左旋圆极化,往右旋转为右旋极化。通俗的解释只是便于理解,但并不严谨,读者能理解含义就可以了。

(3)多径传播。电波在传播过程中,除直接传播外,遇到障碍物(例如山丘、森林、地面或楼房等高大建筑物)时,还会产生反射和绕射。因此,到达接收天线的电磁波,不仅有直射波,还有反射波、绕射波和透射波,这种现象就叫多径传播,如图 3 - 36 所示。

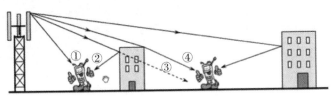

①—直射波;②—反射波;③④—绕射(衍射)波

图 3 - 36 无线电多径传播示意图

在无人机或地面模型设备的实际应用中,当飞行物或者遥控车辆等设备与地面比较接近时,多径效应更加明显。通常其对图传系统会产生较大的压力,如雪花闪烁等现象。其原因为反射波的信号强度对直达波造成较大影响,两个信号出现叠加和抵消,信号波动会比较剧烈。

2.天线的定义

天线是指能够有效地向空间某特定方向辐射电磁波或能够有效地接收空间某特定方向来的电磁波的装置,如图 3 - 37 和图 3 - 38 所示。

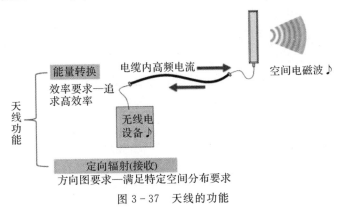

图 3 - 37 天线的功能

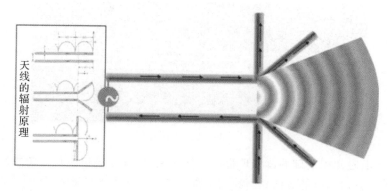

图 3-38 天线的辐射原理

（1）天线半波振子。半波振子是天线的基本辐射单元。多个半波振子通过一定形式组合，形成天线阵列。天线阵列能获得较高的增益或者特殊的辐射方向图，如图 3-39 所示。

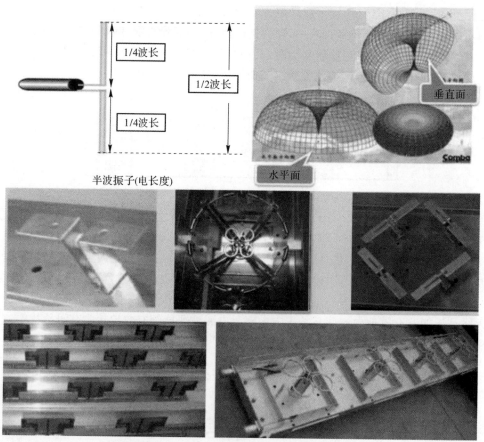

图 3-39 天线的半波振子及半波振子示例

（2）天线辐射方向图。天线辐射方向图用来表述天线在空间各个方向上所具有的发射和接收电磁波的能力。天线辐射方向图为三维立体形状，如图 3-40 和图 3-41 所示。

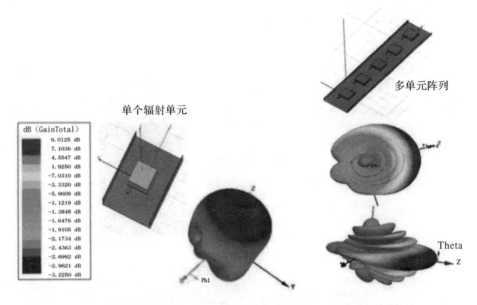

图 3-40　独立单元辐射图　　　　　　　图 3-41　多单元辐射图

实际应用中通常将天线辐射方向图转化成二维平面图形,即水平面方向图及垂直面方向图,分别代表天线在水平方向和垂直方向的辐射特性,如图 3-42 所示。

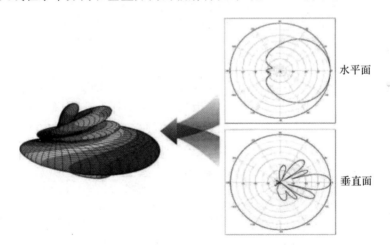

图 3-42　天线辐射二维图

3.天线主要性能参数

(1)天线工作频率。无论天线还是其他通信产品,总是在一定的频率范围(频带宽度)内工作,频率范围取决于指标的要求。通常情况下,满足指标要求的频率范围即可为天线的工作频率。

(2)天线增益。天线增益指天线在某一规定方向上的辐射功率通量密度与参考天线(通常采用理想点源)在相同输入功率时最大辐射功率通量密度的比值,如图 3-43 所示。

天线增益与天线辐射方向图和天线尺寸的关系如下:

天线增益是用来衡量天线朝一个特定方向收发信号能力的,它是选择天线重要的参数之一。

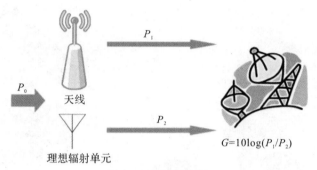

图 3-43　理想增益

天线增益越高,方向性越好,能量越集中,波瓣越窄,如图 3-44 所示。
天线增益越高,天线物理尺寸越大。

立体方向图　　　　　垂直面方向图

图 3-44　天线方向图

因此,应增益影响覆盖距离指标,合理选择增益,具体如下:

提高天线增益,特定方向的距离增大,但同时会压窄波束宽度,导致覆盖的均匀性变差,业务覆盖范围会变小。在满足覆盖需求的前提下,天线增益的选取应以波束和目标区相配为前提,为了提高增益而过分压窄波束宽度是不可取的。只有通过优化方案,实现目标覆盖区之外的电平快速下降、压低旁瓣和后瓣,降低交叉极化电平,采用低损耗、无表面波寄生辐射、低VSWR 的馈电网络等途径来提高天线增益才是正确的。高、低增益方向图对比如图 3-45 所示。

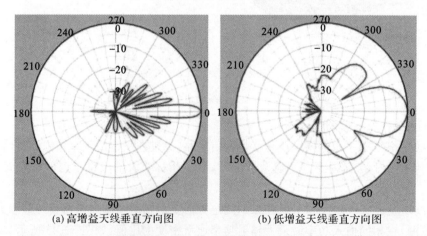

(a)高增益天线垂直方向图　　(b)低增益天线垂直方向图

图 3-45　高、低增益方向图对比

4. 交叉极化比

为了获得良好的上行分集增益,要求双极化天线应该具有良好的正交极化特性,即在±60°的扇形服务区内,交叉极化方向图电平应该比相应角度上的主极化电平有明显降低,其差别(交叉极化比)在最大辐射方向应大于 15 dB,在±60°内应大于 10 dB,最低门槛值也应该大于 7 dB,如图 3-46 所示。如此,才可以认为两个极化接收到的信号互不相关。

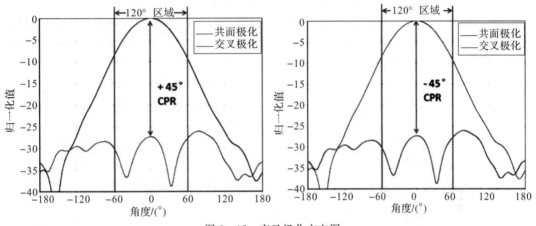

图 3-46 交叉极化方向图

5. 天线常用参数计量单位

天线常用参数计量单位见表 3-3 所示。

表 3-3 天线常用参数计量单位说明

天线参数	计量单位
波束宽度、电下倾角、波束偏移	(°)(度)
增益	dBi、dBd
方向图一致性、交叉极化比、前后比、上旁瓣抑制、零点填充、隔离度	dB
三阶交调	dBm、dBc

(1)dB:相对值,表征两个量的大小关系单位,如 A 的功率比 B 的功率大或小多少分贝时,可按 10 log(A 功率值/B 功率值)计算。

举例:A 功率值为 2W,B 功率值为 1W,即 A 比 B 多了一倍,换算成分贝为 10 lg(2W/1W)≈3 dB。

[例]若甲天线的增益为 20 dBd,乙天线的增益为 14 dBd,则可以说甲天线的增益比乙天线的增益大 6 dB。

(2)dBm:表征功率绝对值的量单位,也可认为是以 1 mW 功率为基准的一个比值,计算为 10 lg(功率值/1mW)。

[例]如果发射功率 P 为 10 W,则按 dBm 单位进行折算后的值应:10 lg(10 W/1 mW)=10 lg(10 000)=40 dBm,30 dBm=10 lg(1W/1mW)。

(3)dBi 及 dBd:均为表征天线增益的单位,也是一个相对值。与 dB 类似,只是 dBi 及 dBd 有固定的参考基准:dBi 的参考基准为全方向性理想点源,dBd 的参考基准为半波振子。同一增益用 dBi 表示要比用 dBd 表示大 2.15。

[例]对于增益为 16 dBd 的天线,其增益按单位 dBi 进行折算后为 18.5 dBi(忽略小数点后数字为 18 dBi)。

(4)dBc:dBc 也是一个表征相对功率的量单位,其计算方法与 dB 的计算方法完全一样。

一般来说,dBc 是相对于载波功率而言的,在许多情况下用来度量与载波功率的相对值,如度量干扰(同频干扰、互调干扰、交调干扰和带外干扰)、耦合、杂散等相对量值,在采用 dBc 的场合,原则上可以使用 dB 替代。

6.天线测量方法和常用仪器

(1)输入阻抗和驻波系数的测量。把天线直接接至测量仪器上就可进行输入阻抗和驻波系数的测量。常用仪器有网络分析仪、阻抗分析仪、阻抗电桥、驻波表等。

(2)方向图的测量。常用旋转被测天线法进行测量。所需仪器设备有天线测试转台、功率信号源、场强计及辅助天线。

(3)增益测量。天线增益测量有比较法、射电天文法等,常用比较法测量天线增益。所需仪器设备与方向图测量相同,但还需已知增益的标准天线。

7.电波传播模式

(1)天波传播。指电波由天线发射后经电离层反射又到达地面的传播方式,此种方式主要用于短波通信、广播和短波雷达。

(2)空间波传播。指电波自天线发射后经直线路径直接到达接收点,如地面上的超短波通信、电视广播、调频广播以及卫星通信、卫星广播等。

(3)地波传播。指电波沿地表面传播,主要用于中长波广播、导航、短波地波通信等。

3.4.2 图传

什么是无人机图传?无人机图传系统,就是采用适当的视频压缩技术、信号处理技术、信道编码技术及调制解调技术,将现场无人机所搭载的摄像机拍摄到的视频以无线方式实时传送到远距离后方的一种无线电子传输设备。所以无人机图传系统也被称为无人机的"眼睛",如图 3-47 所示。

无人机图传系统的质量度,区分开了消费级无人机与行业级无人机。无人机图传系统已经成为行业无人机不可或缺的重要角色。与消费级无人机不同,行业级无人机承担行业特殊作业任务,但总的来说两者有共同特点,即在绝大多数任务场合都需要在远离现场的情况下,实时、可靠地观察或获取现场图像及视频,而此时无人机图传系统就会显现出它的重要作用。

一般按照设备类型来分,图传系统可分为模拟图传和数字图传,由于数字图传所传输的视频质量和稳定性都要远远好于模拟图传系统,所以在工业应用中通常都采用数字图传。数字图传根据其所传输视频每帧的像素分辨率的不同又可细分为 D1(720×576)、高清 720i/p(1 280×720)和全高清 1 080 i/p(1 920×1 080)等级别。

目前市面上全高清图传的制式和分辨率主要有 1080i 和 1080p 两种,其常用帧率又可分为 25 fps,30 fps,50 fps 和 60 fps 四种,带宽也基本分为 4 MHz,6 MHz 和 8 MHz 三种,实际码流速度则为 2～12 Mb/s 不等,端到端的传输延迟也基本在 400～1 200 ms 之间,1W 发射功率的有效传输距离从几百米到 20 km 不等。

但即使是全高清级别的图传,就其传输制式、带宽、帧率实际码流速度、传输延迟、有效传输距离方面来说也是有很大差别的。

发射机

传输距离
20km

时速可达
500km

操控手视角   接收机   云台手视角

图 3 - 47   图传系统

需要说明的是由于 i/p 制式(隔行/逐行)、帧率、图像实际码流速度、图传传输延迟及有效传输距离等指标的不同,观看回传视频或实际应用时,在图像画面细腻度、图像流畅度、图像大动态场景变化、图像色彩过渡柔和度及环境适应性等方面的用户体验差别是非常大的。

消费级别的无人机图传系统和行业级别的无人机图传系统的主要区别在于系统的有效传输距离、系统的稳定性、系统的可靠性和系统的环境适应性等方面。工业级别的图传产品在这几个方面的指标要远远高于消费级的图传产品,因此,工业级图传产品的设计思路、制造工艺和测试条件也是完全不同的。

图传产品的发展趋势是高分辨率、高帧率和更远的传输距离。目前在整个无人机产业供应链条中,图传系统是无人机产业链中非常重要的一环。但由于技术门槛的限制,全国范围内,目前能提供高质量图传产品的厂家屈指可数,即使这几家能提供图传产品的厂家也并不都是掌握了图传核心技术的。

3.4.3   数传电台

数传电台(radio modem),又可称为"无线数传电台""无线数传模块",是指借助 DSP(数字信号处理)技术和软件无线电技术实现的高性能专业数据传输电台,如图 3 - 48 和图 3 - 49 所示。

在 VHF/UHF 超短波无线通信领域,除了对讲机、车载电台、手机等大家早已习以为常的无线通信终端产品外,还有一个相对而言比较专业、不为大部分人所知的特殊通信设备,那就是超短波无线数传电台(以下简称数传电台)。顾名思义,数传电台就是用于数据传输的电台,与常规的用于话音通信的电台的区别在于:数传电台的主要功能是利用现有的超短波无线信道实现远程数据传输,当然,很大一部分数传电台同时也保留了通话功能,可以数话兼容。由于一般被用于工业远程控制与测量系统,即我们常说的遥控遥测系统(或 SCADA 系统),使用环境可能会十分恶劣,因此数传电台在技术指标及可靠性方面要求比语音电台更严格。

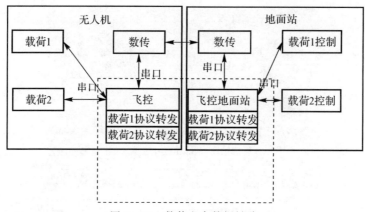

图 3 - 48　数传电台数据链路

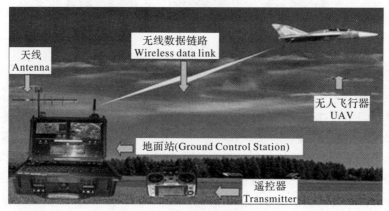

图 3 - 49　无人机数据链路示意图

　　数传电台的使用从最早的按键电码、电报、模拟电台加无线 MODEM,发展到目前的数字电台和 DSP、软件无线电,传输信号也从代码、低速数据($300\sim1200$ b/s)发展到高速数据($N\times64K\sim N\times E1$),可以传输包括遥控遥测数据、动态图像等业务。美国 MDS 数传电台、芬兰 SATEL 数传电台为目前国际上比较知名的数据传输电台。无线数传电台是采用数字信号处理、数字调制解调,具有前向纠错、均衡软判决等功能的无线数据传输电台。区别于模拟调频电台加 MODEM 的模拟式数传电台,数字电台提供透明的 RS232 接口,传输速率为 19.2 Kb/s,收发转换时间小于 10 ms,具有场强、温度、电压等指示,误码统计、状态告警、网络管理等功能。无线数传电台作为一种通信媒介,与光纤、微波、明线一样,有一定的适用范围。它提供某些特殊条件下专网中监控信号的实时、可靠的数据传输,具有成本低、安装维护方便、绕射能力强、组网结构灵活、覆盖范围远的特点,适合点多而分散、地理环境复杂的场合。

　　无人机数传电台主要有五项关键技术,分别是机体结构设计技术、机体材料技术、飞行控制技术、无线通信遥控技术和无线图像回传技术。这五项技术支撑着现代化智能型无人机的发展与改进。一个典型的无人机系统包括飞行器、地面控制站、有效载荷及数据链路。地面控制站用于实现任务规划、链路控制、飞行控制、载荷控制、航迹显示、参数显示和影像显示,以及记录和分发等功能。

3.5　无人机任务载荷系统

3.5.1　任务载荷的概念

任务载荷是指那些装备到无人机上为完成某种任务的设备的总称,包括执行电子战、侦察和武器运输等任务所需的设备如:信号发射机、传感器等。无人机任务载荷的快速发展极大地扩展了无人机应用领域。根据其功能和类型的不同,无人机上装备的任务载荷也不同。

3.5.2　军用无人机任务载荷

军用无人机的任务载荷主要有光电/红外传感器、合成孔径雷达和激光雷达等。

1. 光电/红外载荷

战术无人机的一大优势是可以靠近目标实施侦察,小型机甚至可飞临目标上空,在 $100\sim200$ m 的距离拍摄。光电技术发展,使电视摄像机、红外热像仪质量、体积、成本都大大降低,这些侦察设备已装载到小型甚至微型无人机上。

(1)电视摄像机。电视摄像机(可见光)是一种将被摄景物的活动影像通过光电器件转换成电信号的光电设备,主要由摄影镜头、光电转换器、放大器和扫描电路等组成。其中摄影镜头将景物的影像投射在光电转换器上,通过扫描电路对光电转换器件按一定次序进行转换,逐点、逐行、逐帧地把影像上明暗不同或色彩不同的光点,转换为强弱不同的电信号,再通过记录设备或图像传输设备将电信号记录或发送出去。通常将电视摄像机分为黑白、彩色两种类型,黑白电视摄像机主要传送景物明暗影像,彩色电视摄像机主要传送景物彩色影像。

在无人机机载条件下,电视摄像机要实现对地面景物的观测,必须借助相应的稳定转台,通过稳定转台实现对电视摄像机光学中心指向的改变,进而对航摄区域的实时电视影像进行捕捉,通过改变可见光电视摄像机光学系统焦距,改变航摄区电视影像的比例大小,利用无线数字传输设备将电视图像传输至地面监视器,或直接记录在机载电子盘上。军事上,利用可见光电视摄像机的实时侦察监视特点,可对航摄区目标执行自动定位、校正火力射击、监视战场情况及评估毁伤效果等任务。

(2)红外热像仪。大气、烟云对可见光和近红外线的吸收较强,但是对 $3\sim5$ μm 和 $8\sim14$ μm 波长的热红外线却是“透明”的,故将这两个波段称为热红外线的“大气窗口”。利用这两个窗口,人们能在完全无光的夜晚,或是在烟云密布的战场,清晰地观察到前方或地面的情况。

为了提高无人机全天候实时观测能力,将红外热成像技术应用于空中探测,即利用红外热像光谱探测器对具有热泄露的地面物体进行探测,对温度高于其周围背景的地物通过热白图像实时记录并传输至地面监测设备,或存储在机载电子盘上。

与电视摄像机相似,红外热像仪也需要借助一定的稳定转台,用以隔离无人机飞行对航摄的影响,以及根据观测要求实时改变其光学镜头的指向。

正是由于这个特点,红外热成像技术在民用和军事领域都得到了广泛应用,极大地提高了观测系统的全天候侦测能力。

与可见光电视摄像机相似,红外热像仪也需要固定在稳定平台中,并通过稳定平台实现其光学中心的自动或手动改变,以获取地面连续、动态影像,通过地面控制设备,对获取的红外图像进行目标提取、定位、校正射击等。

2.合成孔径雷达

合成孔径雷达(SAR)是利用一个小天线沿着长线阵的轨迹等速移动并辐射相参信号,对在不同位置接收的回波进行相干处理,从而获得较高分辨率的成像雷达。SAR 也被称为综合孔径雷达,它是利用雷达与目标的相对运动把尺寸较小的真实天线孔径用数据处理的方法合成一个较大的等效天线孔径的雷达,可以在能见度极低的气象条件下得到类似光学照相的高分辨雷达图像,且能有效地识别伪装和穿透掩盖物。

合成孔径雷达的首次使用是在 20 世纪 50 年代后期,装载在 RB－47A 和 RB－57D 战略侦察飞机上。经过几十年的发展,合成孔径雷达技术已经比较成熟,各种新型体制合成孔径雷达应运而生。

合成孔径雷达在夜间和恶劣气候时能有效工作,它能够穿透云层、雾和战场遮蔽,以高分辨率进行大范围成像。目前,轻型天线和紧凑的信号处理装置的发展以及成本的降低,使合成孔径雷达已经能够装备在战术无人机上。

3.激光雷达

激光雷达的波长短,它不但可以探测到簇叶下的目标,还可以对目标进行分类,为地面部队提供实施交战所需的精确目标信息。

4.航空相机

航空相机是装载在飞机上以拍摄地表景物来获取地面目标的光学仪器。随着航空技术日新月异的发展,航空相机已经在航空遥感、测量和侦察等领域发挥重要作用,航空相机具有的良好机动性、时效性和较低投入等优点,已成为获取地面信息的主要途径之一。

航空相机主要实施昼间、准实时侦察观测任务,可获取航摄区静态高分辨率影像,还可对影像上任意像点的坐标进行提取,完成多幅满足一定要求影像的自动拼接、立体影像提取及其显示等任务。军事上可利用航摄影像完成火力打击效果与伪装情况评估等任务。目前它已在地形测绘、土地和森林资源调查、铁路和公路建设以及军事侦察等诸多领域得到了广泛的应用。

3.5.3　民用无人机任务载荷

1.倾斜摄影相机

倾斜摄影是通过在同一飞行平台上搭载多台传感器,同时从垂直、侧视等不同的角度采集影像,将用户引入了符合人眼视觉的真实直观世界,有效弥补了传统正射影像只能从垂直角度拍摄地物的局限。专业倾斜相机由五个摄像头组成,中间相机拍摄正射影像,其余四个相机拍摄倾斜影像。

倾斜摄影相机应用领域:数字城市,城市规划,交通管理,数字公安,消防救护,应急安防,防震减灾,国土资源,地质勘探,矿产冶金等。

2.空中喊话器

空中喊话器即以飞行器为搭载平台可以空中无线扩音的装置。

目前空中喊话器具有一定的应用前景,在森林防火、火灾救援、灾区搜救、交通治安、林场看护等场合可以起到很大的作用。

3. 空中探照灯

在救援领域,搭载无人机探照灯,可以为灾害现场实施空中照明。高机动性的照明工具,使救援效率得到质的飞跃,也更好地保障救援行动的开展。

在刑侦、交通等安防活动中,夜间难以开展行动的现状一直困扰着安防人员。搭配无人机探照灯,可以为夜间执法提供远距离照明,更为夜间执法提供多种便利;搭配高清变焦镜头,可针对脸部、车牌等进行取证。

4. 气体检测仪

气体检测仪可进行的工作主要包括空气质量检测、环保监测、应急消防、化工厂污染排查、应急事故火灾等环境突发事件引发的大气环境污染、有毒有害气体的常规巡查以及城市低空大气质量状况监测。

5. 云台

云台是安装在无人机上用来挂载相机的机械构件,是用来安装、固定摄像机的支撑设备,它分为固定和电动云台两种。一般无人机云台都能满足相机的三个活动自由度——绕 X、Y、Z 轴旋转。每个轴心内都安装有电动机,当无人机倾斜时,同样会配合陀螺仪给相应的云台电动机加强反方向的动力,防止相机跟着无人机"倾斜",从而避免相机抖动。三轴增稳云台如图 3-50 所示。

图 3-50 三轴增稳云台

(1)固定云台。固定云台适用于监视范围不大的情况,在固定云台上安装好摄像机后可调整摄像机的水平和俯仰的角度,达到最好的工作姿态后只要锁定调整机构即可。

在一般的军用固定翼无人飞机上用的大多数是固定式航拍云台,它垂直面向地面拍摄,没有运动补偿等稳定画面的装置。

而消费级无人机刚面世时,所采用的航拍云台也有一些是固定式云台。比如,大疆的Phantom 一代等产品,采用的就是固定式的设计,它将相机与飞行器固定在一起,通过调整飞机的角度调整航拍时的视角。

固定式的云台优点是能够减少成本、减轻质量、省电,从而提高飞行时间;缺点也非常明显,就是航拍画质较差、无法改变视角。

(2)电动云台。电动云台,即云台由电动机控制。电动机能接受控制器的信号,从而精确地调整定位,在控制信号的作用下,云台上的摄像机既可自动扫描监视区域,也可在人工操纵下跟踪监视对象。

电动云台适用于对大范围进行扫描监视,它可以扩大摄像机的监视范围。电动云台高速姿态是由两台执行电动机来实现的,电动机接受来自控制器的信号精确地运行定位。

云台根据其回转的特点可分为只能左右旋转的水平旋转云台和既能左右旋转又能上下旋转的全方位云台。一般来说,水平旋转角度为 $0°\sim350°$,垂直旋转角度为 $+90°$。恒速云台的水平旋转速度一般在 $3\sim10(°)/s$,垂直速度为 $4(°)/s$ 左右。

其优点是对航拍时的画面有全方位的稳定,保证画面清晰稳定;缺点是工程造价较高,由于电动机控制,所以相对耗电多,航拍的续航时间降低。

3.6 无人机发射回收系统

3.6.1 发射系统

发射与回收的技术有多种,包括从在现成的场地上进行的常规起飞及降落,到使用旋转翼或风扇系统垂直降落等。弹射也是无人机常用的发射方式,它使用引爆式火箭或气动、液压两者结合的方式。

3.6.2 发射方式

无人机的发射方式有很多,目前常见的发射方式有起落架滑跑、起飞跑车滑跑、母机空中发射、发射架上发射或弹射、容器(箱式)内发射或弹射、火箭助推、垂直起落、缆绳系留、手抛和自动发射等方法。

1.手抛发射

这种方式很实用,但仅适用于质量相对较轻的飞行器,这类飞行器载重量低,动力适当。轻型无人机可以手持发射;功率强大的无人机,起飞时不需要借助外力弹射,只需松手即可。不过,如果无人机超过一定体积,起飞速度超过一定范围,手动投掷协助起飞会变得很危险,甚至根本不可能成功。手持引擎填满燃料的无人机,在凹凸不平的地面上奔跑,很可能造成严重的人身伤害,尤其是如果撞上正在旋转推进的螺旋桨上,后果不堪设想。

2.起落架滑跑

起落架滑跑需要一块平整好的场地并要小心翼翼地控制飞行的航向。这种方式一般需要人工操纵,例如美国的"秃鹰"、巴西的 BQM-1BR 无人机。

3.母机空中发射

许多无人机,尤其是靶机是装载在固定翼飞机上从空中发射的,这些无人机通常都具有较高的失速,由涡轮喷气发动机提供动力,例如意大利的"米拉奇"无人机。

4.火箭助推

有些无人机也在地面上利用火箭助推发射。对于火箭助推发射方式,为使飞行器达到起飞速度,通常需要在有效作用距离上施加一个发射力,但一般要求在一段很长距离内把发射力施加在飞机上,以使其达到飞行速度。在应用火箭助推发射前,必须仔细对推力线进行校准,以确定飞行器没有施加任何力矩,从而避免控制问题的出现。

5.车载发射

车载发射是一种费用低廉而且实用的方法。首先需要一块干河床或者一条跑道,然后将无人机及其配件装载在发射车顶上,最后驾车飞驰(例如英国的"天眼"无人机)。

6.轨道发射

通过导轨或轨道将无人机加速到发射速度的装置称为轨道发射器(例如英国的"不死鸟"无人机)。

7.垂直起飞

垂直起飞有两种方式:①旋翼垂直起飞。旋转旋翼利用升力使无人机垂直起飞。②固定翼无人机垂直起飞。主要是指结合旋翼机和固定翼机的优点,形成的倾转旋翼无人机。除利用升力使无人机起飞外,还有利用发动机推力直接垂直起飞的。

3.6.3 无人机的回收方式

目前无人机的回收方式主要有伞降回收、撞网回收、起落架/滑跑着陆、空中勾取回收等。

1.起落架/滑跑着陆

起落架/滑跑着陆是大多数固定翼无人机采用的方式,其原理与有人驾驶飞机类似,需要专用跑道或者开阔的场地,因此缺乏灵活性。为了缩短滑跑距离,有些无人机会在尾部装上尾钩,在滑跑过程中,尾钩勾住地面的拦截锁,通过拦截锁的弹性变形吸收无人机的动能。

2.伞降回收

伞降回收是国内外中小型无人机经常采用的方式之一。在回收过程中,当无人机到达预定回收区中心点上空时,其所配备的降落伞会按照预定程序或者在地面站的指挥下开伞,使无人机缓缓着陆。整个过程较为简单,对操作人员的要求也比较低。但其缺点也显而易见:降落伞对无人机来说是一种载荷,且需要占据机身内有限的空间;由于无人机下降速度较快,在着陆瞬间,机体容易受到较强烈的冲击,造成损伤;如果在海上降落,则无人机要具备足够的防水能力,且打捞过程也比较麻烦,甚至可能需要借助专业的海上回收设备。

改进伞降回收的一个有效办法是,为无人机配备减震气囊。在无人机飞行期间,气囊置于机身内部,主伞打开后,气囊充气并自动伸出,以吸收无人机与地面接触瞬间的冲击能量,避免设备损伤。着陆完成后,排除气囊内的气体,方便再次使用。这种气囊不仅可以缓解着陆冲击,还能防止着陆过程中间出现反弹现象。

3.撞网回收

撞网回收指的是无人机在地面无线设备和自动引导设备的引导下,逐渐降低高度,减小速度,然后正对着拦截网飞去,从而达到回收的目的。完整的拦阻网系统通常由拦阻网/绳、能量吸收装置和自动引导设备组成,可以使无人机在撞网后,速度很快降为零,且不受场地限制,尤其适用于舰上回收。但由于网的面积有限,在气象状况不好时,难以保证无人机准确入网。一旦出现偏差,撞击到其他设施,后果不堪设想。

4.绳钩回收

绳钩回收指的是利用绳索抓捕无人机翼尖小钩来实现回收的一种方式,它主要由回收绳、吸能缓冲装置、导引装置等组成,占用空间小,且不易受天气影响。

5.气囊方式回收

气囊不仅可以配合降落伞使用,也可以作为一种着陆方式单独使用。这种方式不需要起落架和降落伞,无人机在着陆前打开气囊,然后直接触地即可实现缓冲目的。但需要注意的是,依靠气囊直接着陆,缓冲能力有限,只适用于微小型无人机。

6.垂直着陆回收

旋翼无人机依靠驾驶员操纵旋翼的旋转速度使无人机垂直着陆。固定翼无人机则是利用倾转旋翼使无人机着陆,也可以利用发动机推力直接抵消重力使无人机着陆。

习　题

1. 如何防止遥控器受到干扰？
2. 飞控由哪些主要部件构成？
3. 简述舵机的 PWM 控制信号周期变化范围。
4. 简述无人机常用天线分类。

第4章 无人机组装工艺基础

内容提示

本章首先介绍进行无人机组装使用的各类型工具,随后对材料及材料间的黏结工艺进行讲解,通过塑料结构无人机、木结构无人机、复合材料无人机对无人机的组装工艺进行介绍,尤其重点介绍木结构无人机的组装。

教学要求

(1)掌握各种类型工具及使用方法。

(2)掌握无人机常用黏结工艺。

(3)掌握不同种类结构的无人机组装方法。

内容框架表

本章内容框架表见表4-1。

表4-1 内容框架表

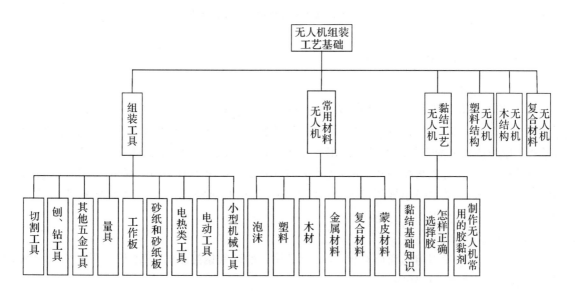

4.1 组装工具

孔子曰:"工欲善其事,必先利其器。"意思是:要想把工作完成,做得好,应该先把工具准备好、调试好。要想制作好无人机,必须先要有得心应手的好工具。

其实,一般手工制作无人机必备的工具并不太多,关键要好用。当然有条件的话也可以购买一些小型的电动工具,这样会提高制作的效率和质量。有了好工具还应该合理使用,并且还有好的制作工艺,才能做出质量轻、结构合理、外观精美、飞行性能优异的无人机。

制作无人机必备的工具有:切割工具、刨钻工具、常备的五金工具、量具、工作板、砂纸板、电热类工具、各类仪表、电动工具和小型机械工具等,如图4-1所示。

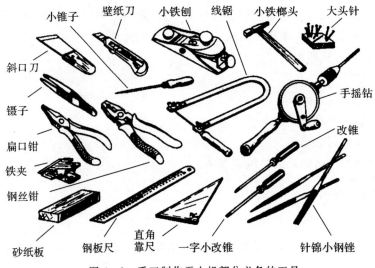

图4-1 手工制作无人机部分必备的工具

4.1.1 切割工具

1. 壁纸刀

壁纸刀是制作无人机经常使用的刀具,如图4-2所示。市场上销售的壁纸刀规格齐全、使用方便、价格低廉。壁纸刀可以用来切割各种薄板、木片、木条,可以刻翼肋、刻槽、修整、蒙膜等,是用处比较多的工具。壁纸刀使用很方便,刀刃不锋利后,用钳子掰下一小段即可。一个刀片用完以后还可以再换一片新的,省去磨刀的麻烦。壁纸刀有不同的规格,宽9 mm薄刀刃的壁纸刀(图4-2中最小号的)用处最多,因为刀刃相对薄些,切木片时不至于把切出的木条或其他零件挤压变形太多。

2. 斜口刀

斜口刀在专门卖刀剪的商店有售,大部分是用一般碳素钢打制的,带木把。买时须仔细挑选,敲击声清脆的硬度会好些。

最好用的斜口刀是机用锯条改制的,机用钢锯采用高速钢(HSS)或双金属钢(Bi-metal)制造,无比锋利,非常耐用,如图4-3所示。

图 4 - 2　壁纸刀　　　　　　　　　图 4 - 3　斜口刀

机用钢锯条按不同的宽窄和长短尺寸分几种规格,比较合适的是长 450 mm、宽 38 mm、厚 1.8 mm 的机用钢锯条。

可到机械加工厂找或到五金工具商店购买正规厂家生产的机用钢锯条。质量好的机用钢锯条用电砂轮磨出的是又白亮又长的火花。一根机用钢锯条可以做三把 150 mm 长的斜口刀。

自制斜口刀的方法是:在锯条上用记号笔标出三等分的 50°斜线,用电砂轮的边角或砂轮片沿斜线正反两面磨出槽来,用木棒敲打即可断开,然后用电砂轮磨出刀刃来,当刀刃两面磨出宽 7～10 mm 的斜坡、刀刃的角度为 15°～10°左右时最好用。由于刀刃过热容易退火,硬度会降低,所以用电砂轮磨刀时要边磨边沾水冷却,要有耐心。用砂轮磨出刀刃的合适角度后,还要先后在油石和水磨石上仔细研磨,油石最好用粗细两面的油石,磨刀的油石最好用水浸,因为用油容易把油石腻住。

为了防止刀刃卷刃,磨到最后要在细磨石上正反两面轻轻地画 8 字研磨。检查刀刃锋利不锋利的方法为:刀刃朝上用大拇指垂直刀刃方向去摸,感觉有些刮手,或横切木材时断面光滑,这时刀刃最锋利。千万不要顺着刀刃摸,会划破手。斜口刀能刻、削、切,是制作无人机、螺旋桨、发动机架和较硬、较大木材的必备工具。

使用刀子有窍门:①为了防止在裁切木片时刀刃顺着木纹切偏,第一刀要用刀尖沿着钢板尺的边轻轻切个浅槽,然后再逐步用力,如果第一刀太用力,刀刃容易顺着木纹切偏。②切削木材时,刀刃和被切削的木料保持 30°～45°斜角,省力而光滑。③使用刀子还要注意安全,不论切削何种材料都要记住:手握材料的后面部分,刀刃朝前用力,以防止用力过猛刀子切伤手。有时削制螺旋桨,刀子一定朝向另一只手时,握刀胳膊的大臂要紧靠胸部来限位,用转动手腕来切削。④刀刃用一段时间不锋利了,就要及时重新研磨锋利。牢记:"工欲善其事,必先利其器"。

3. 刻刀

市场有各种刻刀:①成套的、镶有木把的平口、圆口、V 形口等各种刃口的木刻刀,如图 4 - 4 所示。这类刻刀有不同的规格,主要用来刻挖槽、孔和制作木型。②可以更换刀片的尖刻刀,刻翼肋、刻切木片用处最多,如图 4 - 5 所示。③可以更换各种刀片的成套刻刀,如图 4 - 6 所示。

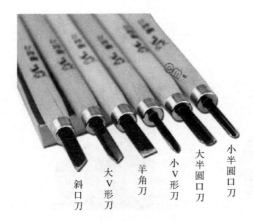

图 4-4　成套的各种刃口木刻刀　　　　图 4-5　可以更换刀片的尖刻刀

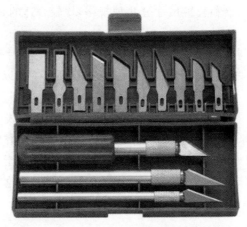

图 4-6　成套刻刀

4. 剪刀

剪刀有两种：①普通家用剪刀，用来剪纸、剪布等。②铁剪刀，剪裁不太厚的铁片、铜片和铝片，制作无人机应选用小号铁剪刀，如图 4-7 所示。

5. 手工锯

它是由弓形钢支架、手柄、蝶形紧固螺母、线锯条组成的，如图 4-8 所示。

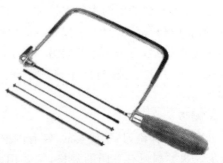

图 4-7　铁剪刀　　　　　　　　　　图 4-8　手工锯(线锯)

（1）线锯锯条种类很多,扁条形的可以锯木材、塑料,还可以锯铜、铁、铝。因此,锯条的材质、粗细、锯齿大小疏密和形状都不一样。锯木材的锯齿相对大些,锯金属的锯条细、锯齿密而小。还有圆条形锯条,四周都有锯齿,不用转动锯弓,可以向任何方向锯。线锯锯条如图 4-9 和图 4-10 所示。

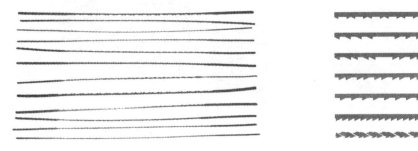

图 4-9　各种线锯锯条　　　　图 4-10　不同形状锯齿、不同用途的线锯锯条

（2）细手工锯,可以锯金属、木材和塑料,如图 4-11 所示。

质量不好的手工锯条往往锯齿偏向一侧有毛刺,容易锯偏,进口的手工线锯条价格高些,但非常好用。

在使用线锯时,在工作台上钉上一块用层板做的木叉,托住被锯的物件,应尽量保持锯条垂直,锯的速度不要太快但要稳。在转弯或夹锯的地方,要上下多动、慢前进,太着急会把锯条扭断,如图 4-12 所示。

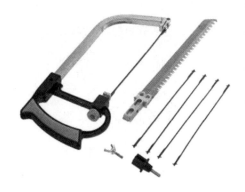

图 4-11　细手工锯

图 4-12　在木叉托板上锯零件

4.1.2　刨、钻工具

1. 小木刨和小铁刨

制作无人机用的小木刨如图 4-13 所示,可到零件供应木工工具店购买。也可以用红木、檀木、榉木等硬木材制作刨床,用机用锯条做刨刃,一般刨刃磨成 25°角,刨刃和刨床成 45°角。

近来在工具专卖店有进口小铁刨,可以微调刨刀伸出量和刨口的宽度,使用非常方便。目前,国内厂家也生产小铁刨,质量也很好如图 4-14 所示。

小刨子在刨削木材、修边整形时,用处很多。小木刨或小铁刨刨床长度在 160 mm 左右,能用一只手握住的大小比较合适。

图 4 - 13　小木刨　　　　　　　　　　图 4 - 14　小铁刨

刨刃不锋利,刨出的平面不平整、不光滑,这时刨刃就需要研磨。研磨的方法基本和磨刀相同,不同之处是研磨刨刃时要注意:刃口和刨刃要垂直,刃口不要偏斜,不要成弧形,否则刨出平面不平整,如图 4 - 15 所示。

可以用小刨子将壁纸刀裁切出来的不规则木条在拉条板上修整加工。

做一个拉条板。准备宽度为 15 mm,厚度分别为 2 mm,3 mm,4 mm,5 mm 的层板或木片,在每种厚度木板上粘两条木条,两木条之间间隔 5 mm。把要修整的木条放在槽里,一只手按住刨子不动,另一只手拉木条,反复拉到没有刨花为止,如图 4 - 16 所示。

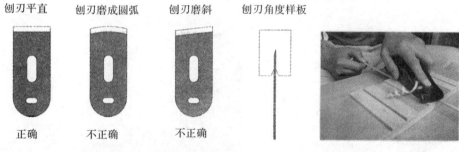

刨刃平直　　刨刃磨成圆弧　　刨刃磨斜　　刨刃角度样板

正确　　　　不正确　　　　不正确

图 4 - 15　刨刃研磨后的检查和校正　　　　　　图 4 - 16　拉条板

2. 手摇钻

手摇钻由钻卡、小圆锥齿轮、大圆锥齿轮、摇柄、手柄组成。手摇钻在制作无人机时用得比较多,可以钻 6 mm 以下的孔,也可以代替丝锥扳手,如图 4 - 17 所示。

钻孔时,手握手摇钻的同时还要用眼睛的余光看着手摇钻和钻头,使钻头垂直于加工物件,这是用钻的基本功。否则容易钻偏。

选购手摇钻时特别要注意钻的卡头夹住钻头后是不是同心,检查方法是装上钻头后,手摇转动时钻头不摆头为好。

没有丝锥扳手可以用手摇钻代替。

3. 钻头

有了手摇钻还要配备常用规格的麻花钻头。

(1)麻花钻头。制作无人机常用的麻花钻头规格有:直径 0.8 mm,1 mm,1.2 mm,1.5 mm,1.7 mm,2 mm,2.5 mm,3 mm,3.4 mm,4 mm,4.2 mm,5 mm,6 mm 的钻头。钻头不锋利

了,可以在电砂轮上磨刃口,或用细油石磨刃口,如图 4-18 所示。

图 4-17 手摇钻   图 4-18 麻花钻头

刃磨方法如图 4-19 所示,一手握住钻身,靠在砂轮的搁架上,作为支点,另一只手捏住钻柄,使钻身水平,钻头中心线和砂轮面成 Φ 角,然后刃口接触砂轮面(不得低于砂轮中心),逐渐增加压力,进行磨削。刃磨时,将钻头沿钻头轴线顺时针逐渐旋转 35°~45°,同时钻柄向下摆动约等于后角。按此步骤磨 2~3 次,再磨另一钻刃。

麻花钻头刃磨方法

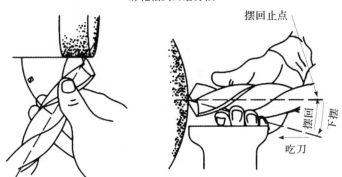

图 4-19 麻花钻头刃磨方法

刃磨过程中,钻柄的摆动不得高出水平面,以防磨成负后角。钻刃即将磨削成型时,不要由刃背向刃口方向进行磨削,以免刃口退火。为防止钻头因过热退火,刃磨时应经常浸入水中冷却。

钻头的刃磨应使钻刃对称,左右不对称的钻刃会使钻孔变大。目测检查方法为:把钻头竖起,立在眼前,两眼平视,背景要清晰。由于用眼睛看两个钻刃是一前一后的,会产生视差,因此观看两钻刃时往往感到左刃(前刃)高。所以,要让钻头绕中心线反复旋转 180°,这样反复几次以后,如果看的结果一样,就说明钻刃对称了。

(2)开孔钻头。制作无人机的副翼、尾翼、机身时,为减轻质量,需要开直径大的孔,可以使用不同规格的开孔钻头。开孔钻头形状如图 4-20 所示。还有一种开孔钻头中间是一个钻头,用来定位,周围有一圈带锯齿的圆管,用来锯切一定直径的圆孔。

(3)钻薄板的钻头,也叫钻薄板群钻,如图 4-21 所示。用普通麻花钻头钻薄板(薄木片、薄层板、薄铝片等)时,钻出来的孔会容易出现不圆或毛刺边。钻薄板的钻头最外边有尖刃,中间的内刃起中心定位的作用,然后用边刃把孔的边缘划切开,所以钻薄板的钻头钻出来的孔边缘整齐、精度高。

图 4-20　开孔钻头

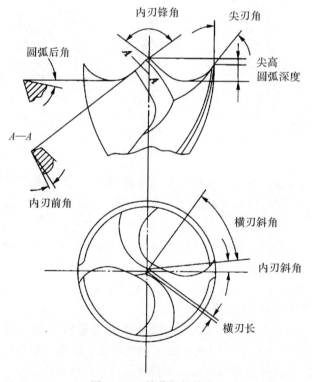

图 4-21　钻薄板的钻头

4.丝锥和板牙

丝锥和板牙主要用于无人机紧固用零件的攻丝。常用丝锥的规格有 M2,M3,M4,M5。每种规格的成套丝锥还分头锥、二锥。头锥比二锥外径稍小,丝锥头比较尖,头锥一般做螺纹的粗攻丝;二锥比头锥外径稍大一些,丝锥头不那么尖,攻的丝比较深。板牙主要用于为拉杆做螺纹口(见图4-22)。

图4-22 丝锥和板牙套装

在丝锥攻丝扣时,将丝锥装在丝锥扳手或手摇钻钻卡头上,在丝锥上滴少量润滑油,正转一两圈、再反转一圈,以便切断金属切屑。攻较深的螺纹丝还要经常清除丝锥上切削下来的金属屑,防止扭断丝锥。

攻丝前钻头直径的近似计算方法为:攻丝前钻头直径(mm)=螺钉的螺纹直径(mm)×0.85。

例如:3 mm直径的螺纹攻丝,钻头直径计算方法:3 mm×0.85=2.55 mm。

4.1.3 其他五金工具

其他常用小工具有一字和十字螺钉刀、什锦钢锉、细工木锉、小锤子、小锥子等;常用的钳子还有尖嘴钳、扁口钳、剪电线用的偏口钳、剪钢丝用的钢丝钳,以及做夹具用的50 mm小台钳、U形夹钳;还有加工金属常用的各种扳手等。

4.1.4 量具

1. 钢板尺

长度在300 mm和1 m的钢板尺比较常用,主要用来测量,在裁切时也当靠尺用。购买长钢板尺时,要在玻璃板上把钢板尺有刻度的端面立起来检查其是否平直。用不直的钢板尺画出的线和切出的物件会不直或有弧度。

2. 三角尺

绘制工作图用,规格为200~300 mm即可。

3. 直角靠尺

画垂直线或切割用直角靠尺。可用便宜的塑料直角三角尺,在其底边上,粘一条厚2mm、宽5mm的有机玻璃塑料片制成直角靠尺。使用方法是用粘塑料片的内侧靠紧木片或木料,沿三角尺的直角边画线或切割。

4. 游标卡尺

游标卡尺是可以精确测量长度、厚度、深度和内外直径的工具,精确度可达到百分之一毫米。数显卡尺显示数据更直观方便,但价格高,如图4-23所示。

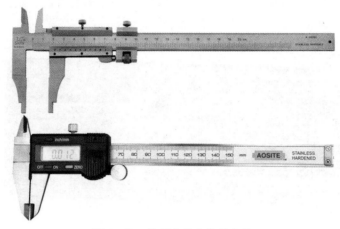

图4-23　游标卡尺和数显卡尺

4.1.5　工作板

工作板用松木板、桐木板和装修的大芯板制作。不论选用什么材质，工作板必须平直。根据制作机翼、机身大小选用工作板的尺寸，大于300 mm×1200 mm比较合适。

4.1.6　砂纸和砂纸板

砂纸和砂纸板用来打磨木片、零件和修整无人机。粗加工可用180号～280号砂纸，细加工可用360号砂纸，如图4-24所示。砂纸板可以保证打磨物件平直、光滑，其尺寸以20 mm×50 mm×(150～200 mm)为好。为了拼接木片和磨前后缘，可以将砂纸粘在非常直的长木板上，用来打磨对缝。

打磨弧形面的零件时，如制作凹凸形翼肋、打磨螺旋桨等，还需要用剖面有半圆弧的木板制作砂纸板。

砂带机的砂带，一般都是进口纸基砂纸，砂粒坚硬而且锋利。可以购买些下脚料，价格便宜，锋利又耐用。

图4-24　砂粒粗细不同的砂纸板

此外，常用的还有打磨腻子、漆面沾水用的水砂纸、布基的砂布。

4.1.7　电热类工具

1.电烙铁

电烙铁有20W，50W，75W，100W，200W等规格。制作无人机时，根据焊点的大小来选择不同功率的电烙铁，焊接小的连接线一般使用20～50W的电烙铁，焊电池或稍大的金属件至少要用50W以上的电烙铁，如图4-25所示。另外，还需配备焊锡丝、松香和专用助焊剂。有锈的焊接物必须用砂纸、钢锉打磨去锈,并事先镀好锡,然后再焊接,这样容易焊,而且焊点成型良好。焊导线要用松香或专门焊电路的焊剂,用普通焊油会腐蚀电线和电子元件,长时间使用将存在安全隐患。好的焊点光亮无毛刺、无虚焊,焊接后应用酒精清洗焊剂。

为防止电烙铁头过热烧糊,最好配备一个电烙铁架,或把电烙铁头放在铁的东西上,帮助散热。电烙铁头要经常清理并镀上焊锡保护。图4-25中电烙铁架里的聚氨酯海绵浸水后不怕烫,可以清洗电烙铁头。

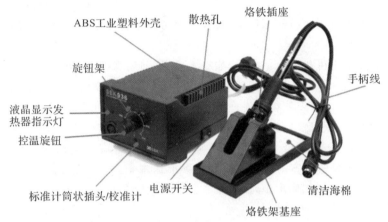

图4-25　电烙铁和电烙铁架

2.电熨斗

无人机专用小电熨斗,在蒙热缩薄膜时熨无人机边角和缝时很方便,家用的小型电熨斗也很好用,特别是蒙皮面积大的地方。蒙热缩薄膜的电熨斗布套必须用纯棉纺织品,如用稍厚一些的旧内衣、背心,布套按熨斗大小裁剪缝上,用线绳扎紧,如图4-26所示。

用稍厚的纯棉纺织品做电熨斗套有几点好处:①防止灰尘划伤热缩薄膜的表面;②厚的纯棉纺织品容易挤出热缩膜里面的气泡;③纯棉纺织品比化纤纺织品耐热。

3.恒温风机

可以根据不同的材质设定恒温风机出风口的温度。它主要用于蒙膜前吹去无人机骨架的木屑灰尘,将热缩膜加热收紧,还可以用来加热、弯曲木条和修整变形的构架,如图4-27所示。

图4-26　蒙皮专用小电熨斗

图4-27　数码显示恒温风机

4.1.8 电动工具

为了批量制作无人机,可以购买或自制一些经济实用的电动工具。有了电动工具,制作无人机会更方便快捷、制作的质量会更好。制作无人机经常使用的电动工具如下所述。

1.小电钻

市场有各种电钻,包括迷你电钻、能卡 0.5～6 mm 小钻头、小磨头和小砂轮片。用迷你电钻可以钻孔、磨削、切割钢丝,它适于制作无人机,如图 4-28 所示。

将电钻固定在垂直于底板的木柱上,台板上有可以垂直移动的托盘,可代替台钻使用。

2.小电锯

小电锯在制作无人机时用得也很多,如锯木条、锯前后缘斜坡、前后缘开槽等。

市场上售的小电锯能调节锯口深度和锯切角度,如图 4-29 所示。

(1)锯木条。在小电锯上能很方便地将木片锯成尺寸比较准确的木条。锯木条时,可以用锯片铣刀改制的锯片,锯得比较光滑。锯片和靠板之间的距离按要锯的木条宽度仔细调准,先用木片试锯一小段,用卡尺测量木条宽度,准确了再正式锯木条。为防止夹锯,锯片和靠板之间的木条出口要比木条进口宽一些。锯时一只手推送木条,另一只手拿着一块木片在距离木条进口 2～3 cm 位置轻轻按住木条,以防止木条跳动;快锯到头时,再用另外一块木片推送木条,以防锯伤手。

图 4-28　迷你电钻　　　　图 4-29　高精度小电锯

锯后缘或有斜面的木条时,在靠板上用双面胶粘贴一个直角三角形木片,这个直角三角形木片的底边靠近电锯台面,直角边粘在靠板上,直角三角形的截面尺寸形状等于准备锯出后缘用的方料被锯掉的部分。

(2)开槽。比如加工机翼翼肋插进前缘和后缘的槽。锯的办法是:先换上和翼肋木片厚度一样的锯片铣刀,将锯片伸出的高度调到和槽的深度尺寸一样,在开槽的地方用铅笔画好线,在电锯上锯槽,锯的时候要注意木条一定和锯片垂直。

锯轻木、桐木和松木片最好选用直径 80 mm、厚 1.5 mm 的锯片铣刀,锯口省料、锯面也比较光滑。有条件的用薄砂轮片将锯片铣刀隔几个锯齿磨出一个槽,可以起到锯带刨的作用,这样不夹锯、不会顺着木纹锯偏。市场上的直径 100 mm、厚 1.5 mm 带合金刀头的木工锯盘也可以用,特别是用在锯切稍大的木料时。

4.1.9　小型机械工具

有经济条件的个人或无人机装配组,又有安置机械地方的,可以选购经济实用的手电钻

（见图4-30）、小型家用曲线锯（见图4-31）、小型砂带机（见图4-32）、小型台钻（见图4-33）、气泵和喷枪（见图4-34）、小车床（见图4-35）、小车床钻床（见图4-36）、小钻铣床（见图4-37）以及激光雕刻机（见图4-38）。

图4-30 手电钻

图4-31 小型家用曲线锯

图4-32 砂带机

图4-33 小型台钻

图4-34 气泵和喷枪

图 4 - 35　小车床　　　　　　　　　图 4 - 36　小车床钻床

图 4 - 37　小钻铣床　　　　　　　　图 4 - 38　激光雕刻机

4.2　无人机常用材料

4.2.1　塑料和泡沫

1. 塑料

塑料是一种以有机合成树脂为主要原料,加入或不加入其他配合材料而构成的人造高分子材料。它在一定的条件(如温度、压力)下,通过物态转变或交联固化作用,能塑造成一定的形状(见图 4 - 39)。

2. 泡沫塑料

泡沫塑料又称多孔塑料,属于特种塑料。它以树脂为主体,内部具有无数微小泡孔。

随着树脂合成技术和塑料加工及改性技术的进步,几乎所有的塑料都可以制成不同性质和用途的泡沫塑料。

制造无人机使用的泡沫塑料有聚苯乙烯泡沫塑料(EPS)、耐冲击的聚丙烯泡沫塑料(EPP)、聚氯乙烯泡沫塑料(PVC),以及可以做机轮的聚氨酯弹性体泡沫塑料。

图 4-39　用塑料制成的零件

(1)聚苯乙烯泡沫塑料。聚苯乙烯泡沫塑料(EPS)分为可发性聚苯乙烯泡沫塑料和乳液聚苯乙烯泡沫塑料两类。按制造方法可将其分为模压发泡和挤出发泡两类,一般用于制作飞行练习机。由可发性聚苯乙烯预发泡颗粒蒸气发泡法制造的聚苯乙烯泡沫塑料,其生产数量和应用范围都超过其他种类。

可发性聚苯乙烯泡沫塑料以可发性聚苯乙烯泡沫珠粒为原料,珠粒的直径为 0.2~3mm。根据制品的需要不同,采用珠粒也不同,一般小件制品用 0.4~0.7mm 珠粒。

通过挤出发泡成型工艺,可以生产低密度聚苯乙烯泡沫塑料片材,如制作无人机用的吹塑纸和 KT 板的泡沫塑料芯材。

可发性聚苯乙烯泡沫珠粒挤出发泡的吹塑成型工艺是制造泡沫塑料中空制品(如保温瓶保温制品、泡沫塑料桶等)的特殊方法。

模压发泡成型是可发性聚苯乙烯泡沫塑料的主要制造方法,其工艺过程可分两步。第一步是将熟化的预发泡聚苯乙烯颗粒填满模具型腔。第二步是通过蒸气、热气体、传导式加热、高频加热等几种加热方法使颗粒软化,泡孔中发泡剂气体和加热介质的渗入使材料进一步膨胀,在模具里填满全部型腔而熔为一体。经冷却定型后,开模取出,成为可发性聚苯乙烯泡沫塑料模压发泡成型制品。泡沫塑料无人机大部分采用蒸气模压工艺,小批量生产还有采用水煮铝合金薄壳模具的传导式加热发泡工艺的。

专业生产泡沫塑料飞机的工厂技术人员,从十几年的家庭作坊式生产到机械化方式生产的不断实践,不断进行泡沫塑料生产工艺的创新改革,将各种材质的泡沫塑料应用到各种类型的泡沫塑料飞机产品中,使泡沫塑料无人机在外观、表面粗糙度、表面硬度和整体结构强度上都取得了飞跃发展,为练习者提供了品种多样、质优价廉的练习机,如图 4 - 40 所示。

图 4 - 40 聚苯乙烯泡沫练习机

利用泡沫塑料板材可以自行设计、制作无人机,经过电热切割、蒙膜、组装等工艺,制作出自己的飞机,既动脑又动手,还省工、省料、省钱。

(2)聚丙烯泡沫塑料。EPP 是聚丙烯塑料发泡材料的英文缩写。这是一种性能卓越的高结晶型聚合物/气体复合材料,以其独特而优越的性能成为目前增长最快的环保、新型、抗压、缓冲、隔热材料。EPP 制品具有十分优异的抗震性能、形变后回复率高,具有很好的耐热性、耐化学品腐蚀性、耐油性和隔热性。另外,其质量轻,可大幅度减轻产品的质量。EPP 是一种环保材料,不仅可回收再利用,而且可以自然降解,不会造成白色污染,适合做包括食品在内的各种环保包装材料,并适用于汽车内装饰、隔热、建筑和五金等行业。

由于聚丙烯塑料发泡材料具有抗冲击性能好、变形后能复原、质量轻等特点,现在用聚丙烯塑料发泡材料的片材、由 EPP 发泡成型工艺制作和生产的无人机品种已有很多。因其不怕摔而深受无人机爱好者的欢迎。图 4 - 41 所示是用 EPP 制成的固定翼无人机模型。

图 4 - 41 无人机模型

(3)EPO 泡沫塑料。EPO 泡沫塑料是近年来泡沫塑料无人机采用的新型泡沫塑料。EPO 泡沫塑料(PE/PS)是聚乙烯发泡珠粒和聚苯乙烯发泡珠粒混合体发泡成型产品。由于混合了聚乙烯发泡珠粒,无人机外表光滑、表面硬度增加,比单纯聚苯乙烯泡沫塑料制作的无人机机械强度和韧性增加,与聚苯乙烯泡沫塑料相比较耐冲击,如图4-42所示。但其质量略有增加,往往和其他材质共同用于生产无人机。

图4-42　EPO+碳纤维复合材料无人机

4.2.2　木材

木材是制作固定翼无人机的主要材料。

使用木材的优点是:①单位体积质量小。②单位截面积和受力的强度平均极限比大,即比强度大。③容易加工。④价格相对低廉。

木材的缺点是:①木纹结构不一致,强度不均匀。②木材的细孔容易吸湿、变形。③在潮湿的地方不好保存,容易腐烂。

1. 制作无人机的几种常用木材

(1)桐木。泡桐是我国特有的树种,也是我国最轻的木材之一,如图4-43所示。泡桐树在我国分布很广,优良的泡桐品种在适宜的条件下生长极快,一般6~10年成材。干燥的泡桐木材密度在230~400 kg/m³之间。其材质轻、有韧性。由于干缩系数小,所以桐木不弯、不翘、不变形。干燥后的桐木,不易吸收水分,隔潮、耐磨、耐酸碱、不易被虫蛀。桐木燃烧点高达425℃,不易燃烧。

由于泡桐木材比一般木材轻,价格便宜,加工容易,适于制作航空无人机、乐器、高档家具、建筑用材和其他多种木制品。制作航空无人机的桐木片规格为:厚0.75 mm,1 mm,1.2 mm,1.5 mm,2 mm,2.5 mm,3 mm等,宽度一般为55 mm,长度为1 m。此外还有55 mm×55 mm的方料。

(2)轻木。轻木生长在中南美洲的潮湿雨林中,厄瓜多尔是全世界航空无人机用轻木的主要产地。品质好的轻木生长在气候温暖、降

图4-43　泡桐树

水充足、排水良好的热带河流之间的高地上。轻木生长速度很快,6～10年内树径可达 30～115 cm,高 18～30 m,即可成材采伐,如图 4-44 所示。

轻木细胞壁很薄,质量/体积比非常小,树中的水分是木纤维质量的 5 倍,采伐后的轻木在干燥炉内干燥半个月后,含水量仅为 6% 才能使用。轻木干燥后的密度,轻的为 64 kg/m³,重的达到 384 kg/m³。密度在 96～192 kg/m³ 的轻木产量大,价格相对便宜,绝大多数无人机都采用这类轻木。

轻木松软,材质均匀,容易加工。在原木切割方式上和其他木材一样,也分为弦向、径向和斜向切割。根据无人机不同部位对于强度和加工的不同需要,选用不同切割方式的轻木片材,如图 4-45 所示。轻木的缺点是:吸湿后容易膨胀变形。轻木按其密度和质量分为 A 级、AA级、AAA 级。轻木片的宽度一般为 75～100 mm,长度有 640 mm,760 mm,925 mm 几种,厚度有 1 mm,1.2 mm,1.5 mm,2 mm,3 mm,4 mm,5 mm,6 mm 等规格。

图 4-44 轻木木材

图 4-45 加工后的轻木片

我国西双版纳引进南美轻木树种,经过 20 多年的栽培,国产轻木的材质大有改善,已开始被无人机厂家采用。

(3)红松。经松产于我国东北小兴安岭和长白山地区,是我国重要的珍贵用材树种。红松为高大乔木,树干通直,树高多为 25～30 m,最高可达 40 m,胸径粗可达 200 cm。

红松材质优良、纹理通直、抗压力强、富含树脂、易干燥。红松木材适合作为航空、桥梁和车船用材。红松木材的刨削、车削性能良好,易于加工,适于制作各种无人机、胶合板、乐器和运动器械。在无人机上,红松木材主要用来制作翼梁、机身纵条、木型等。

(4)杉木。杉木在我国分布较广,是我国重要的珍贵用材树种之一。其材质轻软、细致、纹理通直、纤维长、易加工,是航空、造船、建筑、桥梁等的用材。杉木木条是制作无人机和初、高级滑翔机的翼梁、构架的上等材料。

(5)椴木。椴木主要产地在吉林,其材质较软、耐磨、耐腐蚀、木纹细腻、不易开裂、易加工、韧性强、应用范围广,可用来制作工艺品、无人机、木线和细木工板。无人机常以椴木制成的层板或用椴木做木型等。它也是制作实体无人机的好材料。

(6)榉木。榉木在欧美、日本和我国都有出产。欧洲榉木颜色一致,纹理通直精细,有芝麻点,带有光泽。榉木的密度在 620 kg/m³,硬度、冲击强度中等,具有较好的剪切强度,耐磨,蒸汽加工弯曲性能好。榉木手工加工和机械加工都能达到光洁、平滑的表面,着色和抛光性能都很好。榉木木材主要制作木质螺旋桨(见图 4-46)、发动机架、起落架托板、小木刨等部件和工具。

(7)竹材。它是竹类木质化的茎杆部分。竹材的密度因竹龄(成熟的密度较大)、部位(梢段或杆壁外缘密度较大)和竹子种类而异,平均约为 $0.64\ \mathrm{g/cm^3}$。其顺纹抗拉强度较高,平均为木材的 2 倍;顺纹抗剪强度低于木材。空气干燥后的竹材吸水性强。竹材可以制成建材,是造纸、生产纤维板、醋酸纤维、硝化纤维的重要材料。

2. 木材的初加工和干燥

被砍伐的圆木经过长时间的风干失去大部分水分后,首先将其在高速带锯机上锯成板材,锯出的板材有弦切、径切、斜切三种。湿度太大又有油性的板材风干需要几个月甚至一年,必要时还要在高温烘干房内烘干,像油性比较大的红松要放在烘干房内烘干,边烘干还要边喷水,一遍一遍地烘干使木材中的树脂尽可能挥发掉。为使木材进一步干燥,木材加工厂和无人机工厂通常把板材、方料间隔地分层堆放在干燥通风的库房里保存。

3. 木材的再加工

我们制作无人机使用的木片,是用板材或方木料在高速带锯机或圆锯机中锯出来的,如图 4-47 所示。

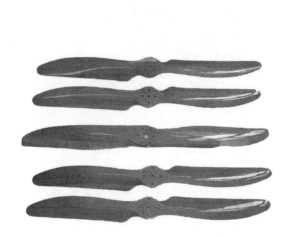

图 4-46　用榉木制作的螺旋桨　　　　图 4-47　高速带锯机

4. 层板

制作层板用的极薄木片(木刨花)有两种加工方法:①经过蒸煮变软后将圆木材在木工刨切机上边旋转边刨出薄木片。②板材在往复运动的木工刨切机上片切出薄木片。这两种加工方法加工出来的薄木片,厚度有 $0.1\sim0.25\ \mathrm{mm}$,还有 $0.25\sim1.5\ \mathrm{mm}$ 等规格。由于在刨切过程中折断了部分木纤维,因此它们只适于做层板或装饰贴面,不适于制作无人机。

制作无人机用的层板有:①椴木层板,有 $2\ \mathrm{mm}$,$3\ \mathrm{mm}$,$5\ \mathrm{mm}$,$9\ \mathrm{mm}$ 几种规格,一般用来制作机身隔框、机翼翼根、翼肋、发动机后面的防火墙隔框等。②桦木层板,有 $1\ \mathrm{mm}$ 厚的三层和五层层板,还有 $2\ \mathrm{mm}$,$3\ \mathrm{mm}$ 等规格,多用在蒙板等加强部位。③航空压缩层板,用桦木刨花和树脂胶经高温、高压制成,质地坚硬、不变形。航空压缩层板是制作螺旋桨飞机和无人机螺旋桨的上好材料。

5. 木片的选用

圆木在锯切成板材和片材的加工过程中,会锯出带有弦向、径向和斜向不同锯切方向的木片,如图 4-48 所示。

制作无人机要根据不同部位的强度和加工难易程度，来选用不同切向的木片。弦切木片：顺着弦向木纹锯出来的木片叫弦切木片。外观上看有宽大的花纹，从端面看有横向木纹，这种木片容易弯曲变形，适于做机翼、尾翼上下有弧度的弯曲部分和机身有弧度部位的蒙板。径切木片：沿着径向锯出的木片叫径切木片。径切木片从端面看有较密的立木纹，这种木片适于做翼肋、翼梁、前后缘，但不适于做有弧度部位的蒙板。斜切木片：斜切木片端面木纹是倾斜的，各方向受力都较好，不易变形，适于做翼肋、前后缘、舵面、平面蒙板等。

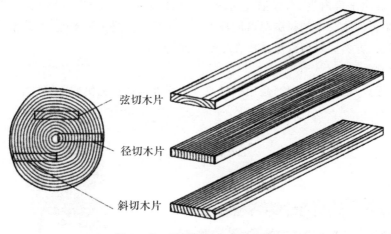

图4-48　不同锯切方向的木片

4.2.3　金属材料

1.钢丝

制作无人机的起落架、舵机连杆、机构上的弹簧和挂钩、螺旋桨轴都需要用到钢丝。钢琴钢丝、乐器钢丝和弹簧钢丝是制作上述零件的最好材料，牙科不锈钢钢丝也可以制作弹性要求不高的零件。除弹簧外，钢丝在大多数情况下不需要再进行热处理，弯曲钢丝的最小曲率半径应该是钢丝直径的两倍，钢丝折弯次数过多会使钢丝出现裂痕，容易折断。

钢的淬火和回火：钢淬火能提高钢的硬度。软的低碳钢及熟铁淬火后，其力学性能没有改变。碳素钢及工具钢丝淬火后，硬度能增大2~3倍。淬火是把钢加热到大约800℃，然后将其放在油或水中冷却。淬火后钢有相当大的硬度，但却变脆了。要想使钢有韧性就要进行回火，其方法是淬火后将钢加热到220~300℃，然后放在水中或油中迅速冷却。这样钢的硬度减小一些，但钢化组织稳定性提高，韧性变大了。

弹簧和钢丝淬火的简易办法是：用浸过机油的棉纱，缠裹住要淬火的钢丝或弹簧，用火点着，当火即将尽烧时，浇上水冷却。

2.硬铝

硬铝属于铝镁系铝合金，呈银白色，密度约为2.8 g/cm³。硬铝可塑性很高，可以锻造，也可以进行冲压和加工硬化的处理，并且很容易钻、车、铣等。

用硬铝制作的无人机零件，既轻又有一定的强度，如起落架、整流罩、固定件和连接件、发动机和电动机的零件等。硬铝表面经过阳极化处理后，表面既增加了硬度又增加了光亮。无人机一般采用的硬铝型号为LY12CZ。

硬铝有板材、棒材、管材和型材。用硬铝板制作起落架等零件时必须要退火软化。硬铝退火后能够永久保持弹性。退火的办法是：加热到 350℃，在此温度保持一会，然后放入水中或空气中冷却。退火后硬铝就变软了，可以弯曲、冲压。

为了大致判断出退火的温度，把木条放在加热的硬铝表面上，如果到了退火温度，木条就开始烧成炭，并在表面留下黑迹。另外一种办法：在硬铝表面涂上一层薄薄的矿物油，开始渐渐加热。当接近 300℃ 的时候，油就发黑，再加热到退火温度的时候，油就渐渐地消失了。硬铝退火后，过几天就可慢慢恢复到原来的弹性。

制作起落架等零件时，可以在硬铝板要折弯的地方进行局部退火，退火后硬铝变软，但折弯曲率半径还需要尽量大些，折弯的动作要慢，逐步弯到位。须要用锤子敲时，要垫块木头防止敲伤表面，还要用手按住铝板，尽量不要反弹。如果动作过快、过猛，就容易在折弯的地方出现裂纹而报废。

3. 黄铜

黄铜在无人机上主要用来车制轴套等小零件。黄铜加热到 500℃ 以上后，在空气中冷却即可退火，退火后变软，易弯、易冲。用黄铜片制作孔径较深的零件或模具时，为了避免产生裂痕，要进行几次边冲压、边退火。

4.2.4 复合材料

由两个或两个以上独立的物料，包括黏结材料（基体）和粒料，同纤维或片状材料所组成的固体产物称为复合材料。复合材料包括基体和增强材料。基体，如玻璃钢中的树脂；增强材料，如玻璃钢中的玻璃纤维。

1. 复合材料的基体

复合材料按基体材料不同分三大类：①聚合物基（树脂基）复合材料；②金属基复合材料；③无机非金属基（如陶瓷）复合材料。无人机主要采用纤维增强材料的树脂基复合材料。

树脂基复合材料的优点：比金属质量轻、强度高，玻璃钢的比强度是钢材的 4 倍。碳纤维增强环氧树脂基复合材料的比强度是钛的 4.9 倍，因此被航空和航模广泛应用。纤维增强材料的抗疲劳作用、抗声振和减震性能好。另外，树脂基复合材料耐腐蚀、电性能好、热导率低、膨胀系数小、成型工艺性优越。

树脂基复合材料的缺点：表面硬度低、易划痕、耐磨性差、可燃，抗冲击、剪切强度低，受力过程中可产生分层，耐热性比金属低，一般玻璃钢耐热温度在 60～100℃ 以下，高性能树脂基复合材料耐热温度在 250℃ 以下。

复合材料成型工艺有手糊成型工艺、喷射成型工艺、模压成型工艺、缠绕成型工艺和拉挤成型工艺等。目前，除喷射成型工艺外，其他工艺在无人机的不同部位上都有应用，应用比较广泛的是手糊成型工艺。

2. 复合材料的增强材料

在热固性或热缩性塑料的基体中，均匀分散着长度不超过 10～15 mm 的纤维复合材料，如玻璃纤维和碳纤维的短纤维，短纤维增强塑料提高了尺寸稳定性、强度、韧性、耐热性和耐环境性。用短纤维增强塑料制作的螺旋桨、发动机架等零件，强度高、不易变形、不易断裂、使用安全。下面主要介绍这两种纤维。

（1）玻璃纤维。从含有熔融玻璃的熔炉中抽出玻璃细丝，制成束状，再添加润滑剂、上浆剂和偶联剂,经表面处理后制成玻璃纤维。玻璃纤维是非结晶型无机纤维、不燃烧,伸长率和线膨胀系数小,耐酸、耐碱、耐高温。缺点是不耐磨、易折断、易受机械损伤,长时间放置强度稍有下降。按玻璃纤维的成分可分为有碱、中碱、无碱、空心等 10 余种。玻璃纤维制品有纱、布、毡等。

玻璃纤维织物有平纹、斜纹和缎纹的玻璃布等。

表面席和表面绢:表面席是用聚苯乙烯做胶黏剂将纤维黏结而成的。其厚度很薄,约 0.375～0.75 mm,用于覆盖增强塑料的表面,增加光滑度。表面绢的树脂与纤维黏结力比表面席大,厚度更薄,约 0.3～0.375 mm,用于玻璃钢制品的表面覆层。

超细玻璃纤维布:由 6 μm 细纱平织成的极细的纤维布。为提高玻璃纤维与环氧树脂的结合性,充分发挥玻璃纤维高强度,采用优越的偶联剂。

无人机中的油动、电动无人机,无人机滑翔机,无人喷气机大量采用玻璃纤维复合材料制作机体和零部件,外形流畅美观,结构强度大。

(2)碳纤维。生产碳纤维的材料主要有人造丝、聚丙烯腈和沥青三种,是通过热解作用制成的,即聚合物前驱体在高温下还原为连续的碳原子主链。碳纤维的特点:①比模量、比强度远远超过钢材。②耐腐蚀性能非常优越,除强氧化剂外,也耐一般酸、碱,且耐油、耐辐射。③具有良好的自润滑性能,摩擦因数小,耐磨。④热导率高。⑤热膨胀系数平行于纤维方向是负值,垂直于纤维方向是正值。

一束束的碳纤维按照经向和纬向编织成碳素布,每束含 3 000 根碳素纤维的称为 3K,含 1 000 根的称为 1K。根据工艺要求,可以将碳纤维织成不同的密度,一般 3K 的碳纤维织密度分别在 5～7 根/cm² 之间,K 值相同,织密度越高单位面积含碳素纤维的数量越多,工艺要求也越高,因此价格也高。K 值低的碳纤维布因织密度更高、工艺更复杂其价格会更昂贵,用 1K 碳纤维织成的碳素布价格几乎是 3K 碳纤维的 2～3 倍。

碳纤维增强材料主要应用在航空航天、高档汽车配件、电磁屏蔽等产品上。

可以使用拉挤工艺生产的碳纤维管材、棒材、片材制作无人机连接件、加强件,如图 4 - 49 所示。用碳纤维织物和环氧树脂糊制高强度的机身、机头、尾管、机翼前缘等部分。可以用预浸碳纤维布压制碳纤维螺旋桨、构架板材、起落架等零件,强度高、重量轻。

3.凯芙拉·芳纶纤维

凯芙拉·芳纶纤维全称为“聚对苯二甲酰对苯二胺”,如图 4 - 50 所示。1970 年由杜邦公司研发成功,取名叫 Kevlar(译名为凯芙拉,以下简称为凯芙拉纤维)。凯芙拉纤维是一种新型高科技合成纤维,具有超高强度、高模量和耐高温、耐酸耐碱、质量轻等优良性能,其强度是钢丝的 5～6 倍,模量是钢丝或玻璃纤维的 2～3 倍,而质量仅为钢丝的 1/5 左右,在 560℃的温度下,不分解、不融化。它具有良好的绝缘性和抗老化性能。

凯芙拉纤维是重要的国防军工材料,可以制成防弹衣、头盔、防切割手套等,并且广泛应用在航空航天、机电、建筑、汽车、体育用品等各个方面。凯芙拉纤维由于质轻而强度高,节省了大量的动力燃料。在宇宙飞船的发射过程中,质量每减轻 1 kg,就可降低 100 万美元的成本。目前凯芙拉纤维已有 20 多种规格,开发了上百种的用途,如图 4 - 50 所示。

追求高强度、质量轻的高档无人机部件,也开始使用凯芙拉纤维织物,其最薄的只有 0.05 mm 厚,美国、日本等都在生产,价格较高。

图 4-49 碳纤维 4K 无人机 　　　　图 4-50 各种规格凯芙拉纤维线

以上是在无人机制作中常用的材料,有关这些材料的具体应用以及各种胶黏剂等材料的介绍和使用方法,将分别在组装工艺章节中详细介绍。

4.2.5 蒙皮材料

热收缩聚酯薄膜在常温下稳定、不收缩,加温时收缩,在一个方向能达到 50% 收缩率。聚酯(PET)热缩薄膜是一种新型结晶型材料,易回收、无毒、无味、力学性能好。一般聚酯热缩薄膜收缩率在 30%,加入聚合物改性后,所制得的聚酯共聚物被称为 APET 或 PETG,其收缩率可高达 70% 以上。

无人机的蒙皮采用的热缩薄膜是双向拉伸和热熔胶涂层工艺生产出来的双向热收缩聚酯薄膜。它的特点是强度高、不易破损、色彩丰富、规格齐全、易回收、无毒、无味、使用便捷;温度在 90～110℃ 开始收缩,收缩率达 50% 左右。双向热收缩聚酯薄膜以德国、英国产品质量上乘,品种齐全但价格较高(见图 4-51)。近几年我国自行生产的双向热收缩聚酯薄膜,质量也很好而且价格相对较低。

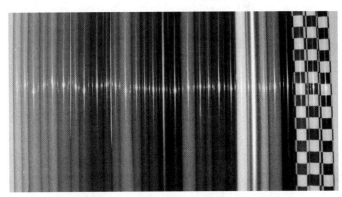

图 4-51 色彩丰富、规格齐全的热缩薄膜

双向热收缩聚酯薄膜在无人机蒙皮上的应用给无人机制作带来了革命性的变化。过去,蒙纸、蒙绢、刷涂硝基涂料、喷漆美化属有毒作业,污染环境费工费时。使用热缩薄膜以后,省时省力、快捷方便、制品色彩艳丽、不易破损又容易擦洗。

4.3 无人机黏结工艺

随着科学技术的飞速发展,黏结技术已在工农业生产及国防军工产品中得到广泛的应用。黏结工艺具有成本低、操作简便、节省原材料和劳动力以及可以弥补加工工艺存在的缺陷等优点,具有特殊的实用价值和明显的经济效益。

随着黏结技术日新月异的发展,胶黏剂的品种、牌号已经达到了一万种以上。掌握黏结的基础知识、黏结工艺,了解胶黏剂的配方和用途,能让我们在无人机制作、组装、调试过程中,正确地选择和使用适合的胶黏剂。

4.3.1 黏结基础知识

1. 胶黏剂

凡是能把各种材料紧密黏合在一起的物质,都称为胶黏剂。

2. 黏结技术

采用胶黏剂来进行连接的技术就是黏结技术。它能部分代替焊接、铆接和螺栓连接,将各种金属和非金属构件牢固地连接在一起,并达到较高的强度。它具有工艺、设备简单,操作方便,成本低廉,适用范围广,密封防腐性能好,耐疲劳强度高等优点。缺点是黏结层抗剥离强度、不均匀扯离强度和抗冲击强度较低,黏结物的受力示意图如图 4-52 所示;通常胶黏结耐热性不高,一般在 150℃,最高 300℃。

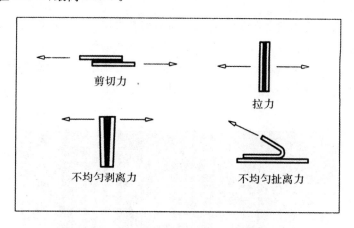

剪切力

拉力

不均匀剥离力

不均匀扯离力

图 4-52 黏结物的四种受力示意图

3. 黏结方法

(1)热熔黏结法。在 150～230℃温度下,使热塑性塑料的表面熔融,然后叠合加压,达到黏结目的,如塑料管道的热熔黏结等。

(2)溶剂黏结法。加单纯溶剂或含塑料的溶液,使热塑型塑料表面熔融达到黏结目的,如用三氯甲烷黏结有机玻璃、PVC 胶黏剂黏结塑料等。

(3)胶黏剂黏结法。将两个物体用胶黏剂黏结,达到所需的黏结强度。

胶黏剂可以在金属与金属、金属与非金属、非金属与非金属之间进行黏结,有环氧树脂胶黏剂、502 瞬间胶黏剂、氯丁胶、聚氨酯胶等。

4.胶黏剂的成分

胶黏剂品种繁多、成分各异,但都以黏料为主要成分,并由固化剂、增塑剂、稀释剂、填料以及助剂等配合制成。

5.胶黏剂的分类

胶黏剂包含有无机胶和有机胶两种。常用的是有机胶,有机胶又分天然胶和合成胶。

天然胶:包括动物胶(骨胶、皮胶、虫胶等)、植物胶(淀粉、糊精、松香等)。

合成胶:包括树脂型(热固性树脂:环氧胶、酚醛胶等;热塑性树脂:聚酰胺等)、橡胶型(氯丁橡胶、丁腈橡胶、有机硅橡胶等)和复合型(酚醛-丁腈胶、环氧-丁腈胶、环氧-聚酰胺、环氧-聚氨酯)胶。

4.3.2 正确选择胶

1.根据被粘材料的化学性质

黏结极性材料(包括钢、铝、钛、陶瓷),应选择极性强的胶黏剂,如环氧树脂胶、聚酰胺胶、酚醛树脂胶、丙烯酸胶、无机胶等。

黏结弱极性和非极性材料(包括石蜡、沥青、聚乙烯、聚丙烯、聚苯乙烯、ABS等),应选择丙烯酸酯胶,或能溶解被粘材料的溶剂,如三氯甲烷、二氯乙烷等。

2.根据被粘材料的物理性质

黏结脆性和刚性材料(如陶瓷、玻璃、水泥、石料等),应选用强度高、硬度大和不易变形的热固性树脂胶黏剂,如环氧树脂胶、酚醛树脂胶、不饱和聚酯胶。

黏结弹性和韧性材料(如橡胶、皮革、塑料薄膜等),应选用弹性好,又有一定韧性的胶黏剂,如氯丁胶、聚氨酯胶等。

3.根据被粘件的使用条件

(1)被粘件受剥离力、不均匀扯离力作用的,可选用韧性好的胶,如橡胶胶黏剂、聚氨酯胶等。

(2)受均匀扯离力、剪切力作用的,可选用比较硬、脆的胶,如环氧树脂胶、丙烯酸酯胶等。

(3)要求被黏件耐水性好的,可选择环氧树脂胶、聚氨酯胶等。耐油性好的胶,有酚醛-丁腈胶、环氧树脂胶等。

(4)根据被粘件的使用温度,选用不同的胶。如,环氧树脂胶适宜在120℃以下使用,橡胶胶黏剂适宜在80℃以下使用,有机硅胶适宜在200℃以下使用,无机胶(磷酸盐、硼酸盐、硅酸盐型)适宜在500℃以下或1 000℃以上使用。

4.根据不同的工艺

(1)灌注用的胶,通常选用无溶剂、低黏度的胶。

(2)密封用的胶黏剂常选用膏状、糊状或腻子状胶黏剂。

4.3.3 制作无人机常用的胶黏剂

制作无人机常用胶黏剂有502瞬间胶黏剂、914室温快速固化环氧胶、泡沫塑料快干胶、快干型白乳胶胶黏剂、聚酯腻子等。

1.502瞬间胶黏剂

502瞬间胶黏剂如图4-53所示。

(1)502瞬间胶黏剂配方(质量份)。甲基丙烯酸甲酯－丙烯酸甲酯共聚物3份,α－氰基丙烯酸乙酯94份,磷酸三甲酚酯3份,对苯二酚和二氧化硫微量。

(2)502瞬间胶黏剂固化速度快(一般金属大约在15 s~3 min内即可粘牢,非金属材料约在3 s~1 min内粘牢,2 h后可交付使用,室温下放置24 h可达最高强度),其使用温度为－60~70℃,对各种金属和大部分非金属材料(铝、铜、钢、镁合金、聚苯乙烯、聚氯乙烯、酚醛塑料、聚碳酸酯、玻璃、有机玻璃等)都有较好的黏结强度,但对聚乙烯、聚丙烯、氟塑料和有机硅树脂都不适用。它适用于小零件、小面积的快速黏结修补和流水线的施工。

(3)正确使用502胶黏剂。

1)胶层越薄、强度越高。

2)合拢后10 min强度可达到额定值的50%~60%,完全固化需要24h。

3)在未完全固化前最好施加点压力。

4)对于金属件,如果黏结件能预热至60℃,进行黏结,可提高黏结强度。

5)黏结操作的环境,相对湿度以50%为好,切忌过于干燥或潮湿。

6)502胶用后应密封严紧,避免水汽侵入。

7)因502胶吸水性极强,黏结皮肤要比黏结其他物体更快,使用时格外小心。如手指被粘住可用温水浸泡或擦点食用油,帮助去掉。溅入眼内只能闭上眼,想最难过的事,用热泪慢慢使胶膜自然脱落。

8)502瞬间胶黏剂是制作无人机时用得最多的胶黏剂之一,特别是对轻木浸润性最好,黏结速度也最快,桐木次之。层板与层板之间因浸润性差,黏结速度慢。

9)在黏结无人机时,无人机工作图上凡是要用502胶粘的地方,都要先用透明胶纸带贴上,以防粘好的骨架与图纸粘连。拼接木片时,先将木片对接的边取直、用美纹纸贴上对好的缝,再把木片翻过来,点502胶。

10)502胶黏剂中比较稠、慢干型的产品,适于机翼、机身蒙板,还有含铁粉粘金属用的。

2.914室温快速固化环氧胶

(1)914胶黏剂主要由新型环氧树脂和新型胺类固化剂组成,如图4－54所示,分甲、乙两组分,具体有以下特点。

图4－53 502瞬间胶黏剂

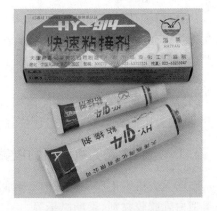

图4－54 914快速胶黏剂

1)固化速度快。室温条件下可迅速固化,17~20℃、2.5 h内基本完全固化。黏结后在

25℃、3 h 或 20℃、5 h 即可达到最高黏结强度,比一般常用双酚 A 型环氧－脂肪胶类室温固化胶黏剂快 5～6 倍。

2)黏结强度高。黏结强度是一般常用室温固化型环氧胶黏剂的 1.4 倍。

3)耐热性好。铝合金黏结经 120℃热老化 200h 后,强度不下降。

4)耐水、耐油性好。被粘试片于室温下泡在水中或汽油中一个月后,黏结强度基本不下降。

5)耐冷、耐冲击性能好。被粘试片在 60℃下恒温半小时后,迅速投入－60℃的干冰－乙醇溶液中保持半小时,再进入 60℃环境中,往返 5 个周期,黏结强度不变。

6)使用方便。配胶时,对固化剂与树脂,只要按接近比例挤出混合即可使用。

7)914 胶黏剂对金属、陶瓷、玻璃、木材、胶木等材料均具有较好的黏结性能,可用于军械、机械、汽车、轮船、无线电仪表、手工艺品等,但不能黏结聚乙烯、聚氯乙烯、有机玻璃等塑料,也不能黏结要求承受较大冲击力的部件。

其使用方法:①将甲、乙两组分按质量比 6∶1 或体积比 5∶1 挤出混合均匀。②将混合的胶迅速涂刷于被粘件的表面,然后叠合并施加接触压力,擦去多余的胶,在室温下放置 3～5 h 即可使用。③黏结金属时,先将被黏结件的表面用砂布打磨去锈,再用丙酮、醋酸乙酯等溶剂清洗两次。④黏结时被粘物上多余的胶液可用水擦洗掉,多余的胶液不及时清除,固化后胶膜很硬,难以去掉。手上粘有胶液可用肥皂和水洗掉。

3.五分钟固化 AB 胶

双组分 AB 胶,胶体透明,固化后有韧性,但气味较大,如图 4－55 所示。5～10 min 固化定位,30～50 min 可达到使用强度,虽无毒,但气味较大,适于外场维修用。

4.泡沫塑料快干胶

泡沫塑料快干胶如图 4－56 所示。

图 4－55 5min 固化 AB 胶　　　　　　图 4－56 泡沫塑料快干胶

泡沫塑料快干胶属溶剂型橡胶胶黏剂,初黏力强,胶膜柔软,抗拉力和剥离强度良好,具有耐水、耐各种介质、低毒、绝缘等优良性能,对 PS 泡沫塑料没有腐蚀作用。

(1)用途。操作方便,对苯乙烯泡沫、EAV 泡沫、聚乙烯泡沫、聚氨酯发泡的自黏和互黏效果尤佳。泡沫制品还能和金属、非金属等各种材料任意交叉黏结。

(2)使用方法。被粘物表面要干净,无油污、无灰尘,金属和较难粘物表面可用砂布打毛,均匀地涂胶两次,每次间隔 10～15 min。待溶剂挥发后(以不粘手为准)稍加压力,放置 24 h 即可。当胶体变厚,可用汽油加少量甲苯混合稀释。泡沫塑料快干胶在制作和修理泡沫塑料飞机时用得比较多,其使用方便、价格低廉。

5.白乳胶

白乳胶即聚醋酸乙烯乳液胶黏剂,以醋酸乙烯、聚乙烯为主要原料。其用途:适于黏结多孔性纤维素质材料,如木材、纸制品等。由于聚合工艺复杂,生产周期长,产品成本高,质量不稳定,存在干燥慢、耐水性差、保质期短、易沉淀、易发霉、怕冻等缺陷。

6.快干型白乳胶

快干型强力抗冻耐水白乳胶是白乳胶的更新换代产品,主要成分为乳状乙烯聚合物。其呈乳白色、无毒、无臭味、无腐蚀、性能稳定、成膜性好,最低成膜温度为3℃;使用时能与水、白乳胶相混溶,不沉淀、不会凝胶、不冻结;耐水性好,在水中浸泡10天不会开胶;成膜柔软、黏结强度高。快干型白乳胶对木材、纸板、纤维、水泥、皮革等材料黏结力极强,凝结快速,广泛应用在各行各业。其使用方法:被黏物应平整、干燥、清洁、除脂。使用时应均匀涂胶,并适当加压,在20℃时5～15 min、60℃时2 min即可凝结。

在无人机制作和生产中,使用快干型白乳胶,凝结速度快、黏结强度高、不怕水、不怕冻,提高了工作效率和产品质量。

7.聚酯腻子

配方(质量份)为:不饱和聚酯树脂液30份,二丁酯(工业级)2份,滑石粉(工业级)8份,亚硝酸钠(试剂级)0.04份。

其用途:填补木制品接缝、裂痕,非金属制品的缺陷修补,填补铸件的缺陷,机床、车辆、升降机等机械设备的修补。

在制作无人机木型、喷漆时多使用原子灰(汽车腻子),其特点是具有良好的气干性、柔韧性,附着力强,易打磨。

另外,还有家具、装修用的透明聚酯腻子,其使用方便、固化速度快、易打磨、表面光滑,可做表面喷漆的底漆。

4.3.4 黏结工艺

1.黏结工艺的程序

对于金属和难胶合材料,黏结的工艺程序是:制定黏结方案→选胶→初清洗被粘材料→设计和加工黏结接头→表面处理→漂洗和干燥被粘面→配胶和涂胶→晾置和胶合装配→固化→检验黏结质量→修理加工。上述程序根据被粘物的性质、胶黏剂的品种和使用条件等进行适当取舍。

2.表面处理

被粘物要获得牢固黏结强度的首要条件是胶黏剂对被粘物的完全浸润,这就要求被粘物有最佳的表面状态,使之与胶黏剂形成的黏结力超过胶层的内聚力,从而有效地提高黏结强度和耐久性。

常用的表面处理方法如下:

(1)溶剂清洗法(酒精、丙酮、汽油、苯等);

(2)机械处理法(砂纸、钢丝刷、喷砂法);

(3)化学处理法(酸、碱)。木材的表面要具有一定的粗糙程度,但过于粗糙的表面会影响胶黏剂的浸润,容易残存气泡而影响黏结强度。

3.胶黏剂固化过程的工艺参数

胶黏剂固化工艺对黏结质量有很重要的影响。温度、压力和时间是固化过程三个重要的工艺参数。

（1）温度。固化要严格控制温度：温度过高，胶液流失过多或胶层变脆。温度过低，基体的分子链运动困难，使胶层的交联密度过低。温度过高、过低都会影响胶接强度。

加热方法除用红外线灯、电烤箱外，还有以下几种：

1）高频加热固化。

2）电子射线、紫外线固化。

3）微波加热固化。

4）超声波加热固化。

（2）压力。胶黏剂在固化过程中施加一定的压力，有利于排出胶层中残留的挥发性溶剂，使胶黏剂浸润效果提高，可以保证胶黏剂和被黏材料的结合。

（3）时间。胶黏剂固化时间与温度有密切关系。当温度升高时，固化时间可以缩短。此外，固化时间还与溶剂挥发的速度、固化时胶层是否有副产物析出及析出量等因素有关。

4. 影响黏结强度的因素

影响黏结强度的因素即影响内聚力和黏结力的因素，主要如下：

（1）胶黏剂对被黏表面的浸润性。

（2）胶黏剂的性能。

（3）被粘表面状况。

（4）黏结工艺。

（5）环境的影响。

5. 黏结接头的形式

黏结接头的形式有以下四种：

（1）对接接头。

（2）角接接头。

（3）T形接头。

（4）平面接头。

无人机零件的黏结中，黏结接头的形式很重要，它直接影响黏结部位的应力、拉力、剪切力、强度和结构的刚性。木条的对接接头应采取斜接的方法，斜接要求黏结面积大于木条截面积的 3 倍以上或在对接接头处有加强片。木片的对接应采取齿接方式。角接接头应有木条加强。T形接头应采用插入接头或三角木加强。四种接头形式及改进方法如图 4 - 57 所示。

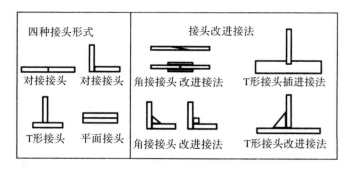

图 4 - 57　四种接头形式和改进接法

齿接是用专用尖齿形铣刀将对接的木材接头切成尖齿状,然后用胶黏结。长度不够的木片也可以采用齿形对接的方法,如图 4-58 所示。

了解黏结的基础知识和常用胶黏剂的性能以后,结合制作无人机各部位对强度和重量、黏结物性质、使用条件的不同要求,制定黏结计划和黏结工艺。

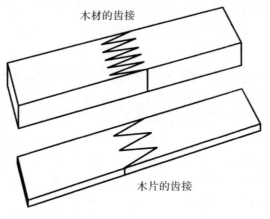

图 4-58 木材和木片的齿接

4.4 塑料结构无人机

塑料和用塑料通过发泡工艺制成的泡沫塑料,已广泛地应用在无人机的零部件和整机上,是质量轻、价廉、强度大、加工方便、制造成本低的好材料,常用于制造无人机的练习机。本节将重点讲解普通塑料和泡沫塑料各自特性和常用加工工艺,塑料制作的无人机在组装时常使用黏结工艺。关于塑料制品的黏结工艺,请参考 4.3 节。

塑料是一种以合成或天然高分子为主要成分,通常含有添加剂等辅助成分,可以用各种加工方法塑制成型的材料。

4.4.1 塑料的主要特征

塑料具有以下优点:①大多数质量轻、化学稳定性好、不易锈蚀;②耐磨耐冲击性较好,不易破损;③易成型、着色好,加工成本低;④绝缘性好,导热性低。

塑料也有一些缺点:①大多数耐热性差,高温下易变形、低温下变脆,热膨胀率大、易燃烧;②在较大负载下易变形、尺寸稳定性差;③有些易溶于溶剂。

4.4.2 塑料的种类

塑料按其成型方式可分为热塑性塑料和热固性塑料,按用途可分为通用塑料、工程塑料和特种塑料。

(1)热塑性塑料。热塑性塑料包括制作无人机的油箱、摇臂、铰链、整流罩、轮毂的聚氯乙烯、聚乙烯、聚丙烯等塑料;制作高强度、耐磨耐用零部件的聚碳酸酯、聚酰胺(尼龙)、ABS 等塑料,如图 4-59 所示;制作高强度螺旋桨、起落架的玻璃纤维或碳纤维增强塑料,如图 4-60所示。

（2）热固性塑料。制作玻璃钢无人机的不饱和聚酯、环氧树脂、邻苯二甲酸二烯丙酯树脂加入固化剂固化成型，属于交联型热固性塑料。

此外，黏结无人机的黏结剂（如502胶、聚醋酸乙烯乳液白胶、树脂胶）、油漆（硝基涂布油、硝基磁漆、丙烯酸聚氨酯磁漆、聚酯清漆）、聚酯热缩薄膜等，也都属于热固性塑料制品。如图4-61所示就是一种用热固性塑料与固化剂交联制成的玻璃钢机身。

图4-59　用热塑性塑料制成的
无人机零件

图4-60　用碳纤维增强塑料（树脂）
制作的折叠螺旋桨

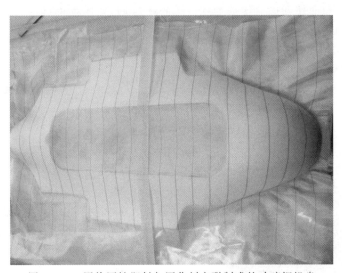

图4-61　用热固性塑料与固化剂交联制成的玻璃钢机身

4.4.3　塑料的加工工艺

练习机常用的加工工艺有注塑、吸塑、吹塑等。

（1）注塑。注塑成型是一种高自动化加工工艺。

注塑的加工过程：向料筒内加入塑料颗粒→加热使颗粒熔融塑化，通过筒内螺杆旋转将其注射到模具内→塑化的塑料注满型腔后，保持型腔内一定压力→冷却定型→脱模，如图4-62所示。

注塑的优点：成本低、表面粗糙度低、尺寸和设计范围宽。

注塑的缺点：模具费用高，不适于小批量生产。

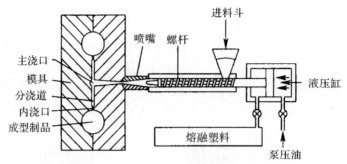

图 4-62 注塑加工示意图

(2)吸塑。吸塑成型又称为热塑成型。

吸塑成型工艺:利用真空泵产生的吸力将加热软化后的 PVC,PET,PETG,APTT,PP,PE,PS 等热塑性塑料片材经过模具吸塑,冷却后成型。该工艺可制成各种形状的无人机机头罩、座舱罩、翼尖整流罩、机身等,如图 4-63 所示。

(3)吹塑。吹塑成型是一种生产中空塑料制品的加工工艺,仅适用于热塑性塑料。吹塑成型加工方法主要有挤出吹塑成型、注塑吹塑成型和拉伸吹塑成型。

吹塑加工过程分三个阶段:①熔融塑化,利用挤出机或注塑机使原料塑化。②型坯成型,利用挤出机头和口模或注塑模具成型型坯。③吹塑成型,利用辅助的空气压缩机提供压缩空气,并用液压夹紧装置夹紧模具,熔融的塑料型坯被压缩空气吹到冷模具内壁,即制成吹塑成品。最后,还应修掉吹塑制品上多余的飞边。如图 4-64 所示就是吹塑生产过程。

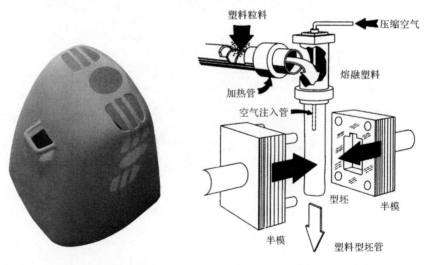

图 4-63 吸塑制作的飞机头罩   图 4-64 吹塑过程示意图

(4)泡沫塑料电热丝切割工艺。

根据聚苯乙烯温度在 130℃ 以上熔化和聚丙烯在温度 160℃ 以上熔化这个特性,用电热丝熔化切割的方法,再利用切割用的靠模,可以将泡沫塑料切出所需要的形状。因此,泡沫塑料电热丝切割工艺,也称为"熔割工艺"。熔割工具主要是电热丝和电源及熔割用的靠模。

1)切割材料。大面积切割常采用丝类材料切割,主要包括铁铬铝合金电热丝和镍铬合金电炉丝两大类,前者属铁素体组织的合金材料,后者属奥氏体组织的合金材料。镍铬电热丝的特点是:高温下的强度高;长期使用后再冷下来材料不会变脆;充分氧化后的镍铬合金其辐射率比铁铬铝合金高;无磁性;除硫气氛外,有较好的耐腐蚀性。熔割硬泡沫塑料电热丝的粗细,可根据熔割面的宽度来定,一般采用直径 0.3~0.8 mm 的电热丝。精细小范围切割常采用热切割刀具完成。

2)熔割用的电源:12 V,10 A·h 以上的胶体电瓶或稳压电源;功率大些的计算机电源(12 V输出);汽车电瓶,100 W,12 V 电源变压器等。采用低电压电源是为了保证人身安全。500 W 以上的调压器属于单组线圈的自耦变压器,虽然熔割时电压比较低,但因与 220 V 交流电直接相通,因此使用它时要特别注意安全。

3)熔割用靠模。靠模的材料应选用耐高温的材料,如绝缘材料的布基或纸基的树脂板(电路板),层板和薄铝片(吊顶用的铝扣板)黏结的复合板材,1 mm 硬铝片等不怕烫的材料。靠模边缘一定要光滑,以防止在熔割时电热丝跳动,造成切割面不平整。

图 4-65 所示是熔割用靠模。打印机打出翼型样板图,粘贴在树脂板上,剪切后将边缘打磨光滑,钻好插钉子的固定孔。靠模分上、下弧靠模,熔切时一般先切上弧再切下弧。

4)手工热切割工具。手工切割泡沫塑料经常使用电热刀或电热笔,如图 4-66 所示。对这些工具,均可根据使用条件和切割要求更换刀头。

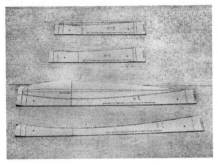

图 4-65　熔割用靠模　　　　　　　图 4-66　手工热切割工具

5)自动热切割工具。对于复杂的、高精度的图形,手工无法完成切割,这时就需要使用 CNC 加工技术。如图 4-67 所示就是一款 CNC 数控泡沫雕刻机。

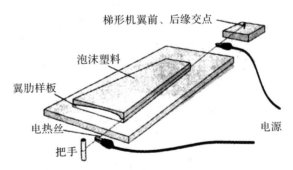

图 4-67　CNC 数控泡沫切割雕刻机　　图 4-68　泡沫塑料梯形机翼的用电热丝手工熔割方法

6)泡沫塑料梯形机翼的用电热丝手工熔割方法。将电热丝一端固定在梯形机翼前后缘线的交点上,将泡沫塑料板材先按梯形机翼平面形状切好,前后缘对齐工作板上画好的前后缘线上。在梯形机翼最大翼弦处和最小翼弦处用钉子固定住翼肋切割样板,将泡沫塑料板用书本等重物压住。电热丝通电后,手握把手,将电热丝紧贴翼肋样板匀速移动切割,如图 4 - 68 所示。

整体结构泡沫塑料机翼表面处理方法如下:

(a)打磨平整后用薄胶纸带、带丝线的透明胶带、热缩薄膜覆盖。

(b)用棉纸和聚乙烯醇乳液(化学糨糊)蒙膜,再涂涂料。

(c)用玻璃布蒙膜,喷漆。

(d)用轻木片蒙板,再蒙玻璃布,喷漆装饰。

(e)模具热压成型的泡沫塑料无人机表面光滑,通常用彩色印刷图案的方法印在透明膜不干胶纸上,然后再粘在无人机上装饰无人机。

4.5　木结构无人机

木结构无人机的制作工艺有手工加工和工厂化加工两种。

手工加工一般是指用手工工具或小型家用电动工具制作无人机零件,并按图纸组装成无人机;无人机工厂有时也用手工工艺制作新产品的样机(手版)。

手工工具主要有壁纸刀、大斜口刀、手工锯、小木刨子或小铁刨、砂纸板、小榔头等简单实用的小工具。家用电动工具主要有电动曲线锯、电动砂带机、小电锯等。

制作无人机比较复杂,必须要有耐心、细心和信心。通常制作者根据无人机的用途,参考类似无人机的图纸资料和数据,来设计、绘制无人机的工作图纸;再根据无人机的构造特点选择材料,并依据手头的材料和工具决定制作方法。

无人机制作者需要有空气动力学和材料力学的基本知识,才能设计出质量轻、强度好、飞行性能优异的无人机。

4.5.1　无人机制作前期准备

1.无人机的图纸

设计和制作无人机首先要根据机翼翼展、翼面积和展弦比、尾翼安定面和升降舵、方向舵的舵面积分配,绘制机翼和尾翼平面图。

然后,根据无人机重心位置和围绕重心零部件的(包括动力装置、起落架、遥控接收装置、尾翼等)重力分布力矩(见图 4 - 69),并考虑安定性、尾力臂和特技动作的特殊要求,确定机头长度、机身全长和机身的侧面积后,绘制机身侧视图和俯视图。接着,根据上述基本图形绘制无人机三视图(俯视图、侧视图和正视图)。最后,还需根据各类无人机空气动力的特点以及对翼型和材料的选择,确定无人机各部分结构,并绘制详细的结构图和工作图。

2.机翼的翼型和翼肋

无人机多选择相对厚度为 6%～8% 的凹凸翼型、S 翼型和双凸翼型。

可利用 Profili 2 翼型软件绘制机翼和尾翼翼型。Profili 2 中的翼型有几百种,其功能如下:能绘制普通单个翼型和翼肋、前后缘、翼梁、蒙板、减重孔以及翼肋样板和前缘样板;能绘制梯形机翼的差值翼肋;计算雷诺数;通过"翼型管理"还能用两个不同的翼型,生成新的混合翼型,以及采用不同翼型的上下弧、不同厚度和曲线、不同前部和后部生成混合新翼型;绘制机翼平面图等。

图 4-69 重心位置和围绕重心的零部件重力分布力矩的关系

4.5.2 手工制作无人机工艺实例

一木结构无人练习机如图 4-70 所示。

图 4-70 轻型无人练习机

这架遥控无人机采用 2.5 mL 电热式发动机,机翼翼展 1 150 mm,机身全长 990 mm,全重 1 050 g。

为提高操纵性,该机的副翼和升降舵面积比一般初级练习机稍大。入门者在初学时可调整副翼舵机连杆夹头在舵面摇臂最上面的孔,使舵面动作角度最小,从而能较容易操控。

图 4-71 所示是一架装 20～25 级发动机的练习机组装图解,供制作不同结构无人机时参考。

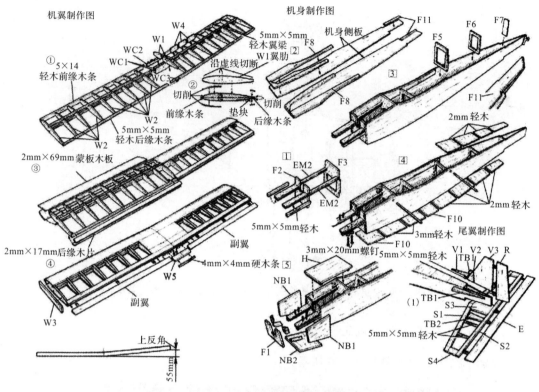

图 4-71　练习机制作组装图解

4.5.3　机身的制作

　　首先是绘制工作图绘制 1:1 的实际尺寸工作图。为制作方便,也可把机翼、尾翼和机身分成 3 个工作图。

　　准备一块大芯板、厚木板或玻璃板作为组装用工作板,要求其在长和宽两个方向都十分平直,且不能扭曲。用不直或有扭曲变形的工作板,粘出的机翼会扭曲变形,将给以后飞行带来很大麻烦。

　　有激光切割加工条件的,可事先把机翼翼肋、机身等零件用激光切割机切出。这样可保证零件外形准确,能像搭积木一样组合,省工、省料、省时。

　　若用 CAD 软件绘制激光切割零件图,首先要了解激光切割机使用什么软件,并把相同厚度和材料的零件排列组合好,以节省材料,如图 4-72 所示。另外,绘制的激光切割零件图中不能有多余、重复和实际没有连接的线段,否则在切割时会带来麻烦,耽误时间。

　　检查不符合要求的线段,可以使用 CAD 软件工具栏中“面域”和有颜色的图层。如果“面域”不成功,要用鼠标中轮逐个放大线段的两端检查和修正。检查时,长出的线头要切掉;没连接上的接头要连好(直到“面域”成功);多余的重复线段要删除(打开“图层管理器”,除“面域”使用的带颜色的图层外,其余图层暂时关闭,按“确定”后,删除多余的重复线段,再打开“图层管理器”,打开所有图层即可)。

　　为防止激光切割时零件掉落,可在每个零件上垂直画上 2 组间距 2 mm 的 2 条平行线,并将平行线中间的线段用“切割”工具断开 2 mm。这样可保证零件都互相连接,不至丢失。对用"面域"检查过的线段做连接时,需先用CAD软件"分解"工具把图形各线段分解开,再加连接线。

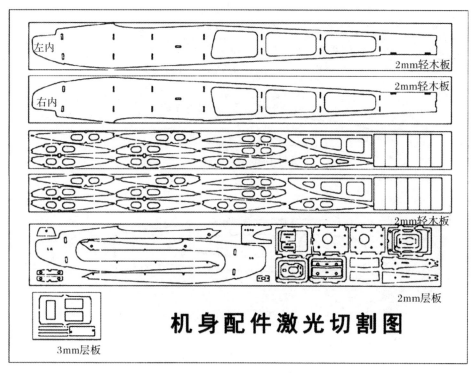

图4-72 激光切割零件排列图

4.5.4 机翼的制作

1.翼肋的制作

打印用翼型软件绘制的翼肋图形,将其贴在制作翼肋样板的材料上。翼肋样板可用0.8～1.2 mm铝片或绝缘材料树脂层压板、2～3 mm厚层板等材料制作。铝片用铁剪刀、钢锉仔细加工,层板或树脂层压板用线锯、大斜口刀、钢锉加工。不论是梯形机翼还是矩形机翼,一般都要做2个翼肋样板。

对厚度相对较薄的翼型,可在翼肋样板前后各钻1个0.8 mm的孔,再用大头针将2个样板钉在制作翼肋木片的两侧面上。为防止木片在切削加工时错位,可用稀释的硝基清漆临时黏结,待翼肋制作完毕,再用刀片慢慢片开样板。

对翼型厚度相对较厚的翼型,可用直径2 mm钢丝或M3机螺钉和螺母固定翼肋样板和制作翼肋的木片。

加工时,先用线锯锯出外形或直接用大斜口刀把样板以外的多余木片锯掉或削去,直到边缘和翼肋样板平齐;然后再用砂纸轻轻打磨平整,并把钢板尺沿垂直于翼肋木片的方向,靠在翼肋的上弧或下弧面上,检查叠在一起的翼肋是否有凸出不平的地方,如有不平再用斜口刀和砂纸板修正。切削时也可将翼肋两边垫上木片并用小台钳夹住。

加工翼梁的槽时,需按图纸上翼梁的位置,先用直角尺、铅笔画线,再用线锯、刀和什锦钢锉仔细加工。槽的大小要求:放进翼梁不松不紧、不深不浅为最好。如厚度相对较薄的翼肋,若翼梁放进去太松,则胶水收缩会拉弯翼肋;若太紧,则翼梁可能会顶弯翼肋,如图4-73(a)所示。

制作有减重孔的翼肋时,先用线锯锯出减重孔,再用什锦钢锉修整减重孔的边缘。

完全加工好的翼肋要按先后顺序标上号码,黏结时按号码顺序进行。如果顺序错误,会导致翼梁口、前后缘不在一条直线上,使粘好的机翼发生扭曲变形。

在黏结翼肋前,要根据设计图量好尺寸、画好线,并用刀子切齐。

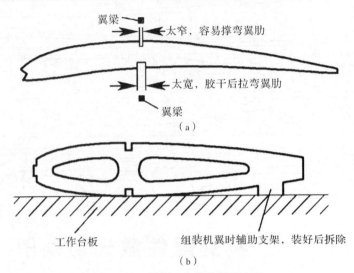

图4-73 翼梁口和翼肋辅助支架

如果机翼平面形状为梯形,每条翼肋的加工方法相差不大,只是翼肋样板一大一小,削好的翼肋外形带有坡度,翼根处翼肋大,翼尖处翼肋小。

若需加工的翼肋数量较少,则可用打印机打出图形后用双面胶粘在木片上,直接用壁纸刀刻下来,再用砂纸板仔细修整。

2.翼梁和前后缘弯曲变形的调整

如发现做翼梁和机翼前后缘的木条弯曲,应先调直,否则弯曲木条的内应力会使机翼变形。调直的方法是先用湿毛巾擦拭,再用吹风机的热风吹,趁热调直。

如果机翼后缘用木片裁切,其内应力会使切出的木片不直。因此裁切时尺寸应稍放宽,先将其一边用长钢板尺和壁纸刀切直,或用长砂纸板取直后,再按需要的宽度裁齐另一边。

3.组装黏结

黏结前,先在工作图上摆齐机翼前后缘条、翼梁,再用铅笔和三角靠尺画出要黏结翼肋位置的线条,如图4-74所示。

接下来把一根直的宽木片或粗木条,对齐工作图上机翼前缘边线,钉牢,做前缘木条挡头。采用双凸翼型的机翼还要在后缘下垫木条,以托住后缘木片或木条。用激光切割机切割的翼肋,下弧靠后缘处可多切出一块,作为黏结时的支架,如图4-73(b)所示。

在工作图上摆好机翼下翼梁木条,其前端用长钢板尺靠住,后端钉上大头针;然后撤掉钢板尺,并在木条前端也钉上大头针。按顺序将每个翼肋对准工作图位置,垂直于工作板摆好,再放好上翼梁,并用少量502胶将上下翼梁与翼肋黏结起来。

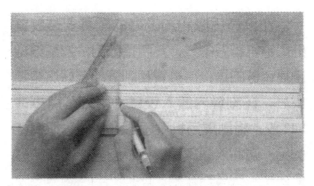

图 4 - 74　在机翼的前后缘、翼梁上画翼肋黏结位置的标示线

如果上下翼梁间加强腹板也是激光切割的,可以在黏结翼肋时同时贴腹板,既能保证翼肋的间距,又可保证翼肋的垂直度。在翼肋与翼梁黏结的同时将翼肋后端黏结在后缘下面的木片上。机翼的后缘由后缘木条、后缘下面的木片和后缘上面的木片三部分组成。在后缘下面的木片上,事先要粘好宽 3 mm、厚 2.6 mm 的后缘木条,并在安装铰链处粘 5 mm×20 mm 的加强木片,如图 4 - 75 所示。然后打磨平整,再粘后缘上面的木片。

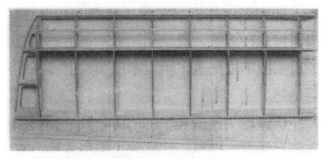

图 4 - 75　黏好铰链的后缘和机翼半成品骨架

组装黏结时要注意左右机翼的区别。

靠中翼部分的翼肋需用木片蒙板加强,因此中间翼肋 W_1、W_2 边缘比蒙板厚度小一圈。接上反角的翼肋 W_1 要按 1/2 上反角度倾斜粘好。W_1~W_3 翼肋后半部分也要蒙板,且 W_1~W_3 之间的翼梁前后还要加腹板。

连接带有上反角的机翼时,要对准工作图用刀切齐连接处的前后缘、上下翼梁,然后把接上反角处的加强三层板插入上下翼梁中间,并对齐左右机翼中间接缝。检查、确认左右机翼无安装角差后,再用 502 胶粘牢,如图 4 - 76 所示。后缘对接处还要用硬轻木连接加强。

待上反角的机翼接好后,在前缘蒙板(从前缘蒙板到 3 mm×3 mm 的前翼梁木条)将裁好的蒙板一边置于翼梁木条和翼肋相交处,点少许 502 胶定位;再用湿毛巾将蒙板润湿(使木片易弯曲),并把机翼翻过来,用书本等重物将机翼压平,整个机翼构架不能扭曲;最后用 502 胶将蒙板和翼梁木条再补粘一遍。用铁夹子将蒙板粘在前缘的另一边与前缘夹在一起,检查、确认机翼没有扭曲、前后缘呈平行线后,就可以用 502 胶将蒙板和前缘、翼肋上弧和蒙板粘好。

如果有过期的 502 胶(变稠的),可直接将其涂在翼梁、翼肋和前缘木条上,再立即将蒙板木片粘上,用手掌在蒙板上压实即可粘好。

切掉翼尖部位多余的前缘、翼梁和后缘木条,并打磨平整;粘好翼尖整形木片,在其边缘再粘 3 mm×3 mm 轻木条;黏结翼尖木片上两个支撑用的斜木条,如图 4-77 所示;再将翼尖木片前面的 4 mm 厚整形木片粘在翼尖木片上,用砂纸整好形;最后,再用砂纸把翼尖边缘打磨成圆弧状。

打磨机翼前缘时,要边打磨边用 2 mm 层板制作的前缘样板来检验。

在中翼翼根处上下两面做完蒙板后,要按翼型平面形状将其打磨准确、平整、圆滑。整个机翼打磨好后,用吹风机吹掉灰尘,准备蒙热缩蒙皮。

组装副翼时,先将其前后缘用大头针钉在工作图上,然后按图纸切好支撑用的 4 mm×4 mm、4 mm×8 mm 木条和安装摇臂的木片,用 502 胶将它们与副翼的前后缘粘起来,最后用砂纸板把副翼两面打磨平整。将副翼的前缘打磨成可上下灵活转动 30°角的两个斜面,将后缘打磨成圆边。

在机翼后缘和加工好的副翼安装铰链处用铅笔画好中线,并用壁纸刀片按图纸刻出插铰链的缝;待机翼和副翼都蒙好热缩蒙皮后,在刻缝内插入铰链,用牙签点少许 502 胶;将副翼与机翼后缘对齐后,把铰链的另一端插入副翼铰链槽;在副翼上下转动角合适后,用牙签在槽上点少许 502 胶黏结铰链和副翼。制作铰链用的双面无纺布复合聚酯薄膜材料在电工绝缘材料商店有售,厚度 0.3 mm 左右较合适。

副翼舵机分别安装在机翼左右两侧的 3 mm 层板上,如图 4-78 所示。

图 4-76 接好上反角的中翼部分

图 4-77 在翼尖木片边缘粘好 3 mm×3 mm
轻木条和斜支撑木条(图中前、后缘处还
未粘整形轻木片)

图 4-78 副翼舵机分别安装在机翼左右两侧

4. 垂直尾翼和水平尾翼的制作

制作尾翼用的轻木要选用中等或偏硬的木片,以增加强度。

在垂尾和平尾工作图上,铺好防粘连的透明胶纸带;将安定面前后缘及舵面前后缘的木条用大头针固定在工作图上;再切好其他木条、木片,用 502 胶按图纸黏结。粘好的水平尾翼和垂直尾翼如图 4-79 和图 4-80 所示。

图 4-79　粘好的水平尾翼　　　　　图 4-80　粘好的垂直尾翼

为增加水平尾翼抗弯能力,在水平安定面后缘前和升降舵前缘后中间位置用 3 mm×4 mm 的松木条加强。

在水平尾翼和垂直尾翼粘好后,按图纸将其外形打磨准确。对升降舵和方向舵面的前缘,要打磨出上下动作所需要的斜面;水平尾翼安定面和垂直尾翼安定面的前缘,及方向舵、升降舵的后缘要打磨成半圆形。

安装铰链处需先用壁纸刀刻出缝,待蒙皮后,在缝里插入铰链,并将升降舵和水平尾翼安定面、方向舵和垂直尾翼安定面连接用的铰链,用少许 502 胶黏结好,尾翼构架就制作完成了。

4.5.5　机身的制作

如果机身零件不是用激光切割的,就需先按工作图画出其俯视图和侧视图。根据每个隔框剖面尺寸画出隔框 F1～F8(F1 是由两片粘在一起的)后,用线锯锯出隔框,再用什锦钢锉整形。制作机身时,先把机身前半部的 2 mm 厚层板内侧加强板对好左右轻木片的外侧板(见图 4-81),并用 502 胶粘好(注意左右分开,不要粘成同一侧)。右侧因发动机有右拉角,因此第一个机身隔板需有相应的向右偏的角度。

为了黏结准确,机身隔框和侧板最好有插接榫和槽。黏结机身时,先将机头至中段的 F1,F2,F3,F3～F4,F4 和机身侧板用 502 胶粘好。

对 F1 隔框,在固定发动机架和前起落架座的 6 个孔的背面各钉上 1 个 3 mm 反爪螺母后,再黏结到侧板上,黏结时要注意其右拉角度。

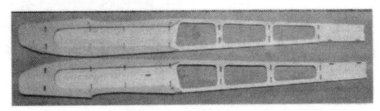

图 4-81　将 2 mm 厚内侧加强层板用 502 胶粘在轻木外侧板上

粘好的机身框架上面和下面都要用砂纸板打磨平。

起落架座用 3 片 3 mm 层板制作,最外一层分成两条,中间留出容纳两根起落架钢丝的槽。先按图纸在机身上用铅笔标出起落架位置,再将这 3 片层板粘上,最后在层板下方机身侧板内侧粘带有插起落架孔的 2 块松木块,如图 4-82 所示。

固定水平尾翼的托板 TB1 和 FB2 事先用 502 胶贴好。TB1 在上,TB2 在下,前后钉 2 个反爪螺母。在机身前半部骨架粘好后,再把后部的几个隔框 F5,F6 和 F7 和 F8 粘上,并同时粘上水平尾翼托板。应保证整个机身的中轴线为一条直线,机身无偏斜和扭曲,如图 4-83 所示。

机身上下蒙板使用横纹 2 mm 的轻木片。按机身宽度裁好轻木片,接缝处先用透明胶带粘上,翻过来再用 502 胶黏结。拼接部位要先打磨平整,再粘在机身上、下面。为机身蒙好板后,将四周打磨成圆角,整个机身就做好了。

图 4-82　粘好的机身前半部

图 4-83　机身隔框全部粘好

4.5.6　机翼在机身上的固定

完成机身和机翼骨架后,在机头上面蒙板前,将机翼放在机身上摆正,用 5 mm 钻头从机身隔框 F2 前方沿着其上的 2 个插销孔,在机翼前缘钻 2 个浅孔;然后把机翼从机身上拿下来,沿着这 2 个浅孔,钻深至中翼内的加强层板 W10 和 W11(W10 和 W11 上的 5 mm 孔应事先钻好以便定位,两孔间距应和 F2 上两个孔距相等);将直径 5 mm、长 45 mm 的竹销两头磨圆后插入已钻好的孔中(外面留 9 mm长),用 502 胶粘好。

通过将这 2 个竹销插入机身隔框 F2 上的2 个圆孔内,把机翼前缘固定在机身上,如图4-84 所示。

图 4-84　将机翼前缘的竹销插入机身
隔框 F2 固定机翼

用 M4×15 mm 螺钉将机翼后缘固定于机身。将 M13 层板垫片粘在机翼中缝的后缘部位。机身与机翼后缘结合部位下面有一个固定机翼用的层板组合块(用 3 块 3 mm 层板和 1 个 M4 反爪螺母粘成)。

4.5.7　垂直尾翼和水平尾翼的固定

垂直尾翼前缘下部插进 F7 隔框上的长方孔,后缘下部夹在机身两侧板间。用 502 胶黏结垂直尾翼时,要注意它须与机身中轴线成一直线,且垂直于机身。

水平尾翼用 2 mm 层板压板和 2 个 M3× 12 mm 螺钉固定在机身尾部下方。可拆卸的水平尾翼方便携带,如图 4-85 所示。

图 4-85　可拆卸水平尾翼的固定方法

4.5.8　发动机架的固定

将 T 字形塑料发动机架用 M3×18 mm 螺钉固定在 F1 机身隔框上,F1 隔框背面有 4 个紧固塑料发动机架螺钉用的 M3 反爪螺母。

4.5.9　起落架的固定

前起落架固定在 F1 下边的塑料起落架座上。其用来控制转向摇臂,用钢丝连杆与方向舵机连动。后起落架插入机身后,用 4 个自攻螺钉和 2 个压片固定在机身下。机轮用直径 50 mm 的防油塑胶机轮。前后起落架的固定和前轮转向摇臂、连杆如图 4-86 所示。

骨架制作完成的练习飞机如图 4-87 所示。

图 4-86　前后起落架的固定和前轮转向摇臂、连杆

图 4-87　骨架制作完成的练习飞机

至此,木结构制作部分基本完成。

4.5.10　用热缩薄膜蒙制木结构模型飞机

模型飞机使用的双向对称线性热收缩聚酯薄膜(简称热缩薄膜),也可以称为熨烫式自黏性塑料薄膜,是轻型高强度、高收缩性双向拉伸聚酯薄膜。其背面涂有热溶胶,用电熨斗很容

易将热缩薄膜粘在模型飞机骨架上,此后用电熨斗和吹风机的热风,即可将高收缩率的热缩薄膜收紧。热缩薄膜可直接用于油漆表面、金属、木材、玻璃纤维增强塑料(玻璃钢)及碳纤维增强塑料。蒙皮采用热缩薄膜是热溶胶涂层工艺生产出来的双向对称线性热缩薄膜。它的特点是强度高、不易破损、色彩丰富、规格齐全、易回收、无毒、无味、使用便捷。温度在 90～120℃时,它开始收缩,收缩率达 30%～50%。热缩薄膜的耐久性、耐化学品性优良,而且比较轻,因此被从小型机到大型机广泛采用。热缩薄膜本身的强度相当高,可以起到增强刚度的作用。双向对称线性热收缩聚酯薄膜以德国 OPACOVER(见图 4-88)、英国 SOLARFILM、日本京商等产品质量上乘,品种齐全但价格较高。近几年我国自行生产的双向对称线性热收缩聚酯薄膜,质量也很好,而且价格低得多。

图 4-88　色彩艳丽、品种齐全的双向对称线性热收缩聚酯薄膜

4.5.11　热缩薄膜的种类

(1)聚丙烯高收缩性热缩薄膜。面密度为 50～65 g/m²,适用温度 100～120℃,颜色丰富、价格低,适于轻型飞行器,不适于汽油等燃料的模型飞机。

(2)聚酯轻型高强度超强收缩性热缩薄膜。面密度为 60～80 g/m²,适用温度 100～120℃,收缩温度 140～160℃;比聚丙烯热缩薄膜更坚硬、强度更高,可以抵抗各种燃料的侵蚀,持久耐用,在任何情况下都不会松弛和发皱。特种热缩薄膜可用于轻型飞机的蒙皮。

(3)超轻、高强度合成纤维结构热缩薄膜。这是超细化纤与热缩材料合成的薄膜。面密度小,为 20～28 g/m²,适用温度 90～120℃。用轻的涂层封闭后,比常规涂层结构更坚固,防穿透性好,不受湿度和水分的影响。

(4)丝绸织物热缩薄膜。这是由树脂涂层的织物与热缩材料合成的热缩薄膜,比薄膜更坚固;气密性好,防水,不怕燃料腐蚀,面密度稍大,为 85～95 g/m²,适用温度 90～100℃,收缩温度 110～120℃。

4.5.12　蒙热缩薄膜使用的工具

蒙热缩薄膜蒙皮使用的工具比较简单,简易制作与维修时,可以使用普通能调温的家用电熨斗、生产制作使用专用蒙皮烙铁。其他情况下,还有吹风机、壁纸刀、剪刀、长短钢板尺(300 mm和 1 m 钢板尺)、铅笔、记号笔、胶带纸、卫生纸,如图 4-89 所示。此外还有加强边角用的 502胶,清洁污垢的医用酒精、棉纱布。

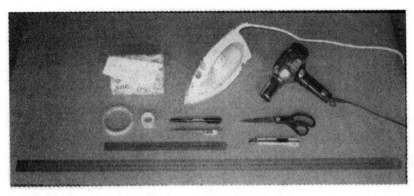

图 4-89 使用的工具

4.5.13 热缩薄膜蒙皮工艺

(1)蒙膜之前,用砂纸板把完成的模型骨架打磨平整,如蒙板接缝的地方、翼梁凸出的地方都要打磨平整。有凸起的部分,由于熨斗的底面与骨架不能完全接触,因而不容易蒙膜,蒙完的表面也不漂亮。

为了加热均匀、防止划痕并排出气泡,可用稍微厚些的纯棉针织物(纯棉针织物料柔软,比化纤织物耐高温)做个电熨斗布套,在布套边缝上拉紧用的线绳裤筒,如图 4-90 所示。

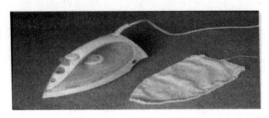

图 4-90 电熨斗纯棉套

(2)模型的骨架用 300~400 号砂纸经过仔细打磨后,用吹风机冷风吹掉砂光后遗留的粉尘,再用毛巾擦拭干净。机翼蒙板的地方不要过度打磨,否则有的地方容易打磨得太薄,蒙膜后会出现有竹节似凸出的现象。

(3)对模型的骨架不要涂刷涂料,以防止涂料与热缩薄膜的胶黏剂起化学反应。

(4)灵活运用热缩薄膜的颜色配比,原则是在飞机模型飞上天空后,无论在晴、阴天或远、近处都看得清颜色配比。不同颜色热缩薄膜之间要注意协调,不协调的地方用白色线条来区分。

(5)开始蒙热缩薄膜前,可以在尾翼小面积的地方试蒙。电熨斗刚开始用低温,以能把热缩薄膜粘在模型骨架上、没有显著的折皱为准。要了解热缩薄膜的性质与特点,掌握胶合温度、收缩温度。

(6)机翼蒙热缩薄膜要分上、下、左、右四次进行。开始蒙膜时,先蒙机翼下面,然后再蒙上面,前后缘接缝处应重叠至少 5 mm,重叠的缝朝下。蒙下面时先把四周胶合好,再整体加热绷紧。在前后缘、翼根、翼尖的周边除重叠部分外,要留出 2cm 的热缩薄膜。整体加热后,用快刃壁纸刀将多余部分切除。

(7)机身蒙热缩薄膜时,先蒙下面,其次两侧,最后蒙上面,膜与膜之间要重叠 5~8 mm。

(8)模型的图案和文字要用低温熨烫上,特别要注意的是:在已经蒙上膜的上面再粘图案和文字时,容易出现小气泡,所以用低温熨烫时,还得从图案或文字的中间向四周熨烫。防止出气泡的方法:在要贴图案和文字的地方,用湿布擦一下再熨烫,这样就不会出现小气泡了。

4.5.14 木结构无人机的重点部位装配

发动机风门控制舵机用直径1.8 mm的钢丝做连杆,先将其 Z 形接头直插到风门转子摇臂上,连杆另一端穿过隔框 F1 和 F2,再接油门舵机摇臂可调连杆接头柱上。

方向舵和升降舵并排装在 F3～F4 舵机层板架上。舵机配有减振用的橡胶垫,内有一个空心铆钉。用螺钉固定时,空心铆钉起限制高度的作用。舵机连杆一头的钢丝用 Z 形弯头直接插到舵机摇臂孔内,另一头用带螺纹的尼龙夹头夹在舵面摇臂上。如果舵面的中立位置不准确,可把尼龙夹头从舵面上的摇臂拆下来,再把尼龙夹头在连杆螺纹上旋进或旋出,即可调整舵面的中立位置。

方向舵和升降舵连杆的制作方法如图 4-91 所示。

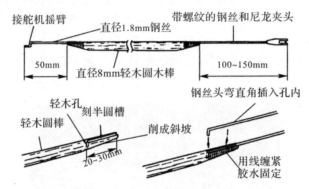

图 4-91 连杆的制作方法

在机身内应尽量避免连杆交叉干扰和摩擦,以保证舵面动作灵活,如图 4-92 所示。舵面摇臂的夹头孔与舵面转动轴应保持在一条直线上,否则会造成舵面动作不对称。

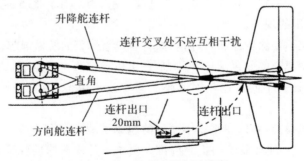

图 4-92 机身内连杆示意图

一些副翼的舵机安装在机翼中间,如图 4-93 所示。为避免粘机翼后缘与三角固定木片时粘住摇臂转轴,可在摇臂轴套里滴些润滑油。在副翼上要先钻一个小孔,刻好半圆槽,涂上树脂胶,再插入摇臂钢丝,如图 4-94 所示。

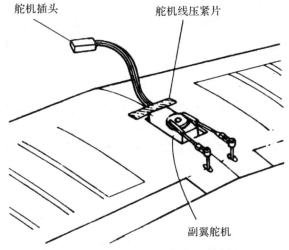

图 4 - 93 副翼舵机安装在机翼中间

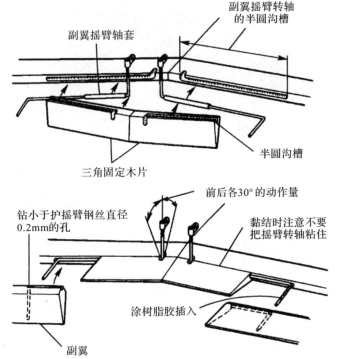

图 4 - 94 副翼摇臂结构

接收机的天线应全都打开、伸直,并在穿出机身处打个结,然后从机身后面的天线孔穿出;对其套上一小段气门芯后,再穿过垂直尾翼尖部,最后对折,用气门芯套住。天线多余部分不能剪掉,也不能在机身里绕成线圈状,以免影响接收性能。

接收机用海绵包好,再套上橡皮圈,放在舵机架前面。把电池也包上海绵,装在接收机前面。电池开关一般装在机身左侧板上(里面粘一块固定用的 26 mm×12 mm×3 mm 层板)。电池开关应安装成向后为开,向前为关。向前为关的好处是,撞地时能依靠惯性自动关闭。最后把各个舵机插头插到接收机对应的插孔内。

舵机、接收机、电池全部安装和连接好后,打开发射机电源开关和接收机电源开关,拨动操纵杆,检查工作是否正常、舵面动作方向有无反向、舵面动作角度是否符合图纸设计要求等。

4.5.15 动力装置的安装

1.发动机和油箱的安装

安装发动机时,先将其置于机身发动机架上,用铅笔画上固定孔的位置,然后钻孔并用加有弹簧垫圈的螺钉、螺母固定牢靠,如图4-95所示。

油箱的最高油面应和汽化器喷油嘴在同一水平线上,以防高出喷油嘴的燃油流入机匣造成发动机富油。

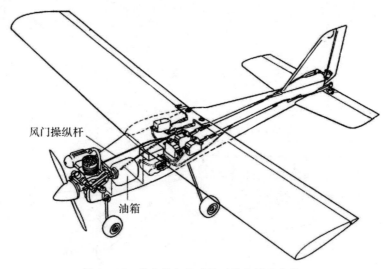

图4-95 无人机各组成单元的布局及安装

油箱的安装方法:松开箱盖中间螺钉,把油箱放入机头,将箱盖从发动机后的隔框圆孔中伸出;为方便油箱油管与发动机的连接,按增压进气管在右、出油管在左摆好后,拧紧箱盖中间的螺钉;将箱盖的铁夹板拧紧,其中的耐油橡胶垫即被挤压胀出,挤住隔框圆孔。

油箱在机身内也应用海绵固定住,防止移位。

油箱出油口与发动机汽化器进油嘴用透明硅胶管连接,油箱进气管也用硅胶管与消声器、增压嘴连接。利用发动机的排气压力给油箱加压、增压的作用保证无人机在任何飞行姿态供油压力稳定。

一般是拔掉汽化器进油嘴上的油管头后往油箱注油,以防燃油从汽化器进入机匣,造成发动机富油,启动困难。

有些油箱有三个铝管:第一个铝管一端通向消声器增压嘴,另一端在油箱里向上弯用以增压通气;第二个铝管油箱内一端连有重锤和硅胶软管,另一端通向汽化器;第三个铝管专门用来加油,接硅胶管和堵头,注油时拔掉堵头,加满油后再堵好(堵头可用M3机用螺钉代替)。

2.改装无刷电动机做动力

(1)选择拉力在1 kg以上的外转子无刷电动机,功率最好在250W以上。选用25 A电子调速器,11.1 V,1800 mA·h以上的锂电池以及1047螺旋桨。

(2)为减轻质量,机身内都采用18 g的舵机。

（3）在机头适当的位置，用 502 胶粘上一块带右拉角和下拉角的 3 mm 层板 F0 隔框。在层板与机身侧板连接处，用四块 6 mm×6 mm 轻木三角木条加固。安装电动机的层板上有电刷与电子调速器连线孔和无刷电机散热孔。

（4）无刷电机先装在 2 mm 十字形硬铝架上，连接好电子调速器后，再把硬铝架装在 F0 隔框上。

4.5.16　无人机各部分的检查和校正

试飞前的检查非常重要。不论是自己亲手制作的，还是工厂生产完成的，都要按照装配说明和检查的步骤对大小部件进行认真、细致的检查和校正，以达到设计图纸或产品组装说明书的要求。急于上天往往给初次试飞带来麻烦和危险，严重时会摔坏新飞机。

4.5.17　机翼、机身和尾翼相互位置的检查

飞机全部组装好以后，从正上方俯视并从后向前分别检查主要部件相互位置、角度和尺寸是否正确，如图 4-96 所示。

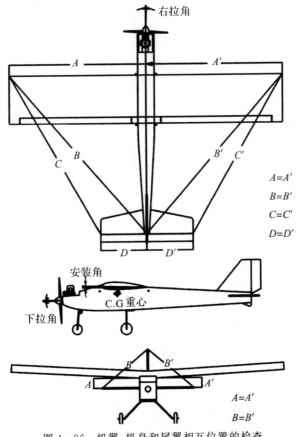

图 4-96　机翼、机身和尾翼相互位置的检查

（1）从机翼上反角的中心处测量左右机翼长度是否相等（$A=A'$），可用钢尺和铅笔在一根木条上画记号。矩形机翼前缘应与机身中轴线垂直。

（2）把飞机翻过来，用木条测量从机尾到左右机翼翼尖的长度是否相等（$B=B'$）。

（3）检查左右水平尾翼是否一致（$D=D'$），平尾翼尖到机翼翼尖长度是否相同（$C=C'$），平尾安定面与升降舵接缝是否与机身中心线垂直。

（4）俯视垂直尾翼中心线是否与机身中心线在一条直线上，从机身前后看垂尾与平尾是否垂直。

（5）水平尾翼的翼尖与机翼的垂直距离是否相等（$E=E'$）。

（6）机翼安装角应符合图纸设计要求（一般为 $0.5°\sim1.5°$）。

上述测量是以机身中心轴线为准的，因此中心线应为一条直线（机身不应弯曲）。检查中，发现不符合要求的要及时纠正。

纠正的办法为：在平板上测量的机翼上反角，若与图纸要求相差非常大或左右机翼有很大差角时，只能用锯从机翼中间上反处锯开，换一个接上反的加强片，再用树脂胶重新胶合。

若机翼在机身上左右高低不一致，可将较高一侧机身侧板装机翼处削去一些，直到可把机翼摆平为止，如图 4-97 所示。

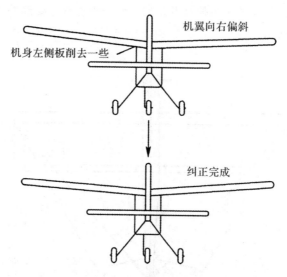

图 4-97　机翼偏斜的纠正

垂直尾翼和水平尾翼黏结不垂直或位置、角度不正确，偏差太大时，要用壁纸刀切开与机身胶合的地方，摆正后再用 502 胶固定。

可拆卸的水平尾翼歪斜时，可用厚度合适的垫片纠正。

保证重心位置准确、机翼两侧平衡。

重心位置关系到无人机的安定性。一般在图纸上标有 C. G. 和圆圈内画黑白格处，就是重心位置。

测量时用左右手两指托住机翼下方翼梁处并前后移动，当机身呈水平时，手指处就是重心位置。做好标记后，测量其距机翼前缘距离，然后再被平均翼弦长度除，就可算出重心在翼弦上的百分数，一般练习机为 $25\%\sim30\%$。

重心位置不对，可通过前后移动电池或接收设备的方法调整。如果头轻，把发动机往前移；如头重，只能在尾部加配重。

4.5.18 机翼和尾翼的检查

机翼两侧质量不平衡，会造成飞机偏航。对上单翼无人机，可将其翻过来，架高机尾，用一只手持螺旋桨轴，机身尾部则放在箱子上，观察哪一侧机翼下沉。下沉的一侧机翼偏重，抬起的一侧则偏轻，如图4-98所示。纠正的办法是在轻的机翼翼尖粘一小块铅。

机翼和尾翼若扭曲变形，则飞行时左右机翼迎角不同，会导致无人机偏航或横滚，其中迎角大的一侧机翼往往会首先失速。检查时可从机身侧面看：翼尖翼弦线和翼根翼弦线是否平行或在一条线上；再从机身尾部向前看，机翼后缘和前缘是否平行，不平行或不在一条直线上，就说明存在扭曲现象，如图4-99所示。

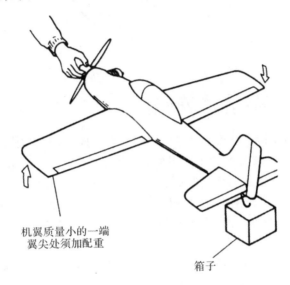

机翼质量小的一端
翼尖处须加配重

箱子

图 4-98 左右机翼质量不平衡的测试方法

翼尖前缘向下扭   翼尖前缘向上扭

图 4-99 机翼的扭曲变形

对于扭曲变形的机翼或尾翼，要用吹风机的热风把蒙皮吹软后纠正。由于纠正后的机翼、尾翼变形会慢慢恢复一些，因此纠正时最好扭得过度一点。材料为纸和涂料蒙皮的，则可刷适量溶剂纠正。

如果机翼构架变形太严重，就要"动手术"了。方法是先在变形机翼前缘蒙板切一长口，然后将热毛巾包在机翼上，再用劲将经过软化的机翼校正（扭得过一些）。放置一段时间后检查机翼已纠正，就可等木片干燥后，用502胶将切开的缝对齐重新粘好，最后再补一条蒙皮，如图4-100所示。

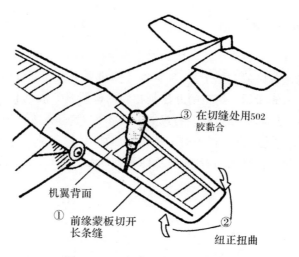

图 4-100　扭曲机翼的纠正方法

4.5.19　发动机、油箱和拉力线的检查

发动机燃油，一般是甲醇和蓖麻油按 4∶1 比例混合而成的（配制时要用医用蓖麻油，甲醇则用化学纯或质地纯净、酸碱度低的工业甲醇）。为增加功率和工作稳定性，有的还要再加 5%～10% 的硝基甲烷和其他添加剂。因硝基甲烷有腐蚀性，所以要定期清洗发动机。

现代电热式发动机使用的燃油，用合成润滑剂代替了蓖麻油，同时还加入了各种添加剂，以达到功率大、工作稳定、消除积炭、防锈耐磨等目的。

有的油箱利用发动机排气增压。油箱有两个管，即从消声器接至油箱的增压管和接到汽化器进气嘴的出油管。出油管在油箱内接有一硅胶软管和一有内孔的重锤，以保证在空中飞行时，无论什么姿态都能正常工作。当油箱口朝上时，重锤离油箱底部应有 1 mm 以上的间隙，防止在做特技动作时重锤被油箱底卡住而供不上油，如图 4-101 所示。

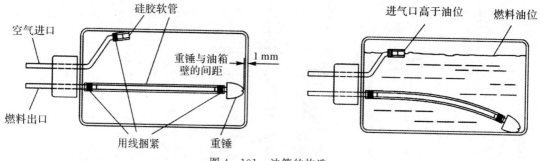

图 4-101　油箱的构造

安装发动机时要有向右和向下倾斜的角度（即右拉角和下拉角）。右拉角是为了克服右螺旋桨向左的反作用力和滑流对尾翼的作用导致飞机向左偏航。右拉角一般在 1.5°～2°。而下拉角是为了使拉力线通过阻力中心或重心，当发动机转速变化、功率增加时，不会产生抬头力矩。上单翼练习机阻力中心较高，因此下拉角也大，一般为 2°～5°。而下单翼机下拉角小，一般在 0°～2°之间。

相应地设计发动机架时都有向右和向下的倾斜角度。按图纸安装发动机，一般不会有太大偏差,并可通过螺旋桨两个桨尖连线与机身中心线夹角来测量。试飞中做直线飞行若发现右拉角和下拉角偏大或偏小时,返航后要松开发动机固定螺钉,纠正拉力线。

4.5.20　起落架机轮的检查

用手指捏住垂直尾翼,向前推无人机,如其在地面滑行为直线且不偏,不需纠正。如果偏,就需要纠正机轮和起落架,否则会影响起飞和着陆。

4.5.21　舵面操纵机构和舵面偏转的舵角检查

(1)各舵面操纵连杆必须具有一定的刚性,以保证在舵面受力时,连杆不会弯曲,否则会造成舵量不够。

(2)舵机,连杆,连杆两端的钢丝接头,舵面上的摇臂、夹头,都应固定牢靠、不松动。

(3)舵面动作的角度应符合图纸设计要求(为方便检查舵角,一般用舵面偏转距离表示),偏大或偏小都会影响操纵。偏大反应过快,偏小则反应迟钝。舵面摇臂接连杆的孔应与舵面接缝成一直线。舵机摇臂中立位置不能偏斜,否则会出现差动,导致舵面上下或左右动作量不一致,如图 4－102 所示。

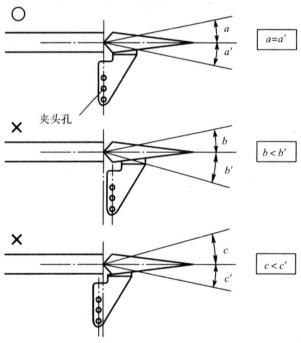

图 4－102　摇臂夹头孔位置与舵面转动轴的关系

可通过改变连杆钢丝弯头在舵机转盘插孔的位置来调整舵面,插孔离舵机转盘轴越远,舵面动作角度就越大;反之就越小。也可通过连杆接舵面一端的摇臂夹头夹在摇臂孔的位置来调整:夹头插入摇臂的孔越靠近舵面,舵面动作角度就越大;反之就越小,如图 4－103 所示。

(4)舵面动作要灵活,操纵连杆不能有与其他部件相互干扰,甚至卡死的现象。如方向舵与升降舵连杆因安装不合理,互相交叉,产生干扰现象。

操纵机构大部分位于机身内,出现问题往往不易发现,所以安装和试飞前都必须认真检查,发现问题及时处理。

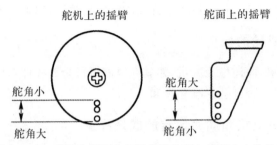

图 4-103 舵机和舵面上的摇臂孔位置与舵角大小的关系

(5)舵面动作方向的检查更为重要(很多人因急于飞行而忽略此项检查)。打开发射机,动一动操纵杆,看看舵面动作的方向是否与操纵杆动作方向相对应。如果不认真检查,就有可能造成操纵左舵变成了右舵、拉杆成了推杆、左副翼成了右副翼,导致经过辛苦制作或组装的无人机上天后,在一瞬间因反舵而坠毁。

如果发现舵面动作有误,对发射机改变各舵机动作方向进行反向设置。

4.6 复合材料无人机

近年来外形复杂、强度要求高的无人机部件,都采用了复合材料和结构。随着许多新复合材料的出现,许多新的制造工艺产生,使复合材料制作的无人机更加美观、坚固,空气动力性能更加优越。

4.6.1 玻璃钢

1.玻璃钢的优点

(1)质量轻、强度高。玻璃钢的比强度(强度除以密度)是钢材的 4 倍,碳纤维增强环氧树脂复合材料的比强度可达钛的 4.9 倍、铝的 5.7 倍。

(2)抗疲劳性能好。纤维复合材料中纤维与基体的界面能阻止裂纹扩展,并且抗声振的疲劳性能更好。

(3)减振性好。纤维复合材料中纤维与基体的界面有吸振能力,可避免共振而引起的破坏。

(4)耐化学腐蚀。常见的热固性玻璃钢一般都耐酸、稀碱、盐、有机溶剂和潮湿环境。

(5)电性能好。绝缘性高,不受电磁作用,不反射电磁波,能穿透微波。

(6)热导性差,线膨胀系数小。

(7)可制成透明及各种彩色制品;易于修补和保养;采用加强肋、夹芯结构,获得更大的强度。

(8)可灵活选择原材料和成型工艺。

2.玻璃钢的缺点

(1)玻璃钢的弹性模量低,但碳纤维复合材料的弹性模量可超过钢。

(2)耐热性远低于金属,一般玻璃钢在 60～100℃ 以下使用,高性能树脂基复合材料可以长期使用在 250℃ 以下。

(3)表面硬度低,易划痕,耐磨性差。

(4)长期日晒雨淋、受机械应力影响会导致外观及性能恶化。

(5)可燃,玻璃纤维刺激皮肤,化工原料有气味、有毒。

(6)不耐冲击,剪切强度低。

3.影响玻璃钢质量的要素

(1)环境温度应保持在 $21\sim28℃$、湿度保持在 $40\sim60$ g/m³,制作间应洁净、无尘。

(2)含胶量。用方格布时,含胶量控制在 $50\%\sim55\%$;用表面毡时,含胶量控制在 $70\%\sim75\%$。含胶量过多或过少都会影响玻璃钢制品的刚性。

(3)固化的温度控制。按照对树脂固化温度的要求加温固化,有利于树脂和固化剂的交联反应,也有利于树脂对玻璃纤维的渗透。固化时温度太低会影响玻璃钢制品的质量。

(4)固化时的加压。小件、外形平直的玻璃钢制品,可用重物加压;大件、形状复杂的,用塑料袋和真空泵的负压加压。负压加压有利于树脂和玻璃纤维的结合,排出气泡和多余的树脂。

4.6.2 玻璃钢手糊成型工艺的特点

玻璃钢无人机制品绝大部分采用手工成型工艺,它也称为手糊成型工艺。手糊成型工艺是通过手工作业把玻璃纤维织物和树脂交替铺层在模具上,然后固化成型为玻璃钢制品的工艺。尽管这种工艺方法比较原始,并且新的工艺方法不断出现,但是,由于手糊成型工艺具有独特的不可替代的特点,至今仍然作为一种主要的玻璃钢成型工艺被用于加工各种玻璃钢制品。手糊玻璃钢制品成型工艺流程如图 4-104 所示。

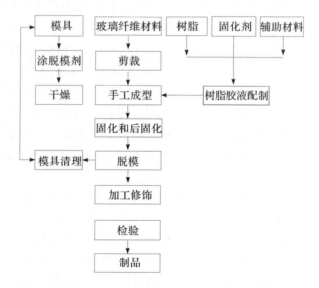

图 4-104 手糊玻璃钢制品成型工艺流程图

1.手糊成型工艺的优点

(1)不需要复杂的设备,只需简单的模具、工具,投资少、见效快。

(2)加工技术容易掌握,经过认真学习操作要领和初步实践即可制作。

(3)制作的玻璃钢制品不受形状和尺寸的限制。

(4)可与木材、泡沫塑料、金属等材料复合制作成一体。

2.手糊成型工艺的缺点

(1)生产效率低、速度慢、周期长。

(2)制品质量受个人技能水平和制作环境的影响。

(3)加工环境差,气味大、粉尘多。

4.6.3　玻璃钢手糊成型工艺所需要的原材料

1.手糊成型工艺的主要原材料

常用的原材料有增强材料、合成树脂、固化剂、脱模剂、填料和颜料糊。作为手糊用原材料,要求增强材料必须具备良好的浸润性和铺盖性。要求树脂黏度小并能在室温或低温下固化。

(1)增强材料。无人机大部分采用玻璃纤维方格布(无捻粗纱织物)。它的优点是变形性好,易被树脂浸透,易排出气泡,增厚效率高,能提高玻璃钢制品的抗冲击能力。一般厚度为0.1~0.8 mm,规格齐全、价格便宜。最薄的玻璃布每平方米只有18.6g。玻璃纤维织物还有平纹布、斜纹布、缎纹布、单向布等。另外,还有填充用的适和用于玻璃钢表面增强用的短切表面毡。对强度和刚性有特殊要求的制品,还要采用碳纤维、芳纶纤维、碳纤维和芳纶纤维混纺织物。

(2)合成树脂。对于玻璃钢手糊成型用的树脂要求:有良好的浸润性;能在室温或较低温度下凝胶、固化,无特殊需要时不用加压;无毒或低毒;价格便宜。玻璃钢手糊成型工艺中,最常用的树脂是不饱和聚酯树脂、乙烯基酯树脂、环氧树脂和胶衣树脂。

1)不饱和聚酯树脂(UP)。不饱和聚酯树脂是热固性树脂中最常见的一种。不饱和聚酯树脂无色透明,可配成各种颜色,价格便宜,种类繁多,应用范围极广。按其结构可分为邻苯型、间苯型、双酚 A 型和乙烯基酯型。按用途又可分为通用型、耐热型、阻燃型、耐腐蚀型、透明型、食品级型和胶衣等。适合各种成型工艺的专用树脂还有手糊用、喷射用、胶衣用、模具用、缠绕用、人造大理石用和纽扣用等。不饱和聚酯树脂的性能特点:工艺性能优良,在室温下固化,常压下成型,工艺性能灵活;固化后树脂综合性能良好,力学性能低于环氧树脂,但高于酚醛树脂;要求耐腐蚀、电性能和阻燃性时,可选择适当树脂来满足需要;品种多,适应性广泛,价格较低。缺点是固化时体积和收缩率大;含有苯乙烯,有刺激性气味,长期大量接触对人体健康不利。

2)乙烯基酯树脂(VE)。乙烯基酯树脂是 20 世纪 60 年代发展起来的一类新型高度耐腐蚀的树脂。通常是环氧树脂和含烯键的不饱和一元羧酸加成聚合物。这类树脂既具有环氧树脂优良的黏结性能和力学性能,又具有不饱和聚酯树脂的良好工艺性能。乙烯基酯树脂的主要特点是:常温下具有低黏度、对纤维有优良的浸润性和黏结能力,这种性能和环氧树脂相同;固化物具有良好的耐热性及耐老化性,耐化学性能优良;可以通过引发剂的激发实现迅速固化,不同的环氧树脂与不同的一元酸加成聚合,将得到工艺性及使用性能各异的乙烯基树脂。

3)环氧树脂。环氧树脂也可用于手糊成型,其玻璃钢制品有以下特点:机械强度高;收缩率小,一般为 1%~3%,而不饱和树脂为 3%~6%,所以产品尺寸稳定,不易变形;耐腐蚀性、电性能好。缺点:黏度大,工艺性较差,必须加入稀释剂。由于黏度小、质量好的环氧树脂不断出现,目前环氧树脂被广泛应用在玻璃钢无人机制品中。

4)胶衣树脂。它是不饱和聚酯树脂的一个特殊品种,主要用于树脂制品的表面。其厚度一般为 0.25~0.4 mm,核算后面密度约为 450 g/m²。制品表面的胶衣树脂的作用是给基体树脂或复合材料提供一个保护层,提高制品的耐气候、耐腐蚀、耐磨等性能,并给制品以光亮、美丽的外观。胶衣太薄,下部玻璃纤维会暴露;胶衣过厚,容易产生裂纹,不耐冲击。

(3)固化剂。固化剂应称为引发剂,将其加入树脂后能起到引发固化的作用,常见室温固化剂见表 4-2。

表 4-2 常用的室温固化剂

固化剂名称	简称	用量/(%)	固化条件	特 点
乙二胺	EDA	6~8	室温	有毒、价低、易挥发、固化快、产品脆
二乙烯二胺	EDTA	8~10	室温	毒性小、固化快、挥发少、产品强度好
三乙烯四胺	TETA	9~13	室温	毒性小、固化快、挥发少、产品强度好
四乙烯五胺	TEPA	12~15	室温	毒性小、固化快、挥发少、产品强度好

(4)脱模剂。手糊工艺常用的脱模剂有聚乙烯醇类(PVA)、腊类和新型液体脱模剂。

1)聚乙烯醇类脱模剂。脱模效果好,价格便宜,容易配制,可长期保存,涂刷方便,可用水清洗,流平性和成膜性好,产品表面光洁。涂刷方法:首先用毛刷或聚氨酯软泡沫塑料块浸渍PVA,注意不能吸进空气以免产生气泡。然后,在模具表面均匀涂刷,用手的力度控制厚度,不能漏涂,也不能产生流痕和在沟槽中集聚,刷完后晾干约半小时,完全干燥成膜后方可使用。

2)蜡类脱模剂。最常用的是美国高镜面 8 号脱模蜡(Mirror Glaze)(见图 4-105)和国产相类似的脱模蜡。该蜡的特点是表面光洁,涂一次可脱膜 4~5 次。产品表面要求不太高的,采用汽车蜡、地板蜡也能脱模。涂蜡的方法是:首先,将模具表面擦干净,然后用软的针织品、脱脂纱布沾蜡或浸在布里,在模具表面均匀画圈涂抹(不要把蜡直接抹在模具表面)。然后,用纱布均匀擦干,除去表面浮蜡。最后,用干净的纱布用力打光,使蜡渗入模具表面的小孔中,并成膜。如果是新的玻璃钢模,则须进行第二次涂蜡,并反复涂抹 4~5 次,打光 4~5 次方可使用。每次涂蜡之间要相隔 20 min,以利溶剂挥发、蜡成膜,再放置 4~5 h 才可使用。第二次使用模具时再打一遍蜡,以后的使用则涂蜡一次使用 4~5 次。

图 4-105 美国高镜面 8 号脱模蜡

3)新型液体脱膜剂。这是一种不含蜡的高聚合物溶液。在模具上成膜后,不仅可获得高度光洁的表面,而且不影响产品表面喷涂油漆。新型液体脱膜剂均是进口产品,价格较高,使用方法类似蜡类脱膜剂。

4)硅脂、甲基硅可用在金属模上。

（5）促进剂。促进剂的作用是促进固化剂在低温下分解，达到树脂引发固化的效果。

（6）填料。在树脂中加入填料，可增加刚度、减少收缩率。在手糊工艺中配成腻子、渗入玻璃短丝，可以填充沟槽、死角等。填料有碳酸钙、滑石粉、石英粉、石墨粉、铝粉和金属粉等，加入量一般在12％～20％。

（7）着色剂。着色剂主要是将颜料糊或色浆加入胶衣树脂中，加入量一般在4％～8％。加入浅色浆的胶衣可以替代产品的漆膜。而玻璃钢模具一般采用黑色浆或红色浆的胶衣，目的是为了在糊制产品时，便于观察产品胶衣均匀度、玻璃布浸胶和气泡产生的情况。

4.6.4 手糊工艺使用的工具

手糊玻璃钢无人机使用的工具主要有剪刀、平刷、滚轮（见图4-106）、调树脂用的小罐或纸杯、大斜口刀或扁铲、手锯、电钻、钢锉、砂纸板、真空（负压）加压塑料袋、真空泵和自制简易烤箱等。

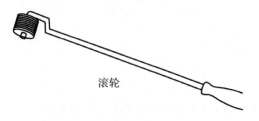

图4-106　长柄带沟槽的滚轮

（1）毛刷。毛刷用于涂敷树脂，多采用廉价又不易掉毛的棕毛板刷。每次使用完毕，毛刷上基本都存有未完全固化或完全固化的树脂，所以不能再使用，必须更换新毛刷。毛刷的宽狭根据需要来选择，一般不宜太宽。

（2）滚轮。滚轮用来驱赶树脂中的气泡。一般用铝或钢制成带有沟槽的滚轮，制作无人机用的滚压轮直径较小，一般在10 mm左右。滚轮有光面的压轮或有羊毛的滚轮，有的还配有长柄（见图4-106），主要用于手臂难以到达的地方和边角内侧，如玻璃钢机身内的叠压边。

（3）剪刀。剪刀用来裁剪玻璃布、碳纤维布或芳纶布。

（4）壁纸刀、大斜口刀和扁铲。它们用来清除玻璃钢制品残留在模具上的多余毛边和树脂。

（5）高速电钻。钻孔用，安装上小砂轮片还可以用来切割副翼和模具上的座舱部分等。

（6）电动曲线锯。用来切割玻璃钢模具。

（7）负压加压塑料袋。用来加压玻璃钢和模具，增加玻璃钢的钢性，同时还可以将玻璃钢制品中残留的空气吸净。

（8）烤箱。除对玻璃钢加压外，同时对树脂加温固化，可以提高玻璃钢制品的钢性。

4.6.5 碳纤维轻木复合结构

碳纤维轻木复合结构是一种新型复合材料结构，是在轻木结构的机翼或尾翼基础上，外层用碳纤维布、碳纤维片和碳纤维条黏结加强后，形成的盒状刚性体，质量轻、强度高。比如有些复合材料结构的无人机，可以在轻木结构的机翼和尾翼外层，用碳纤维布、碳纤维片、碳纤维棒加强。成品碳纤维无人机如图4-107所示。

1.碳纤维轻木复合结构的机翼

（1）机翼翼梁中间是竖纹的轻木，上下是碳纤维片，外缠凯芙拉线，用树脂胶加压胶合，如图4-108所示。

（2）翼梁到前缘部分是用碳纤维布和树脂在模具里加压成型的C形碳纤维材料，包裹在前部翼肋上,与翼梁形成 D 形碳纤维盒,如图 4-109 所示。D 形盒在模具里加压、加温成型,耐热的特种硅胶起弹性加压作用,如图 4-110 所示。

(3)翼梁到后缘部分的翼肋边缘,用碳纤维片和 502 胶胶合,如图 4-111 所示。

(4)后缘用碳纤维条制作。

成品碳纤维机翼如图 4-112 所示。

图 4-107　带发射装置的碳纤维无人机

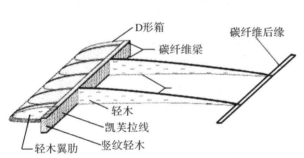

图 4-108　碳纤维增强轻木机翼的结构

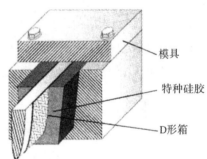

图 4-109　机翼翼梁前半部分的
碳纤维布和树脂的 D 形箱

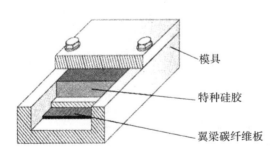

图 4-110　翼梁碳纤维板在模具中
加压、加温成型

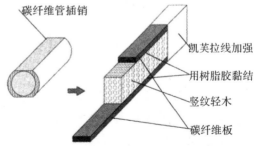

图 4-111　机翼翼梁的结构,碳纤维管插销
由树脂胶粘在上、下翼梁之间

图4-112　碳纤维机翼

2.碳纤维轻木复合结构机翼的优点

碳纤维D形盒采用1K碳纤维布和树脂在模具里压制,厚度仅为0.17mm,机翼整体质量增加不多,但是机翼的抗弯、抗扭、抗冲击的性能有极大的提高。

3.碳纤维轻木复合结构机翼的缺点

制作碳纤维D形盒需要特制的模具加压、加热成型,模具的制作成本较高,而且不同类型、不同翼型的机翼模具也不通用,需专门制作模具。

习　　题

1.生产无人机常用的材料有哪些?

2.无人机常用的黏结剂有哪些? 简述三种以上材料的黏结工艺。

第5章 无人机调试基础

内容提示

本章首先对无人机的稳定性进行分析,随后对无人机的调试工具进行讲解,从无人机的整机安装与测试讲起,细分无人机动力系统测试、无人机飞控调试、遥控设备调试、飞行测试几个环节。

教学要求

(1)掌握各种调试工具及其使用方法。

(2)掌握无人机各系统的测试、调试方法。

(3)掌握无人机飞行测试的方法及注意事项。

内容框架表

本章内容框架表见表5-1。

表 5-1 内容框架表

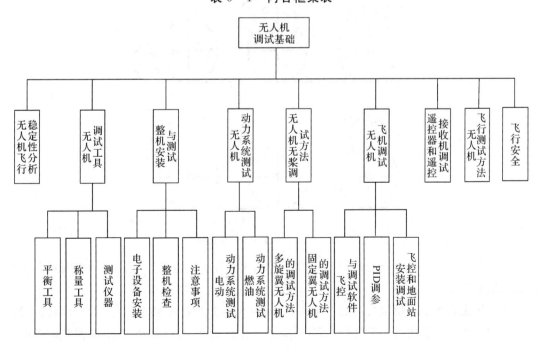

5.1 无人机的飞行稳定性分析及调整办法

5.1.1 稳定性

把不倒翁放在桌上,它总是稳稳当当地坐着。推倒后,手一离开它立即摇摇晃晃地坐起来,如图 5-1(a)所示。这是因为不倒翁胖乎乎的身子近似一个球形,重心配在球心的下面。平时重心通过底部的支点保持平衡。被推倒后,支点改变,重心提高,重力对新的支点产生一个力矩,其作用是使不倒翁恢复到原来的状态,最后重新达到力矩平衡。

如果把不倒翁的重心配在球心以上,如图 5-1(b)所示。摆正时重力也能垂直地正对支点,达到力矩平衡。但只要有任何微小的扰动,重心稍微偏离支点垂线,重力就会对新支点产生力矩,这个力矩的作用使"不倒翁"更加倾斜,倾斜又使力矩增大,直到栽倒为止。

把不倒翁的重心正好配在球心上,如图 5-1(c)所示。正坐时能保持平衡,推歪后也能保持平衡,不管使它倾斜多大角度,不会破坏重心对支点的力矩平衡。不倒翁既不会自动坐起来,也不会顺势倒下去。

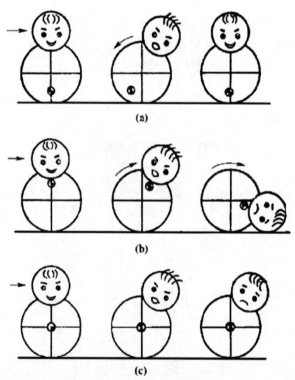

图 5-1 不倒翁的稳定状态

通常把第一种情况叫作稳定状态,把第二种情况叫作不稳定状态,把第三种情况叫作中性稳定或随遇平衡状态。

无人机也有类似的稳定性问题。无人机飞行时,多数情况都要求保持力和力矩的平衡。由于作用在无人机上的力十分复杂,而且空中经常存在扰动,有些扰动很强,如同江河中的急流和旋涡,同时无人机上没有人操纵或至少没人直接操纵,所以,无人机自身的稳定性就更显得重要了。

稳定的无人机在飞行时,当平衡被外界扰动破坏后,能自动产生恢复力矩,恢复到原来的平衡状态。不稳定的无人机在飞行时,当平衡被外界扰动破坏后,反而产生偏离力矩,使无人机越加偏离原来的平衡状态。中性稳定的无人机平衡被破坏后,本身不产生恢复力矩,也不产生偏离力矩。稳定的无人机才能抵抗和适应外界的干扰,顽强地保持正常的飞行状态。不稳定的无人机根本不能飞行。也许有人认为中性稳定最好,因为在各种姿态下它都是力矩平衡的,但不要忘记,无人机飞行时不但要求力矩平衡,而且要求力平衡。中性稳定的无人机的姿态改变后,尽管力矩还能平衡,但由于它姿态改变了,并且改变后不能恢复原位,飞行速度和空气动力随之发生巨大的变化,力的平衡被彻底破坏,稳定飞行就无从谈起。所以,力矩中性稳定对于整个飞行状态来说,属于不稳定的范畴。

5.1.2 俯冲、波状飞行和迫降

进行滑翔试飞时,经常出现的不正常的飞行姿态是"俯冲"和"波状飞行"。纠正这两种飞行状态是无人机操控者必须熟练掌握的基本功。

对俯冲现象通常的解释是因为"头重"了。这种解释较通俗,但并没有把原理讲清楚,使用的也不是准确的科学语言。"头重"的意思是说"重心太靠前",但单纯用重心位置来解释俯冲是片面的,容易造成混乱。例如,有时重心在30%翼弦以前,应当说"头"是相当的重了,无人机却并不一定俯冲;有时重心在70%翼弦以后,应当说"头"是不重的了,但还是有可能俯冲。这是因为决定俯仰平衡的因素除重心位置外,还有其他各种因素。如前所述,抬头力矩和低头力矩的平衡不是由重心位置单独决定的,而是由机翼面积、机翼安装角、水平尾翼面积及其他安装角、尾力臂和重心位置等多种因素共同决定的。

造成俯冲原因的另一种解释是"低头力矩太大了"。这种解释虽然用到了力矩平衡的概念,但也不确切。因为俯冲时俯仰力矩同样是平衡的。低头力矩过大引起的飞行现象是倒筋斗或曲线飞行,如图5-2所示,而俯冲是大角度的直线飞行,两者本质不同。

俯冲原因的正确解释是飞行迎角太小了。由于迎角太小,升阻比很小,下滑角就大。同时,迎角太小,升力系数很小,于是下滑速度很大(参阅第4章滑翔速度和滑翔角等有关内容)。一切加大机翼迎角的措施都是调整俯冲的方法,最常用的有三个:第一,减小水平尾翼安装角(拉杆);第二,使重心后移;第三,加大机翼安装角。

同样,对于波状飞行,也有"头轻"和"抬头力矩太大"这两种解释。这也都不够确切,道理和俯冲情况类似。波状飞行的原因是临界迎角以内的所有迎角都不能满足平衡。例如,无人机最大升力系数是1.2,由于水平尾翼后缘垫高太多或其他原因,平衡所需要的机翼升力系数是1.4,这样用小迎角飞行时不能平衡,具有稳定性的无人机在这种情况下产生抬头力矩,无人机不断"抬头",迎角不断增大以寻找能够平衡的迎角。增至临界迎角,平衡迎角还是没有找到。迎角还继续增大,升力系数猛减,阻力系数猛增,无人机失速下冲。下冲获得速度后,又不断抬头,去寻找那不存在的平衡迎角。如此周而复始,形成波状飞行,如图5-3所示。

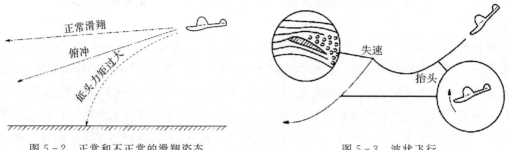

图 5-2 正常和不正常的滑翔姿态   图 5-3 波状飞行

纠正波状飞行的办法是调整无人机减小平衡迎角。通常采用的措施有三种：第一，加大水平尾翼安装角（推杆）；第二，重心前移；第三，减小机翼安装角。

当机翼、水平尾翼安装角差扩大到约 30°以上时，机翼的迎角到达 90°附近。这时空气动力方向发生质的变化，它几乎完全和气流平行，就是说此时它已经完全是阻力了。由于没有升力，无人机只能垂直下降，这种飞行状态叫"迫降"（请注意，这与飞机迫降的概念完全不同）。迫降的正确姿态是：机身基本上保持水平，无人机平稳垂直下降，速度缓慢。迫降时如果发生波状飞行，是因为水平尾翼翘起太少，机翼飞行迎角还没有脱离波状飞行区；迫降时如果低头前滑，是因为水平尾翼翘起稍小；迫降时如果抬头下降，是因为水平尾翼翘起太多。迫降时出现波状飞行是很危险的，一旦出现要立即纠正。后两种现象虽不危险，但下降速度较大，也应调整。迫降时无人机发生螺旋运动是由横侧力矩或方向力矩引起的，多半是因为机翼扭曲或水平尾翼翘起后向一边偏斜。

迎角变化引起下滑飞行状态变化的全过程是这样的：小迎角时无人机表现为俯冲，迎角越小，俯冲角越大，速度也越大，零升力迎角时垂直俯冲；随着迎角加大，俯冲角和速度都逐渐减小，到一定程度后，达到正常滑翔，这个范围是很小的；超过临界迎角后，无人机表现为波状飞行，即先是圆顶的、连续的波状飞行（机翼失速，尾翼未失速），后是尖顶的、间断的波状飞行（机翼、尾翼均失速），这个范围很大；迎角增至 90°附近时，无人机进入迫降。

5.1.3 俯仰稳定性

俯仰稳定性指无人机的俯仰平衡被外来干扰破坏后自动恢复平衡的性能。由于俯仰平衡是在一定迎角下的力矩平衡，所以俯仰稳定性也就是无人机保持原来迎角飞行的本领。可见迎角对于空气动力以及整个飞行的影响是非常重要的。

俯仰稳定的无人机在受到扰动引起迎角增大时，会自动产生一个低头力矩，无人机低头，恢复到原来的迎角，保持俯仰平衡；如果无人机受扰动而低头并减小了迎角，此时又会自动产生一个抬头力矩，使无人机抬头，恢复原来的迎角，保持俯仰平衡，如图 5-4(a)所示。

俯仰不稳定的无人机一旦受扰动而抬头，迎角增大后，反而产生抬头力矩；或被扰动而低头减小迎角后，反而产生低头力矩。这两种情况都使无人机越来越偏离原来的平衡迎角，无人机越来越不平衡，如图 5-4(b)所示。

俯仰中性稳定的无人机在受扰动而偏离原来平衡迎角后，既不产生恢复力矩，也不产生偏离力矩。在新的迎角下无人机仍保持力矩平衡，不再自动恢复到原来的迎角飞行。新的迎角肯定不能保持力的平衡。

　　可见,俯仰稳定性是无人机维持正常飞行所必须具备的性能。如果细加区分可知,前面谈的稳定性属于静稳定性。静稳定性保证无人机偏离平衡迎角后有向平衡迎角恢复的趋势。

　　实际恢复过程有种种状态,都属于动稳定性问题。恢复过程的一般形式是以原来平衡迎角为中心的波动。这是因为恢复时总免不了超过中立位置,就像弹簧复原时不可能一下到位而是在平衡位置附近来回摆动的情况一样。但是,无人机波动的具体情况又各不相同。

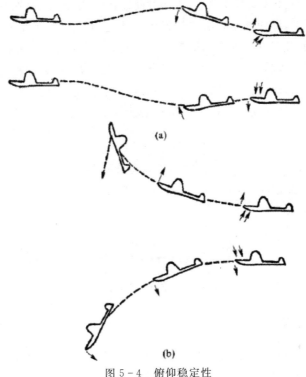

图 5-4　俯仰稳定性

　　如果波幅越来越大,恢复几次就会摆到临界迎角,造成无人机失速下冲,随即进入波状飞行,如图 5-5 所示。这种现象叫作动不稳定。造成动不稳定的原因有三个:第一,无人机静稳定性不够,不能在微小的偏离时立即纠正过来,最终酿成较大的原始波幅。第二,无人机所受重力大,纵向重力分散,绕横轴转动惯量大,摆动厉害,小的静稳定力矩难以使其停止。第三,无人机雷诺数小,临界迎角小。调整无人机时,总是力求用最大功率因数迎角飞行,这个经济迎角和临界迎角比较接近,波动到临界迎角造成失速的可能性更大。

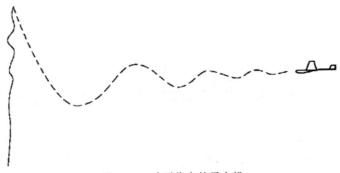

图 5-5　动不稳定的无人机

调整无人机要注意两方面：第一，不要过分追求大迎角。有些飞手总是将迎角调到逼近临界迎角，使飞行速度尽可能减小，以为这样下沉速度就最小。其实，这样做不但容易失速，而且下沉速度也不是最小。第二，当气流扰动加强时，应当及时减小迎角，稍微拉开飞行迎角到临界迎角的距离（减少水平尾翼后缘垫片）。

无人机在恢复过程中波幅越来越小，最后到达原位，这是动稳定的无人机。动稳定的无人机也有好坏之分。动稳定性好的，波幅小，波动时间短；动稳定性差的，波幅大，波动时间较长，如图 5-6 所示。实际上，即使调整到最佳位置，无人机也不是绝对用经济迎角飞行的，而是在经济迎角处上、下波动，此时迎角的平均值是经济迎角，其空气动力性能稍劣于经济迎角。气流扰动越大，迎角波动范围越大，空气动力性能降低越多。这是风天和乱流时飞行成绩下降的主要原因。扰动相同时，就要看无人机动稳定性的好坏了。动稳定性越好，越能用接近经济迎角的迎角飞行，在乱流天气成绩下降较少。动稳定性较差的无人机，偏离经济迎角较远，偏离时间也较长。

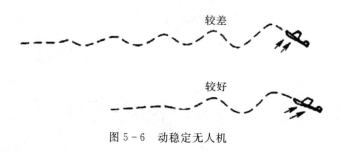

图 5-6　动稳定无人机

5.1.4　俯仰力矩平衡

无人机绕横轴的转动叫俯仰运动。如图 5-7 所示，可以看出，从侧面看，无人机上的各种力（以及这些力的延长线），只要不通过重心，就会产生使无人机绕横轴转动的力矩。使无人机上仰的力矩叫作"抬头力矩"，使无人机下俯的力矩叫作"低头力矩"。力矩的大小由作用力（P）及这个力到重心的距离（l 力臂）决定（$M=Pl$）。分析众多的力矩时，一方面要注意力矩的方向，一方面要注意力矩的大小。相同方向的力矩相加，相反方向的力矩相减。

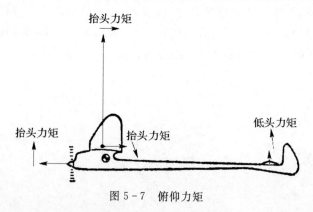

图 5-7　俯仰力矩

在无人机上，把所有抬头力矩加起来成为无人机总的抬头力矩，把所有低头力矩加起来成为无人机总的低头力矩。这一对力矩决定着无人机的俯仰运动。如果抬头力矩大于低头力矩,无人机就会绕横轴不断抬头;如果低头力矩大于抬头力矩,无人机就会绕横轴不断低头;只有抬头力矩等于低头力矩,无人机才可能不产生俯仰运动,这就是俯仰力矩平衡,如图5-8所示。

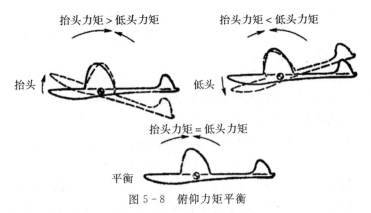

图5-8 俯仰力矩平衡

可能产生俯仰力矩的力有三种:一是作用在机翼、水平尾翼上的升力(包括负的升力);二是作用在各个部件上的阻力;三是动力装置的拉力。力矩的方向由各个力的位置确定。例如,拉力线如果通过重心的上面,则产生低头力矩;如果通过重心的下面,就会产生抬头力矩。阻力力矩较小,一般不随迎角变化或变化甚微,调整无人机时一般不必考虑。机翼和水平尾翼升力力矩在俯仰力矩中居主要地位,并且都随迎角而变化,是观察和调整无人机俯仰平衡的主要因素。

5.1.5 升力力矩平衡

机翼和水平尾翼升力力矩的平衡有三种形式:第一,机翼升力通过重心,水平尾翼不产生升力,它们对重心都不产生力矩,总的力矩为零,达到力矩平衡,如图5-9(a)所示;第二,机翼压力中心在重心之后,机翼升力产生低头力矩,水平尾翼产生负升力形成抬头力矩,两个力矩达到平衡,如图5-9(b)所示;第三,机翼压力中心在重心之前,机翼升力产生抬头力矩,水平尾翼产生的升力形成低头力矩,两个力矩达到平衡,如图5-9(c)所示。

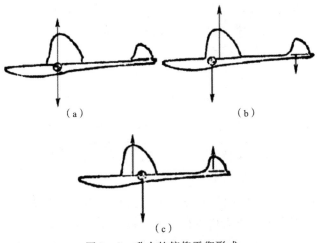

图5-9 升力的俯仰平衡形式

俯仰平衡和空气密度无关,调整好的无人机不会因为空气密度的改变(如高度变化)而失去平衡。俯仰平衡和飞行速度无关。关于弹射起飞的无人机发生翻筋斗的原因就有这样一种解释:弹射时速度大,机翼的抬头力矩大于低头力矩,破坏了俯仰平衡,致使无人机抬头翻转。这种解释是不对的。因为当速度增大时,不但机翼力矩增大,尾翼力矩也增大,增大的比例是相同的,俯仰平衡不会被破坏。弹射无人机大速度上升翻筋斗,不是抬头力矩过大造成的,而是总升力过大破坏了力的平衡造成的。

俯仰平衡只决定于机翼和尾翼的面积、升力系数和力臂。如果无人机俯仰力矩不平衡,可以用改变上述因素的办法使之达到力矩平衡,这就是飞行调整的一项内容。飞行调整的另一项内容是从一种平衡状态调整到另一种平衡状态。

调整时一般不采取改变机翼或尾翼面积的方法。因为这种方法十分麻烦,而且往往会使无人机不符合规则。这些问题在设计制作时必须考虑周全。

改变力臂的办法是经常采用的。具体做法是用配重来移动重心(移动机翼或尾翼也可以改变力臂,但太麻烦,一般不采用)。对于后重心的无人机,如果重心前移则减小抬头力矩,增大低头力矩;重心后移则增大抬头力矩,减小低头力矩。对于前重心无人机来说,重心前移,机翼低头力矩的增大多于尾翼抬头力矩的增大;重心后移,低头力矩的减小大于抬头力矩的减小。总之,无论重心在什么位置,重心前移相当于抬头力矩减小,重心后移则相当于抬头力矩增大。

改变升力系数也是经常采取的调整方法,具体做法是改变机翼或水平尾翼的安装角。增大安装角就相对地增大了升力系数,减小安装角就相对地减小了升力系数。这对于机翼或水平尾翼都是一样。这里要特别指出:改变安装角的大小并不等于改变迎角的大小;改变尾翼安装角后,不仅尾翼迎角改变了,机翼迎角也要发生变化;改变机翼安装角同样会影响尾翼的迎角。这是一个比较复杂又比较重要的问题。

5.1.6 迎角

迎角是翼弦与相对气流的夹角,如图 5-10 所示。这个定义在字面上、插图或风洞试验中是简单明了的,但在实际飞行和调整时很多人对这个概念的理解是模糊的。例如,有的人认为安装角就是迎角;有的人认为无人机爬升时迎角一定大,滑翔时迎角一定小。这些都是不对的,是把迎角与安装角、爬升角混淆了。要想真正弄清迎角概念,只弄懂定义是不够的,还必须懂得无人机在飞行中的迎角是怎样确定的。

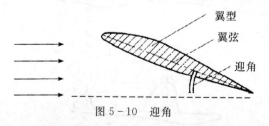

图 5-10 迎角

简单讲,迎角是由俯仰平衡确定的,即哪一个升力系数能保证抬头力矩和低头力矩相等,这个升力系数所对应的迎角就是无人机飞行中的迎角。反过来讲,如果无人机不用这个迎角飞行,抬头力矩和低头力矩就不相等,就会产生绕横轴的转动,偏离这个迎角。所以,无人机在飞行中的迎角就是能保证俯仰平衡的升力系数所对应的迎角。

总之,俯仰操纵或调整的实质是改变机翼迎角(也相应改变水平尾翼迎角)。加大机翼面积、加大机翼安装角、加大机翼力臂(前移机翼或重心后移),其作用是使机翼迎角加大。反之,使机翼迎角减小。加大水平尾翼面积、加大水平尾翼安装角、加大尾力臂(后移尾翼或重心前移),其作用是使机翼迎角减小。反之,使机翼迎角加大。

5.1.7 判断与调整

俯仰不平衡和俯仰不稳定的无人机在飞行中的表现往往颇为相似。调整时需要仔细加以区分。

例如,俯仰不平衡(俗称头轻)会引起波状飞行。动稳定性不好也可能引起波状飞行。虽然都是波状飞行,但原因不同,它们的表现会有区别。俯仰不平衡引起的波状飞行出现快,无人机一出手或一脱钩,就很快"波"起来,并且每次试飞肯定出现,波幅和周期自始至终大体相同。动稳定性不好引起的波状飞行往往出现较晚,多数情况是飞行一段时间后才波动起来,当气流特别稳定时,可能在整个起落中不出现波状。其波幅往往不等,开始波动很小,后来波动越来越大。两种波状飞行的区别如图 5 - 11 所示。

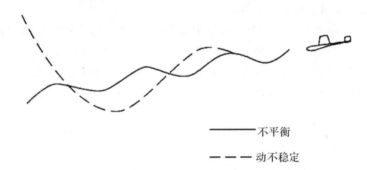

不平衡

- - - 动不稳定

图 5 - 11　俯仰不平衡和动不稳定的区别

个别小迎角平衡的无人机会出现俯冲,不稳定的无人机有时也会出现俯冲。前者是一种稳定的飞行状态,下滑角或俯冲角都不变,飞行轨迹仍是一条直线,飞行速度均匀;不稳定无人机的俯冲是一种不稳定的飞行,迎角越来越小,无人机绕纵轴低头转动,飞行轨迹不是一条直线,而是一段弧线,飞行速度也有变化。

严重不平衡的无人机会表现为弧线爬升、垂直失速、倒退转入俯冲。俯仰不稳定的无人机有时也会弧线爬升,但往往是先翻筋斗,然后失速,像树叶那样飘落。有时无人机会自动进入倒飞,这是因为正飞时不稳定的无人机倒飞时却是稳定的。

总之,不平衡的无人机在重复试飞时,飞行现象基本相同。不稳定无人机的飞行现象,往往是一次试飞一个样,甚至头一次试飞是俯冲,未经任何调整,下一次试飞就可能拉翻。

能正常飞行的无人机是不是就可以肯定其稳定性足够了呢?答案是不能确定。如果一架无人机静气流性能好,乱气流成绩降低很多,说明这架无人机的稳定性是不够的。

提高无人机的俯仰稳定性可以采取下列措施:

(1)如果无人机只是偶然发生波状飞行,波幅较小,调整时稍微减小迎角(即拉开飞行迎角和临界迎角的距离),或稍微减小盘旋半径,往往就能克服。

（2）前移重心是提高稳定性的主要方法。重心前移后，原来的平衡破坏了，要相应增大机翼、水平尾翼安装角差，以重新达到平衡。

（3）如果重心已经相当靠前，再前移重心会大大降低空气动力性能，或前移重心遇到技术上的困难（如无法配重或总重量已经很大）时，只能增大尾力臂或增大水平尾翼面积。这两个办法都很麻烦，工作量很大，而且都会引起重心后移。

5.1.8　侧面平衡

侧面平衡包括方向平衡和横侧平衡。由于这两种平衡相互影响，在单独研究之后还要联系起来考虑。

1. 方向平衡

方向平衡是绕竖轴的力矩平衡。满足方向平衡的条件是绕竖轴的左转力矩等于右转力矩。

方向力矩主要来源于机翼和水平尾翼的阻力。左机翼和左水平尾翼的阻力产生左转力矩，右机翼和右水平尾翼的阻力产生右转力矩，如图 5-12 所示。力矩的大小等于阻力乘以阻力到重心的距离。一般无人机左右对称，阻力产生的方向力矩自行达到平衡。如果制作中出现误差，就可能破坏方向平衡。

最常见的破坏方向平衡的原因是垂直尾翼装偏了，即垂直尾翼翼弦和纵轴形成一个夹角，如图 5-13 所示。无人机直飞时，垂直尾翼和气流间有一夹角，这个夹角相当于机翼的迎角，使垂直尾翼产生侧压力，侧压力产生方向力矩。由于无人机尾力臂一般都较大，因而形成的力矩也大。在制作和检查时，要首先注意这一点。

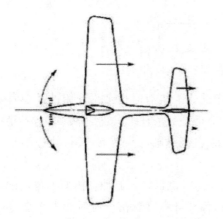
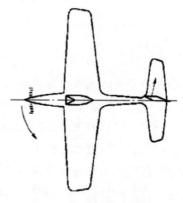

图 5-12　方向力矩　　　　　图 5-13　垂直尾翼偏转

造成方向不平衡的第三个原因是重心偏离中心线。重心偏左，会使左转力矩减小，右转力矩加大；重心偏右，会形成左转力矩。左右两半机翼质量不相等，或侧装发动机等情况都会造成重心偏离中心线。所以检查重心时，不仅要注意它的前后位置，还要注意它的左右位置。

可能造成方向不平衡的第四个原因是机翼扭曲，或左右机翼安装角不等。如果左机翼安装角大，阻力就较大，会产生多余的左转力矩。其他原因如左右机翼的面积或翼型不同也会使左右机翼的阻力不同，破坏方向平衡。但这些情况较少发生，造成方向不平衡的力矩也较小。动力无人机的拉力线如果不通过重心（俯视方向），也会产生方向偏转力矩，如图 5-14 所示。

如拉力线通过重心左侧会产生右转力矩,通过重心右侧会产生左转力矩。拉力线与中心线的夹角叫倾角。通常用倾角表示拉力线的倾斜方向和大小。

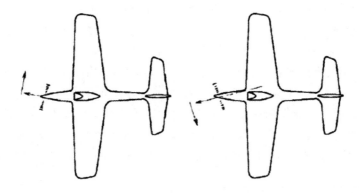

图 5-14　拉力偏斜形成方向偏转力矩

2.横侧平衡

横侧平衡是绕纵轴的力矩平衡,也叫作横向平衡。左机翼和左水平尾翼的升力产生右倾力矩,右机翼和右水平尾翼的升力产生左倾力矩。一般无人机的左右是对称的,两边的升力相等,力臂也相等。左倾力矩和右倾力矩相等、平衡,即达到横侧力矩平衡,如图 5-15 所示。

影响横侧平衡的主要原因是机翼扭曲变形。安装角大的一侧,迎角较大,升力也较大;安装角小的一侧,迎角较小,升力也较小。升力差造成力矩差,从而破坏横侧平衡,如图 5-16 所示。其他原因如左右翼面积不等,或重心偏离中线,也会造成横侧力矩不平衡,不过这些情况比较少见。

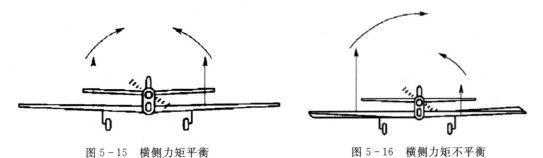

图 5-15　横侧力矩平衡　　　　　　　　图 5-16　横侧力矩不平衡

动力无人机的螺旋桨旋转时会产生一个反作用扭矩,它也是绕纵轴的横侧力矩。对无人机来说,这是一个很大的力矩,调整时不可忽视。右转螺旋桨产生左倾力矩,左转螺旋桨产生右倾力矩。

3.侧面不平衡及其调整

单纯的方向不平衡会使无人机绕竖轴转动。例如,当右转力矩大于左转力矩时,机头就会向右偏转,逐渐离开原来的航向。这种机身轴线和飞行方向不一致的现象叫作侧滑,其夹角叫作侧滑角。如机头右偏,机身左侧暴露在前方的侧滑,叫作左侧滑;机头左偏,机身右侧暴露在前方,叫作右侧滑。随着机头右偏,垂直尾翼产生一个左转力矩,当它与右转力矩平衡时,机头不再转动,侧滑角固定下来,如图 5-17 所示。总之,观察无人机是否侧滑、侧滑方向和侧滑角大小等情况,是判断方向平衡的主要方法。

单纯横侧不平衡的无人机会绕纵轴转动。如果这个力矩很大，无人机可能发生连续的滚转。但通常情况下，不平衡的力矩不大，无人机仅发生小角度倾斜，倾斜之后进入转弯状态。所以，观察横滚、倾斜和转弯等现象是判断横侧是否平衡的方法。

方向不平衡和横侧不平衡是相互影响的。例如，无人机出现方向不平衡，机头向右偏转形成一个侧滑角时，形成左机翼向前、右机翼向后情况。由于机翼有上反角，此时左机翼迎角大于右机翼迎角，因而又产生向右滚转的横侧力矩。方向不平衡引起横侧不平衡。又如，当无人机由于横侧不平衡向右倾斜时，升力倾斜使飞行方向右偏，机身和飞行方向形成一个角度，此时也叫作侧滑。侧滑后气流作用在垂直尾翼右侧，方向平衡也被破坏。横侧不平衡也会引起方向不平衡。如果方向或横侧不平衡的力矩很大，加上这两种不平衡的互相影响，结果是无人机转弯越来越急，倾斜越来越大，互相加剧，最后导致急转下冲，如图 5-18 所示。

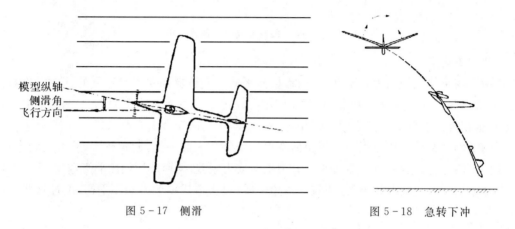

图 5-17　侧滑　　　　　　　　　　　图 5-18　急转下冲

方向平衡和横侧平衡也可以起到互相缓和的作用。如一架左倾力矩过大的无人机，飞行时会向左倾斜，如果调整时打右舵，制造方向不平衡，机头就会向右偏转。偏转后左机翼迎角增大，从而可以抵消原来的左倾力矩。又如一架右转力矩过大的方向不平衡的无人机，飞行时会产生一个侧滑角。调整时如果向左压杆，会产生一个左倾力矩，无人机就会向左倾斜。倾斜后向左侧滑，会产生一个左转力矩，这个力矩可以平衡原来的右转力矩。

由于上述两方面原因，对于侧面不平衡的无人机的判断和调整，要综合分析、处理。

例如，无人机向左倾斜，原因可能有以下四种：①横侧平衡，方向不平衡（左转力矩过大）；②方向平衡，横侧不平衡（左倾力矩过大）；③方向不平衡（左转力矩过大），横侧也不平衡（左倾力矩过大）；④方向、横侧都不平衡，但对无人机的作用相反，左倾（或左转）力矩占优势。

调整无人机时，只要对"症"施加一个反向力矩（方向力矩或横侧力矩），就能达到正常飞行的目的。例如，对于左倾斜的无人机，打右舵或者压右压杆，都能把飞行姿态纠正过来，但这不一定是最佳调整方案。例如，无人机左倾斜飞行的原因是上述原因中的①，调整时如果打右舵，结果是侧面完全达到平衡，飞行姿态得到纠正，这是最佳调整方法；如果调整时给打杆，这样飞行姿态虽然也能纠正，但增加了横侧不平衡，两个侧滑同时存在，空气动力性能降低，是一种不高明的调整方法。

调整时，不管是同一种力矩还是两种力矩，都应该具体分析，对症下药。例如，由拉力力矩引起的方向不平衡，可以用方向舵进行平衡，但这还不是最佳方法。对症下药的方法是调整拉力线。

5.1.9　侧面稳定性

1.方向稳定性

无人机在飞行过程中,由于外来的扰动使机头偏离航向进入侧滑,方向平衡被破坏。在这种情况下,无人机产生恢复力矩,自动摆正机头,恢复方向平衡,无人机的这种性能就叫作方向稳定性。

方向稳定性主要靠垂直尾翼来保证。在机头偏转之后,垂直尾翼和气流形成夹角而产生侧压力。这个力的力矩作用是使机头回到原来的方向,如图 5-19 所示。方向稳定性使机头方向和飞行方向保持一致,这和风向标的原理一样。因此,也有人形象地把方向稳定性称为风标稳定性。

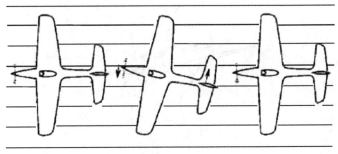

图 5-19　方向稳定作用

后掠翼也起方向稳定作用。当无人机受扰动偏转后,靠前一侧机翼与气流角度趋于垂直,迎风面增大,阻力增大。靠后一侧机翼与气流角度减小,迎风面减小,阻力减小,从而形成恢复力矩,如图 5-20 所示。后掠角越大,方向稳定力矩越大。不过由于无人机飞行速度小,后掠翼降低了空气动力性能。垂直尾翼足以保证良好的稳定性,故后掠机翼采用不多。

图 5-20　后掠翼的方向稳定作用

机身往往是方向不稳定的因素。因为通常重心都在机身焦点之后。机身的侧压力是方向不稳定的力矩,并且角度越大,偏离力矩越大。无人机的机头越长,机头前部侧面积越大,方向不稳定作用越显著。

2.横侧稳定性

无人机飞行时受到扰动,产生绕纵轴的倾斜后能自动恢复平正的性能叫作横侧稳定性(横向稳定性)。

横侧稳定性主要靠机翼上反角来保证。无人机受扰动倾斜后,升力发生倾斜而不再与重力平行。升力和重力的合力使无人机向倾斜方向侧滑。这种情况也就相当于有一股气流从倾斜方向吹来。由于机翼有上反角,下沉的半边机翼的迎角大于上抬的半边机翼的迎角,前者产生的升力大于后者,从而形成向倾斜反方向滚转的恢复力矩,使无人机恢复原来平正的姿态并使力矩平衡,如图 5-21 所示。上反角越大,机翼展弦比越大,侧滑时产生的恢复力矩越大,横侧稳定性也就越好。

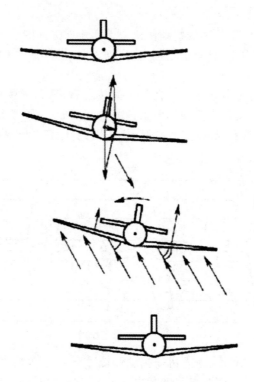

图 5-21　上反角的横侧稳定作用

　　但是上反角也有消极的方面。从正面看,升力垂直于前缘。有了上反角之后,左右两半机翼的升力都变成倾斜的了。倾斜的升力可以分解为两个分力:垂直方向的分力为有效升力,水平方向的分力为无效升力。随着上反角的增大,有效升力会逐渐减小。许多弹射无人机的上反角为 20°,这时的有效升力只有 94%,如图 5-22所示。所以,上反角的大小应适可而止。对上反角形式的选择也略有讲究。最常用的样式是单折和双折两种。单折上反角结构较简单,双折上反角多了一个转角处的干扰。但在稳定性相同的情况下,双折上反角的平均角度可以小些,因为上反角分布在翼尖时,稳定力矩的力臂要大一些。

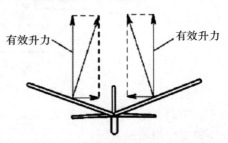

图 5-22　上反角和有效升力

　　重心位置的高低和横侧稳定性有关。重心越低,侧滑时的侧压力力臂越大,稳定力矩也越大。

　　后掠翼也具有横侧稳定作用。假定机翼没有上反角而只有后掠角,倾斜侧滑时,从俯视方向看,航向也是变化的,偏向于下沉机翼一侧。相当于气流从下沉一侧吹来。气流对下沉一侧机翼的有效速度较大,升力较大;气流对上抬一侧机翼的有效速度较小,升力较小。这也形成恢复力矩。不过后掠角的横侧稳定作用远不如上反角。大约 10°后掠角的作用相当于 1°上反角。这是由于倾斜形成的侧滑既有水平方向的速度,又有垂直方向的速度。因为机翼迎角的变化而引起的升力变化远远大于有效速度变化引起的升力变化。

3.盘旋稳定性

盘旋稳定性是指方向稳定性和横向稳定性的配合,因为这两种稳定性是相互影响的。

单独的横向稳定性并不够理想。无人机从倾斜中恢复过来时总是"矫枉过正"。恢复力矩的惯性使无人机向另一侧倾斜,往往忽左忽右反复摆动,短时间内结束不了。如果有垂直尾翼的恰当配合,就能克服横向稳定恢复过头的作用。例如,当无人机向左侧滑产生右倾恢复力矩时,由于垂直尾翼的方向稳定作用,无人机机头向左偏转。当无人机向左偏转时,左机翼速度减小、右机翼速度增加,形成一个左倾力矩。这个力矩要通过方向转动出现后才产生,所以晚于横侧恢复力矩。当横向姿态恢复到接近原位时,机翼速度差形成的左倾力矩正好加大到足以阻止无人机多余的滚转,从而刹住左右摆动。简单说,方向稳定作用可以克服横向稳定作用的副作用。

单独的方向稳定性也不够理想。恢复过程也会因过头而左右摆动。风标不易稳定就是典型的例子。多数情况下它总是晃动的。其中有风向变化的因素,也有风标本身的惯性摇摆。例如,无人机被扰动后机头右偏,在左转恢复过程中,右翼速度会增大,产生左倾力矩,破坏横向平衡。由于机翼有上反角,在左转前,左机翼迎角增大而产生右倾力矩。这两个横向力矩可以相抵,使无人机在受扰动后机头偏转的恢复过程中不发生摆动。

总之,方向稳定性和横侧稳定性可以互相消除对方的缺陷。如果配合得当,可以达到完美的程度,即具有很好的盘旋稳定性。如果配合不当,就会出现盘旋不稳定的现象。

假如横侧稳定性不够,方向稳定性又太强,当无人机倾斜侧滑时,过大的垂直尾翼使无人机向侧滑方向急转弯。急转弯引起机翼速度差形成的横向力矩,大于侧滑时上反角产生的恢复力矩。于是无人机越来越倾斜,转弯半径越来越小,最后形成急转下冲。这种现象叫作螺旋不稳定,如图 5-23 所示。很多无人机的上反角都很小,垂直尾翼都很大,属于螺旋不稳定型,所以不能自由飞行,必须依赖操纵手的控制。

假如方向稳定性不够,横侧稳定性太强,侧滑时产生强大的横向恢复力矩,会使无人机向反方向倾斜。由于方向稳定作用势单力微,作用有限,无人机会左右摆动。这种现象叫作摆动不稳定,如图 5-24 所示。

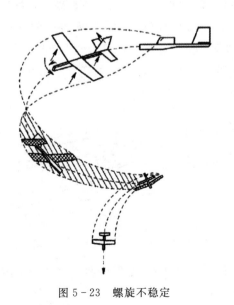
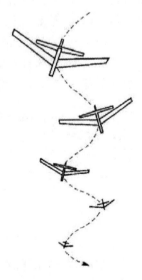

图 5-23 螺旋不稳定　　　　图 5-24 摆动不稳定

由于侧面稳定性问题情况比较复杂,应对其进行仔细分析,大体上有以下几种情况:

(1)无人机在稳定气流中飞行平稳,在乱流中表现也好,说明方向、横向、盘旋稳定性均好;

(2)无人机在稳定气流中飞行平稳,在乱流中表现不够稳定,可能是因为方向、横向稳定性不够好,调整时需要同时增加两种稳定性;

(3)对非平衡引起的急转下冲,即螺旋不稳定,先要区分是方向稳定性太强,还是横向稳定性不足,然后才能正确调整;

(4)摆动不稳定时,要区分是横向稳定性太强,还是方向稳定性不足。

5.1.10 失速及雷诺数

无人机的飞行时间与最大升力系数有很大关系。机翼能产生的最大升力系数越大,无人机的滑翔性能也会越好。所以设法延迟机翼的失速,使临界迎角加大,最大升力系数增大,对改进无人机的性能有直接关系。

机翼失速的原因可以用气流的分离来解释。当气流流过机翼时,在机翼上表面的气流流速逐渐增大,到达机翼最高点时,流速最快。之后因为机翼慢慢向下斜,气流又逐渐减慢。最后,到了后缘,流速又与机翼前面的流速差不多了。

机翼上表面气体压强的变化和流速是密切相关的。在流速最快的地方(即机翼最高点附近)压强最低,之后又开始增大;越靠近后缘压强越大,最后恢复到差不多等于机翼前面的压强。迎角越大时这种压强变化的情况越明显。

迎角越大,机翼上表面气流流速越快,压强越低,产生的升力也越大,即机翼上表面前后压强的变化也越明显。在机翼表面上形成的边界层的压强变化和边界层外面气流压强的变化完全相同。在机翼前缘附近一直到机翼最高点压强是逐渐降低的,在边界层是从高压流向低压。这种流动不会有什么困难,而且流速越来越快。过了机翼最高点以后,流速逐渐减慢,压强逐渐增大,这时候在边界层是从低压区流向高压区。对于静止的气体,这样流动是不可能的。不过这时的边界层已经流动,并有很大的流速,所以仍然能够向后流动。在流动中黏性的作用使得边界层的流动减慢。尤其是最靠近机翼表面的那一部分,减慢更显著。这样流动的结果是,边界层还没有到达后缘以前,最靠近机翼的部分已经流不动了。而外面的气流为了填补"真空"产生反流现象,如图5-25所示。边界层外的气体离开机翼表面不再沿着机翼表面形状流动。在这些气流与机翼之间,气体打着旋涡,十分混乱,这种情况称为气流分离,而刚开始使边界层停下来发生反流的那一点称为分离点。

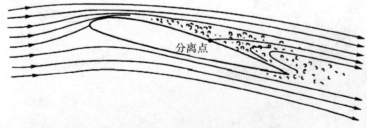

图5-25 气流在机翼上表面分离

当迎角很小时,机翼上表面压强的变化不十分激烈,边界层向后流动不很困难,气流可在接近后缘才开始分离,这只会产生压差阻力。

当迎角很大时情况便不同了。大迎角的时候机翼上表面压强变化很大,边界层空气很快便流不动了,气流在过了机翼最高点不远便开始分离。这样一来机翼上表面充满旋涡,升力大为减小,阻力迅速增大,这种情况就是失速;迎角再加大,情况便更糟,升力减小更多,阻力增加更大。所以,失速其实就是机翼上表面的气流过早分离的结果。

机翼上表面的边界层如果是层流层,由于这种边界层容易形成气流分离,失速比较早,机翼产生的最大升力系数也比较小。机翼上表面如果是湍流层则情况会好得多。决定边界层到底是层流或湍流主要依据以下四个因素:一是边界层外面气流的相对速度,二是气流流过物体表面的长度,三是空气的黏性和密度,四是物体表面的光滑程度、形状和气流本身的紊乱程度。前面三个因素的影响可以合起来估算,即用雷诺数估算。

5.2 无人机调试工具

5.2.1 平衡工具

1. 螺旋桨静平衡仪

理论上,螺旋桨的几何和质量分布都是关于桨轴对称的,也就是桨的重心在轴线上,如果把桨套在轴上,保持桨轴水平,就如螺旋桨工作的状态,这时候在任意一个桨叶上挂上一个很小的砝码(施加一个力矩),桨叶就会失去平衡转动起来,如图 5-26 所示。

图 5-26　螺旋桨静平衡仪

2. 螺旋桨动平衡机

叶片需要动平衡,就是要达到叶片在高速运下转的平衡。道理和为汽车轮胎做动平衡一样。

螺旋桨的动平衡必须在旋转的情况下进行测试,故需要使用专业的仪器进行测量,如图 5-27 所示。

3. 无刷电动机平衡机

电动无人机在空中飞行产生震动,除了螺旋桨外,还有一个很重要的原因就是无刷电动机自身产生的震动。对于无刷电动机,需要使用动平衡机(见图 5-28)来对电动机的动平衡进行测试。对转子进行平衡,使其达到允许的平衡精度等级,或使因此产生的机械振动幅度降在允许的范围内,不仅避免了引起振动和噪声,也避免了轴承磨损加速、延长了机械寿命。

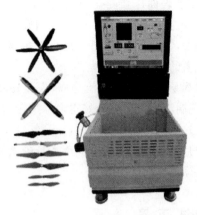
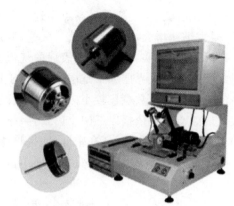

图 5-27　螺旋桨动平衡机　　　　　　图 5-28　无刷电动机平衡机

5.2.2　称量工具

1. 电子秤

无人飞机的质量是一个很重要的参数,经常使用电子秤对各部分零件进行称重。图 5-29 所示是一种常用的台式电子秤。

2. 拉力测试仪

无人机的发动机在实际工作中究竟能够产生多大的拉力? 和理论值有多大偏差? 在进行无人机的测试中需要严格的测试。图 5-30 所示就是两种发动机拉力测试仪。

图 5-29　电子秤　　　　　　　　图 5-30　拉力测试仪

5.2.3　测试仪器

1. 电流测试仪

无人机在飞行时需要消耗一定的电量,尤其是以电力为动力源的无人机,电流参数更为重要,故需要专业仪器进行精准测量。图 5-31 所示就是一种交直流两用的钳形电流测试仪。

2. 万用表

万用表可以说是进行无人机电气线路检查最为常用的一款测试仪,可以测量电阻、交直流电压、交直流电流等参数。图 5-32 所示就是一种数码显示万用表。

图5-31　电流测试仪

图5-32　万用表

3.内阻测试仪

电池的内阻是指电池在工作时,电流流过电池内部所受到的阻力,它包括欧姆内阻和极化内阻。极化内阻又包括电化学极化内阻和浓差极化内阻。电池的内阻极大地影响着电池性能,故需要特别关注。

电池的内阻很小,一般用微欧或者毫欧的单位来表示它。在一般的测量场合,要求电池的内阻测量精度误差必须控制在±5%以内。这么小的阻值和这么高的精度要求必须用专用仪器来进行测量,如图5-33所示。

4.激光标尺

在进行无人机生产、组装等环节,需要对其尺寸进行精准测量。图5-34所示就是一种利用激光光束作为测量媒介的标尺,具有精度高、受环境影响小等特点。

图5-33　内阻测试仪

图5-34　激光标尺

5.电子水平仪

在无人机机身内,由于空间有限,需要高精度测量时,电子水平仪就是一个测量利器,如图5-35所示。

6.风力测试仪

风力是影响无人机飞行重要因素。可以通过风力测试仪有效测量实时风速、阵风最大风速等信息。测量仪器如图5-36所示。

图5-35 电子水平仪

图5-36 风力测试仪

5.3 整机安装与测试

在安装之前,应熟知说明书或有关资料提供的安装要求。如果实在无法得知具体的安装方法,则应最大可能地本着安全、可行的原则进行试装。对装有内燃机的无人机,还必须尽可能地采取防震措施,否则,将在整机试验和日后的飞行中后患无穷。

5.3.1 电子设备安装

1.电池的安装

电池在无人机受到冲击时惯性最大,对其他部件的威胁也最严重。因此要把它放在最前端。在小型无人机上,有时为了调整重心位置而不得不将电池后移时,也一定要稳妥固定。否则,等于在后面放了一颗小型定时炸弹。在较大型的无人机上,因为它对重心位置影响不是很大,建议不要用电池后移的方法去调整重心。不能因为电池外壳的坚固而忽视了对它的减震。它和其他部件一样,也应当用泡沫塑料包裹,尽量减小震动,以免电池内部或引线部分剧烈震动而损坏。

2.接收机的安装

先用泡沫塑料包好,放在舵机前面不受压、不受挤的地方。然后用固定在机身上的橡筋条或尼龙搭扣把它不松不紧地固定好。天线在接收机的引出点不能受力,以免折断。可以在引出处10cm的地方绑上一段1 mm×2 mm的橡筋条,将橡筋条的另一端固定在机身上。将天线的共余部分放在机身内或机身外都可以,但不能打圈,要尽量拉直。不能将天线剪短,更不要用普通导线替换原来的天线。商品接收机上的天线是采用特殊导线的,它不但柔软结实,而且股数特别多,一般是很难找到这种导线的。

3.电源开关的安装

接收机电源开关要按照说明书规定的方法安装。

4.伺服舵机的安装

舵机在使用中的可用性和使用寿命,与震动情况直接相关。因此制造厂家在设计舵机时已经充分地考虑到防震措施。有的使用了特殊的避震结构,在安装上也规定了合理的方法,使舵机在正常震动的情况下能够工作。不同厂家的舵机,安装方法也各异,而且厂家只提供特定的减震垫和紧固件。所以,必须按照厂家规定的方法去安装。

有些设备带有二次减震的安装架,可以得到较好的减震效果,有些设备则没有。但不少人自己动手用层板制作安装架,增加了二次减震,这对于受震动较大的无人机还是有好处的。在使用内燃机的无人机上,舵机安装完毕以后,只能通过橡皮垫圈与安装架固定,不能直接与机体或安装架相碰,这一点要特别注意。紧固舵机的自攻螺丝,拧得松紧程度要适当,既不能发生松动,也不能把橡皮垫圈压扁。有不少无人机的跳舵现象就是由于拧得过紧,使橡皮垫圈失去弹性而引起的。

5.伺服舵机与舵面的连接

连接可以用软钢索,也可以用硬连杆。用软钢索连接时,没有连杆震动的影响,对延长舵机的寿命和保持舵面中立位置的稳定有好处。缺点是传动间隙大、弹性大、受载能力小。

硬传动的好处是传动间隙可以做得很小,传动精度高,但受震动的影响也比较大。在使用内燃机的无人机上,连杆的抖动将会大大缩短舵机寿命。当无人机受到剧烈冲击时,连杆的惯性也可能会使舵机受到损坏。所以,在制作硬传动的连杆时,要尽量减轻质量,并保证足够的刚性。

连杆或钢索与舵机连接的接头,可以用钢丝弯成 Z 形,直接穿入舵机摇臂,然后再将摇臂固定在舵机上。注意钢丝与舵机摇臂接触的一段不能有毛刺或被夹扁,不然摇臂孔会很快磨损变大,造成大的传动间隙。

连杆或钢索与舵面摇臂的接头,不仅应当可靠,而且应当考虑拆装方便,应使连杆长度可调整。金属接头或尼龙接头都可以使用,但要避免两个连接件都是金属制品,以防万一出现静电打火而引起跳舵。

6.舵机摇臂的正确选用

有人以为一些舵面,例如副翼,在飞行中产生的气动力并不算大,因此为减轻质量而将摇臂强度削弱,这是非常危险的。因为在飞行中尽管气动力并不算大,但如果连杆或无人机强度不够,则完全有可能发生颤振。这时舵机摇臂所承受的力是相当巨大的,因此不能随便削弱舵机摇臂的强度。在快速飞行的无人机上,还应尽可能选用结实的摇臂才为妥当。

收放起落架的舵机摇臂不能随便使用,而必须使连杆行程长度与收放机构摇臂所需的行程完全一致时才能使用。

7.各通道的合理使用

如果在安装前还没有确定各通道如何使用,则在基本安装完毕之后,就必须确定各通道所控制的对象了。

以日本手为例,油门控制一般在右边,向前推是加油门,向后拉是减油门。横侧操纵一般在中间或右边。这首先就确定了风门、副翼和升降、方向舵在操纵杆上的位置。

有一些通道,例如起落架收放通道,是用双向钮子开关控制的,在发动机上已经固定,不容选择。还有些通道受联动装置的限制,也不能随意变动。其余各辅助通道,可以按各人不同的习惯自由安排。

舵机插头要准确无误地插入相应的位置,多数接收机的插座下印有英文标记,它们(或它们的字头)所代表的意思是:BATT——电源,GEAR——起落架;RUDD——方向舵;ELEV——升降舵;AILE——副翼;THRO——风门,AUX——辅助通道。也有的设备采用数字编号,可以按发射机编号所代表的功能将舵机对号插入。

5.3.2 整机检查

1. 全机电气线路检查

首先对整个飞机的所有电器线路连接情况进行检查，比如电线的内径是否满足电流要求，正负极是否反接，尤其注意避免形成大电流的接地回路，如图 5-37 所示。

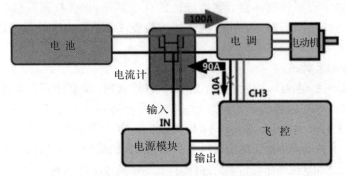

图 5-37 电流的接地回路示意图

电流的接地回路：如果用户使用电调自带的 BEC 来为接收机或者舵机供电，有可能会产生接地回路问题，在极端情况下会烧毁飞控并导致严重损失。问题根源在于，电调带的 BEC 并不是为了给复杂的系统供电而设计的。正常情况下，供给动力系统的电流应该经电调的黑线流回电池。在不良接法中，部分电流可能会经电调舵机接头的黑线流入飞控，然后从飞控的负极供电线返回电池，存在潜在风险。要避免这种情况，应把电调舵机接头中的黑线挑出来悬空不接，并且要用足够粗的线接电调负极以减少回路电阻。

2. 全机结构检查

检查无人机的各承重机构是否牢固，用胶连接部位是否存在黏结不牢或老化现象，重点检查舵面连杆连接是否稳定，全机各部位连接件的螺纹处是否打过螺丝胶，保证不出现任何的松脱。有条件的，建议螺杆连接件采用自紧螺母（见图 5-38）进行加固，木结构件可以采用反爪螺母（见图 5-39）进行加固。以上办法可有效防止螺栓松脱的问题。

图 5-38 自紧螺母　　　　　　　　图 5-39 反爪螺母

3. 动力装置测试

首先拆卸螺旋桨进行油门行程设定，确保电调能够识别遥控器油门全部行程量，并保证油门控制方式正确。

其次检查无刷电动机的旋转方向，如旋转方向与螺旋桨不一致，任意调换两根电动机线，就可以实现无刷电动机转向变换。每次飞行后都要注意检查无刷电动机内是否有异物，如出现异物,可用强风或者高压水枪清除。如异常降落后,需要检查电动机轴是否变形,如有损坏,需尽快更换,不然会加大震动,影响飞行安全。飞行前注意检查螺旋桨正反牙口,保证在螺旋桨旋转过程中螺栓不会松脱。检查螺旋桨是否有破损,如有损坏必须更换。

4.飞行执行单元测试

首先检查机翼和尾翼是否紧密连接机身。然后打开遥控器后给机身通电,检查副翼及尾翼是否为中立位置,如不是,检查舵机孔位,使舵机摇臂处于中立位,之后调节舵机拉杆,使舵面处于正确位置。最后进行副翼及尾翼动作检查,如动作不正确需在遥控器上进行反向设置,需要注意,若飞机为 V 尾布局,在遥控器上要对俯仰控制和方向控制进行混控。

5.飞控测试

首先检查飞控是否稳定地安装在机身内,如飞机动力装置震动较大,需对飞控进行减震处理,以滤除高频震荡对飞控的影响。飞控减震器如图 5-40 所示。

图 5-40　飞控减震器

切换功能模式,注意平衡模式下副翼、尾翼的动作是否正确,如图 5-41～图 5-43 所示。

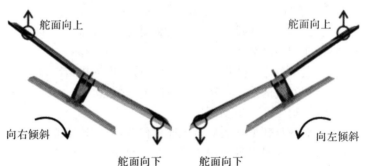

图 5-41　对尾向前观察飞控横滚控制执行情况

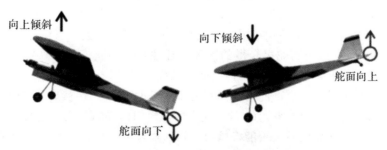

图 5-42　观察飞控俯仰控制执行情况

机头向右平转 →　　　　　　　← 机头向左平转

舵面向左　　　　　　　　　　　　　　　舵面向右

图 5-43　对尾向前观察飞控航向控制执行情况

6.图传链路测试

首先注意检查天线是否适合该图传工作频率,尤其注意接口螺纹,检查天线与图传内部信号连接线是否正确连接。如果没有安装天线就打开电源,将会导致图传发射异常升温,严重的话将会损毁设备。前期检查通过后,注意检查发射与接收是否同频,最后检查摄像头的安装方向是否正确,不能出现上下和左右的倒像情况。

5.3.3　整机检查及测试时的注意事项

(1)复查。将全部安装完毕的设备和无人机飞机再仔细地检查一遍,例如舵面铰链是否灵活,连杆是否互相碰撞或摩擦,接头是否牢固,舵机插头位置是否正确等。这种烦琐的检查,要反复进行多次,以便使故障在飞行之前能够得以排除。

(2)开机试验。将发射机全部微调手柄放至中立位置,将两个操纵杆和辅助通道的操纵手柄(起落架收放通道除外)也放在中间位置,然后将全部舵机摇臂取下。先打开发射机电源开关,确认发射机工作正常之后,再打开接收机电源,这时,除起落架收放舵机之外,各舵机都应立即停在中间位置,并不再出现舵机转动的响声。

随后将舵机摇臂安装在与连杆走向相垂直的位置,接着调整连杆长短,使舵面保持中立。再将风门操纵杆先后放至最大和最小位置,将发动机风门分别调整、固定在合适的位置上,起落架则调到刚好到达自锁位置。

这里需要特别强调的一点是:在没有取下舵机摇臂之前,不能接通接收机电源,否则有可能因摇臂不在中间位置,在转动时被舵面卡住而导致舵机齿轮损坏。

(3)检查动作方向。拨动各通道的操纵杆或手柄,检查操纵机构动作方向是否正确。如果方向不对,则将发射机上该通道的舵机逆转开关拨向另一位置。如果该通道没有逆转开关,那就只好将舵机摇臂取下,转动180°后重新固定。

(4)调整舵角。将全部舵角转换开关放至大舵角位置,将各通道舵角调整电位器也拧至最大位置,然后调整各通道伺服舵机的最大动作量。对这个量可以根据以往的经验或有关资料进行粗略的估计。调整的方法,可以是改变舵面摇臂的长短,也可以是改变舵机摇臂的长短。但为了减小插臂和连杆间隙的影响,舵面摇臂不宜调得过短。这时调整的动作量要比实际所需的量大些。

各舵面和传动机构在这个动作范围内不能有卡死、摩擦等现象。当舵机停在最大位置时,不能有明显的转动声。但个别舵机轻微的咔咔声往往难以消除。这时只要看不出舵机有动作,而且操纵杆稍稍离开最大位置,咔咔声就随之消失,则可以不去管它。

(5)调整小舵角舵量。将全部舵角转换开关放置于小舵角位置,然后分别转动各自的电位器进行调整,一般将舵角调至大舵角的70%左右。对风门的操纵量也应进行细心调整。有停车按钮的,应检查按下按钮之后是否能将风门关死。如果风门反而开大,则应改变发射机上该通道的逆转开关,或调整风门电位器的位置。

（6）振动试验。装有内燃机的无人机可以直接在地面开车试验，而且要在发动机的不同转速下对无人机各舵面和机构进行细致、耐心的观察（无人机在地面开车的时间至少应在 10 min 以上）。以上工作全部结束后，再检查一次所有的紧固件、接插件、安装架和全部接头，发现问题必须彻底解决，不然留下隐患，将来必成大祸。

5.4　无人机动力系统的测试

5.4.1　电动动力系统测试

1. 电动动力系统组成检查

检查动力系统中的各个接头是否紧密；插头是否有松动、虚焊、接触不良等现象；各线外皮是否完好；动力设备是否紧固；电池有无破损、鼓包等现象，是否充满电。

2. 电动机正反转的调整

电动机正反转：从电动机后部往前看，电动机顺时针转动是电动机正转，电动机逆时针转动是电动机反转。只要将接至电动机三相电源进线中的任意两相对调接线即可。电动机在固定翼无人机上通常都是正转，在多旋翼无人机上，相邻的两个电动机转向不同（相邻的两个中必定有一个是正转，有一个是反转）。

（1）电调行程量调试。不同的电调设置方法不同，此处以好赢电调为例讲解电调设置方法。开启遥控器，将油门打到最高点。将电调接上电池，等待 1～2 s。"哔哔"（此声音由电动机发出），表示电调已经记录油门的最高点。

听到电调将油门最高点记录并发出的声音后，立刻将油门推到最低点。将油门推到最低后，电调会控制电机发出 N 声短鸣表示锂电节数。大致 1 s 后，"哔——"，表示电调已经记录油门的最低点。电调油门行程已经设置完成。推动油门可控制电机的转速。

（2）电调刹车。遥控器开机，油门开到最大，接通无人机电源。

电调出现"12345"音乐声，然后一声"滴"后，将油门迅速拉到最低。等待"滴""滴滴"2 声后，迅速将油门推到最大（有的电调是听到 1 个滴声后推到最高）；等待"滴，5151"音乐声响，将油门迅速拉到最低。电调初始化声音出现，设置成功。

3. 螺旋桨静平衡测量方法

实际制造中，由于工艺问题和材料不均匀等原因，实际造出来的螺旋桨重心通常不在轴线上，存在一个偏心距，这就是螺旋桨的静不平衡问题。偏心距比较大会引起严重的震动，因此偏心距越小越好。为了检查静不平衡，要求把桨静置放好，将砝码挂在桨叶某个固定位置，逐渐加重砝码，桨叶开始转动时记下砝码的质量，如果砝码超过一定量，螺旋桨的静不平衡就不符合要求。

假如螺旋桨的两个桨叶从材料的质量到桨叶角、外形完全相同，实现动力平衡就顺理成章。问题是，这一基础条件并非轻易能具备。我们能做到的是尽量使两个桨叶任意一处的剖面对称，尽力实现静平衡。螺旋桨静平衡程度如何，可通过桨平衡检查架检查（理想的静平衡状态是：螺旋桨无论处于任何旋转角度均能自行静止；如果某一桨叶静止时的位置总是"下沉"，即应找出这个桨叶与另一桨叶的差异，并且进行修正、再试验，直到合格）。

市面上有些桨的质量较差，两只质量不一致，有些用户装上去后发现飞机或飞行器震动得厉害，往往找不出原因，这其实是桨的问题。虽然两只桨的质量只相差了一点点，但当桨在高速转动时所甩开的离心力被放大了无数倍！

有很多种桨平衡器，此处选其中一种来检查螺旋桨是否平衡。此种桨平衡器简介为：采用 N45 高性能磁铁，固定板采用碳纤维板材料制造，中心固定轴采用磁悬浮方式确保测验产品平衡零阻力，从而检测两片桨叶是否存在差异。完整的桨平衡器可分为固定板底座和中心固定轴两部分。固定板底座镶嵌有高性能磁铁，而中心固定轴又由两个 M4×8 mm 法郎轴承和一根 M4×70 mm 金属支撑杆构成，如图 5－27 所示。这是两种简易的螺旋桨静平衡仪。

当然这个静平衡器只能调整水平平衡。首先取下中心轴，调整轴中的两个法郎轴承，使其锥形面相对，然后把其中一个法郎轴承旋转而出，装入要测试的螺旋桨。锥形轴承刚好嵌入螺旋桨中心孔位置，把桨叶调整到轴的中间位置。

把已经调节好的中心轴装在桨平衡器底座上，然后放置在一个水平面上（一定要水平），观察螺旋桨状态，任意旋转螺旋桨，观察最终停止后螺旋桨的状态。

出现不平衡现象时，螺旋桨的两叶会一边高，一边低。解决这种不平衡的现象的方法之一就是配重，即使两片桨叶的质量一致。

配重有以下两种方法：

（1）削减法。用刀对重的那片桨叶进行削减，或用砂纸进行打磨，从而使两叶片质量一样，最终达到水平平衡。

（2）增重法。在轻的叶片上增加质量，比如贴胶布、滴胶水、涂指甲油、喷漆，使两片桨叶质量一样，最终达到水平平衡。

1）贴胶布。贴胶布比较简单。一般使用电工胶、透明胶等比较常见且黏性好的胶布。方法就是先剪取一段 10 mm 的长条胶布，轻轻粘在较轻的叶片上面，注意不要粘太紧，因为需要调整比重和粘贴位置，按此方法贴胶布直到符合静平衡的水平平衡状态。贴胶布可以贴在螺旋桨的正面或者反面，影响不大。贴的时候一定要压紧胶布成光滑面，不要改变桨的形态。然后调节胶布的位置和大小，最终达到水平静平衡。胶布最好是一整块的，不要一下裁剪一小块，然后再加一小块，这样接触面小，容易脱落。

2）滴胶水。滴胶水需要耐心。一般使用的是 502 硬性速干胶，方便易购。一定不能选择有腐蚀性的胶水，它会破坏桨的性能。滴胶水的时候一定要一点一点地来，而且最好是在胶水未干之前磨平成流线型，避免胶水聚成一个凸点。因为胶水有挥发性，所以在胶水干透之后再做一次平衡。注意 502 胶水是液体，螺旋桨的表面也很光滑，滴下胶水的时候切勿抖动，避免胶水飞溅到眼睛。

此处建议使用增重法。增重法是留有余地的，很方便做出调整，对于增重多了还可以减去，对叶片的强度影响不大；而削减法是破坏性的，对于质量不好的螺旋桨，若削去得比较多，桨的强度就大幅降低了。

4.螺旋桨动平衡测试方法

无人机螺旋桨的工作转速一般在 5 000～20 000 r/min，对动平衡要求高。

无人机桨叶，由于材质不均，高速旋转会产生剧烈震动。这样对会飞行稳定性造成影响，出现大噪声和桨叶主轴快速磨损现象。

螺旋桨动平衡配重方法如下：

（1）去重仪精准告知在第几个叶片或某确定角度处，去重多少克。

（2）加重仪精准告知在第几个叶片或某确定角度处，加重多少克。

（3）孔位分配法。如果叶片下端设定有多个均匀配重孔，仪器精确告知在第几个配重孔加多重配重螺丝。

5.4.2　燃油动力系统测试

1.燃油动力系统组成检查

检查动力系统中的各个接头是否紧密,插头是否有松动、虚焊、接触不良等现象发生,各线外皮是否完好,动力设备是否紧固,油箱是否漏气,电子点火器(cdi)电量是否正常,螺旋桨是否锁死,油针是否锁死。

2.转速测量

测量发动机地面转速,使用测量转速表对螺旋桨进行测量。某转速表根据螺旋桨扫过其探头阻断光信号。其未与发动机接触,测量时不会干扰发动机工作,提高了测量数据的准确度。在测试发动机时,如果使用转速表测试,对发动机调整会有帮助。

3.磨合

磨合是在发动机安装完毕后,机械部件在初期运行中接触、摩擦、咬合的过程,方便以后全负荷运行时减小损失、提高发动机功率、延长寿命等。

磨合发动机一般采用的转速为发动机最大转速的一半。磨合时间根据发动机的不同,磨合时间也不相同,磨合通常分为三个阶段:第一阶段,中等转速(最大转速的一半)磨合发动机;第二阶段,相比第一阶段转速提高一些;第三阶段,逐渐提高转速到最大转速,稳定运行一段时间后停止。磨合时建议在"富油"情况下运行,建议将油量调节到维持磨合转速的连续运行的最大供油量。

5.5　无人机无桨调试方法

5.5.1　多旋翼无人机的调试方法

无人机无桨调试就是指不带桨调试。采取这种方法可以发现存在的大部分问题,并能够保证调试人员安全。

1.连接线路检查调试

(1)飞控板与电调连接线路。检查电调线顺序与电调顺序。

(2)飞控板与遥控接收机连接线路。检查 S - BUS 线是否插上或 PPM 模块插口是否正确,PPM 模块与遥控器之间线序是否正确。

2.遥控器检查调试

检查的内容是查看遥控器通电后是否可以接收信号。此处调试使用天地飞 WFT09S Ⅱ 。

(1)遥控器新建机型。为保证调试工作顺利进行,需要在遥控器中建立新的机型。长按 MENU 键开机,选择机型参数,选择新的机型,关闭电源重新开启。

(2)遥控器对码。

1)多旋翼无人机接通电源后,使用卡针长按接收机上的 SET 键,直至 STATUS 进入慢闪状态;

2)开机后按 MENU 键,选择高级设置-对码,进入对码功能;

3)点击对码,接收机指示灯熄灭。在对码成功后切断电源和遥控器电源。

(3)检查电动机。

1）在遥控器和接收机对码成功后，打开遥控器，再接通多旋翼电源（先开控后插电）。等待遥控器与接收机连接。

2）遥控器与接收机连接成功后，等待 GPS 搜星成功。搜星成功后指示灯变为绿色，开始解锁飞控（解锁后，推动油门）。解锁后飞控指示灯常亮，表示已经解锁。

3）检验电动机旋转方向。经过以上两步后可以推动油门。电动机会开始转动。油门推得越大，电动机转速越高。判断电动机旋转方向的方法：准备一张纸条，接触电动机，观察纸条旋转方向。如果电动机方向选择不正确，切断电源然后交换电动机的任意两根线即可。

4）校准油门行程。逐个调试电动机，将其他三个电动机线拔掉，断电，关闭遥控器。将油门推到最高位，开遥控器，多旋翼接电，等待电调发出音乐声，"哔"音数量表示电池芯数，接下来"哔"两声表示最大油门校准完成；把油门拉回最低位，接下来电调发出长音表示最小油门校准完成。

5.5.2 固定翼无人机的调试方法

1. 连接线路检查调试

（1）飞控板与舵机连接线路。检查舵机线序是否正确。

（2）飞控板与遥控接收机连接线路。检查 S－BUS 线是否插上或 PPM 模块插口是否正确、PPM 模块与遥控器之间线序是否正确。

2. 遥控器检查调试

检查的内容是查看遥控器通电后是否可以接收信号。此处调试使用天地飞 WFT09SⅡ。

（1）对码。

（2）检查电动机。

1）遥控器和接收机对码成功后，打开遥控器，再接通固定翼电源（先开控后插电）。等待遥控器与接收机连接。

2）遥控器与接收机连接成功后，等待 GPS 搜星成功。搜星成功后指示灯变为绿色，开始解锁飞控（解锁后，推动油门）。解锁后飞控指示灯常亮，表示已经解锁。

3）检验电动机旋转方向。经过以上两步后可以推动油门。电动机开始转动。油门推得越大，电动机转速越高。

4）校准油门行程。断电，关闭遥控器。将油门推到最高位，开遥控器，固定翼接电，等待电调发出音乐声，"哔"音数量表示电池芯数，接下来"哔"两声表示最大油门校准完成。把油门拉回最低位，接下来电调发出长音表示最小油门校准完成。

（3）检查舵机行程。观察舵面是否处于水平面。

5.6 无人机飞控调试

5.6.1 飞控与调试软件

国外以开源飞控为主，常见的有 APM，PIX，MWC，MicroCopter，Pixhawk，OpenPilot，Crossbow MNAV＋Stargate，PX4，Paparazzi，MWC，AutoQuad，KK 和 Paparazzi 等。闭源的有 Piccolo，MK，Unav 3500，Procerus Kestrel 和 MicroPilot 等。其中 APM 是使用人数最多、优化最完善、相关技术资料最全面的成熟飞控，但 APM 的 CPU 为 8 位，在基于 Arduino 平台

的飞控发展一段时期后,采用 32 位 CPU 以及冗余电源＋传感器方案的 Pixhawk,得到越来越多的认可。开源飞控有通用性强、功能丰富的优点。但因其针对不同机型的调参过于复杂,技术门槛较高,给使用者带来了不小的难度。

所谓的商品飞控指的是闭源飞控,国内的飞控以闭源居多。国内目前有纵横、大疆、零度、普洛特、亿航等规模较大的飞控研发公司,主流型号有 AP101,NP100,WKM,A3,A2,PILOT UP(包括 UP－PF,UP30,UP40,UP 50,UPX),IFLY40,QQ,FF 和 EAGLE N6 等。相对而言,闭源飞控有以下特点:

(1)算法优化;

(2)调参简单;

(3)功能减少;

(4)价格较高,性价比低。

经过大量的比对分析可以发现,商品飞控往往与国外某一种型号的开源飞控框架相似,但功能略有减少,再配以单独开发的人机友好界面,就可以使调参的过程更为快捷。但商品飞控的功能有所限制,只能用于特定的机型,柔性较差,价格较高。例如,大疆的部分主流飞控采用了 Paparazzi 的基本构架,亿航的部分飞控与 APM 如出一辙。可见商品飞控只是将国外的成熟开源飞控进行幅度不大的优化处理,牺牲一定的功能,使其简单易用。

调试软件是对飞控进行参数调整的软件 ,大部分飞控都有对应的调试软件。通常把装有调试软件的计算机端或移动设备端称为地面站,调试软件又可称为地面站软件。常用的几款飞控与对应的调试软件见表 5－2。

表 5－2　飞控与调试软件

飞控名称	调试软件
APM,PIXHAWK	Mission planner
F3,F4 飞控	CleanFlight,BetaFlight
NAZA	Zadig
MWC	Arduino
CC3D	OpenPilot GCS

5.6.2　PID 调参

1. PID 的概念

PID,就是“比例(proportional)、积分(integral)、微分(derivative)”,是一种很常见的控制算法。到今天为止,PID 已经有 105 年的历史了。它并不神圣,大家一定都见过 PID 的实际应用,如四轴飞行器,及平衡小车、汽车的定速巡航,3D 打印机上的温度控制器。需要将某一个物理量“保持稳定”的场合(比如维持平衡,稳定温度、转速等),PID 都会派上大用场。

比如,想控制一个“热得快”,让一锅水的温度保持在 50℃。这么简单的任务,为什么要用到微积分的理论呢?你一定在想:小于 50℃就让它加热,大于 50℃就断电,不就行了?没错,在要求不高的情况下,确实可以这么做。但如果换一种说法,你就知道问题出在哪里了。

如果控制对象是一辆汽车呢?要是希望汽车的车速保持在 50 km/h 不变,你还敢这样干么?设想一下,假如汽车的定速巡航电脑在某一时间测到车速是 45 km/h。它立刻命令发动机:加速。结果,发动机突然 100％加油门,嗡的一下,汽车急加速到了 60 km/h。这时电脑又发出命令:刹车。结果,"吱……哇……"(乘客吐)。

所以,在大多数场合中,用"开关量"来控制一个物理量就显得"简单粗暴"了。有时候,系统是无法保持稳定的,这是因为单片机、传感器不是无限快的,采集、控制需要时间。而且,控制对象具有惯性。比如将一个加热器拔掉,它的"余热"(即热惯性)可能还会使水温继续升高一会儿。

这时,就需要一种"算法":它可以将需要控制的物理量带到目标附近,它可以"预见"这个量的变化趋势,它也可以消除因为散热、阻力等因素造成的静态误差……于是,当时的数学家们发明了这一历久不衰的算法——PID。

你应该已经知道了,P,I,D是三种不同的调节作用,既可以单独使用(P,I,D),也可以两个两个用(如PI,PD),也可以三个一起用(PID)。这三种作用有什么区别呢? 此处只介绍PID控制器的三个最基本的参数——P,I,D。

(1)比例P。P就是比例的意思。它的作用最明显,原理也最简单。此处先介绍需要控制的量,比如水温,有它现在的"当前值",也有我们期望的"目标值"。当两者差距不大时,就让加热器"轻轻地"加热一下。要是因为某些原因,温度降低了很多,就让加热器"稍稍用力"加热一下。要是当前温度比目标温度低得多,就让加热器"开足马力"加热,尽快让水温到达目标附近。这就是P的作用,跟开关控制方法相比,是不是"温文尔雅"了很多?

实际写程序时,建立偏差(目标减去当前)与调节装置的"调节力度"的一次函数关系,就可以实现最基本的"比例"控制了。P越大,调节作用越激进;把P调小会让调节作用更保守。

要是你正在制作一个平衡车,有了P的作用,你会发现,平衡车在平衡角度附近来回"狂抖",难以稳住。那么恭喜你,现在离成功只差一小步了。

(2)微分D。D的作用更好理解一些。刚才有了P的作用,你不难发现,只有P好像不能让平衡车站起来,水温也控制得"晃晃悠悠",好像整个系统不太稳定,总是在"抖动"。

在你心里设想一个弹簧:现在在平衡位置上,拉它一下,然后松手。这时它会振荡起来。因为阻力很小,它可能会振荡很长时间才会重新停在平衡位置。

请想象一下:要是把这个弹簧浸没在水里,同样拉它一下。在这种情况下,重新停在平衡位置的时间就短得多。

我们需要一个控制作用,让被控制的物理量的"变化速度"趋于0,即类似于"阻尼"的作用。因为,当比较接近目标时,P的控制作用就比较小了。越接近目标,P的作用越"温柔"。有很多内在或者外部的因素,使控制量发生小范围的摆动。D的作用就是让物理量的变化速度趋于零。无论什么时候,只要这个量具有了速度,D就向相反的方向用力,尽力刹住这个变化。D参数越大,向速度相反方向刹车的力道就越强。如果是平衡小车,在P和D两种控制的作用下,如果参数调节合适,它应该可以站起来了。

(3)积分I。看起来PD就可以让物理量保持稳定,那还要I做什么呢? 这是因为我们忽视了一种重要的情况。

还是以热水为例。假如有个人把我们的加热装置带到了非常冷的地方,开始烧水了。需要烧到50℃。在P的作用下,水温慢慢升高。直到升高到45℃时,他发现了一个不好的事情:天气太冷,水散热的速度与P控制的加热速度相等了。这时该怎么办?

P这样想:我和目标已经很近了,只需要轻轻加热就可以了。

D这样想:加热和散热相等,温度没有波动,我好像不用调整什么。

于是,水温永远地停留在45℃,永远到不了50℃。

根据常识,我们知道,应该进一步增加加热的功率。可是增加量该如何计算呢?

前辈科学家们想到的方法真的巧妙。设置一个积分量。只要偏差存在,就不断地对偏差进行积分(累加),并将其反映在调节力度上。这样一来,即使45℃和50℃相差不太大,但是随着时间的推移,只要没达到目标温度,这个积分量就不断增加。系统就会慢慢意识到:还没有到达目标温度,该增加功率啦! 到了目标温度后,假设温度没有波动,积分值就不会再变动。这时,加热功率仍然等于散热功率。但是,温度是50℃。I的值越大,积分时乘的系数就越大,积分效果越明显。所以,I的作用就是,减小静态情况下的误差,让受控物理量尽可能接近目标值。在使用I时还有个问题,即需要设定积分限制,以防止在刚开始加热时,就把积分量积得太大,难以控制。

2. PID调试步骤

APM飞控调参(手动),简单来说就是在Mission Planner(地面站软件)中配置PID参数来达到使飞行器飞行更平稳的目的。在很多地方都能看到以下口诀:

参数整定找最佳,从小到大顺序查;

先是比例后积分,最后再把微分加;

曲线振荡很频繁,比例度盘要调大;

曲线漂浮绕大弯,比例度盘往小调;

曲线偏离回复慢,积分时间往下降;

曲线波动周期长,积分时间再加长;

曲线振荡频率快,先把微分降下来;

动差大来波动慢,微分时间应加长;

理想曲线两个波,前高后低4比1;

一看二调多分析,调节质量不会低。

在多数情况下,都认为如图5-44所示的过渡过程是最好的,并把它作为衡量控制系统质量的依据。希望通过调整控制器参数得到这样的系统衰减振荡的过渡过程。

为何图5-44所示的过渡过程是最好的?原因是:它第一次回复到给定值较快,虽然以后又偏离了,但偏离不大,并且只经过少数几次振荡就稳定下来了。定量地看,第一个波峰B的高度是第二个波峰B'高度的4倍,所以这种曲线又叫作4:1衰减曲线。在调节器工程整定时,以能得到4:1的衰减过渡过程为最好,这时的调节器参数可叫作最佳参数。

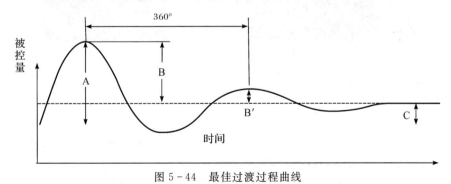

图5-44 最佳过渡过程曲线

简单来说可总结如下:

(1)P产生响应的速度,过小响应慢,过大会产生振荡,是I和D的基础。

(2)I消除偏差、提高精度(在有系统误差和外力作用时),同时增加了响应速度。

（3）D 抑制过冲和振荡,同时减慢了响应速度。

3. 自动调参

自动调参,就是让飞控自动配置 PID 参数。首先让无人机飞到一定的高度,无人机自行重复数次向两个方向（横滚方向、俯仰方向）作偏摆动作,同时自行检测响应速度、自稳的力度和速度等,然后自行进行 PID 调参,直到达到一个比较好的状态。但是调试过程会受各种外界因素的影响,有时调完后并未达到理想状态。此时可以重复进行多次自动调参,通常经过几次调参后效果会比较理想。并不是所有的飞控都有自动调参功能,配置较低的飞控通常都不具备。下面以 APM 自动调参的功能为例介绍自动调参方法。

（1）PID 自动调参需用一个通道 7 或者通道 8 的 2 段开关。应检查下通道 7 或者通道 8 是否正常。先打开遥控器开关,进入基础菜单,选择"辅助通道",这里选择的是某 2 段开关做通道 7 开关。

（2）接好 APM 的 USB 线,打开 Mission planner,点 CONNCET。

（3）打开主菜单"初始设置"的"必要硬件"中的"遥控器校准"。拨动通道 7 开关,看 Radio 7 的最高值是否大于 1 800。否则要检查遥控器的通道开关是否设置错误,或者点下校准遥控器重新把所有通道校正一次。测试的时候,要记住通道 7 开关打到哪里是最大值,这里是把二段开关打到最下时候是最大值,如图 5-45 所示。

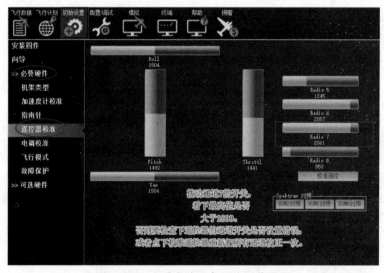

图 5-45　查看自动调参开关通道设置

（4）打开主菜单"配置/调试"的"扩展调参"。把通道 7 选项改为"AutoTune",再点"写入参数",如图 5-46 所示。

（5）自动调参前的准备工作。

1）飞行器飞行是正常的,就是说除了自动调参外,飞行器的调整基本完成,是一台正常的飞行器。千万不要在一台很不稳定的飞行器上作自动调参。

2）APM 的飞行模式中要有定高模式,并且定高状态下飞行是正常的,就是高度能保持基本稳定。

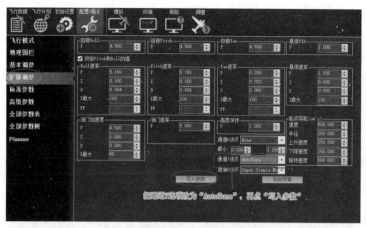

图 5 - 46　设置 AutoTune 通道

3）打开自动调参的日志，以方便调参后对结果的检查。打开主菜单"配置/调试"的"标准参数"。搜索"LOG_BITMASK"，其中的"IMU"一定要勾上，再点"写入参数"，如图5 - 47所示。

图 5 - 47　自动调参前的准备

4）飞行器的机臂刚性要好，不容易变形，太软的机臂自动调参失败概率大。

5）自动调参需要 5～7 min，自动调参时电池要充满电，满足 10 min 左右的飞行时间。

6）记住自动调参前的数值，方便调参后对比，如图 5 - 48 所示。自动调参是调整自稳 Roll 的 P、自稳 Pitch 的 P、Roll 速率和 Pitch 速率的 PID。

7）找一个空旷的地方进行自动调参，为了让数据更加真实，最好选择有微风的天气，风太大会吹着飞行器跑。

8）自动调参前，再次检查螺旋桨、电动机、电池等所有设备是否安装稳固，与调参无关的数传、LED 灯等不要开启。

（6）开始自动调参。

1）把自动调参的通道 7 开关打在低位上，切换到自稳飞行模式，按正常步骤对 APM 解锁，加油门起飞后，在大约 5～10 m 的高度切换到定高飞行模式。

2）把自动调参的通道 7 开关打在高位上，APM 自动调参就开始了。飞行器会左右、前后的摇摆。如果飞机漂得太远了，可以用遥控器控制杆让它飞近点，回来时飞行器用的是最初设置的 PID 参数。飞回来之后松开遥控器控制杆,自动调参将会继续进行。如果想中途终止自动调参,把通道 7 开关打到低位。

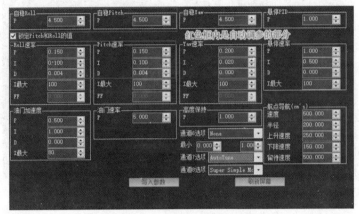

图 5-48　自动调参前的项目

3)整个自动调参过程要 5～7 min,等飞行器稳定下来不再左右摇摆时表示自动调参完成了,拉低遥控器油门杆让飞行器降落后,立即对 APM 进行上锁(油门杆最低方向最左),自动调参后的数据就自动保存了。如果不想保存这次的自动调参数据,把通道 7 开关打到最低位再立即上锁。

4)保存自动调参数据后,把通道 7 开关打到最低位,解锁后用自稳飞行模式起飞,看调整后的效果。

5)对比自动调参后的数据,如图 5-49 所示。

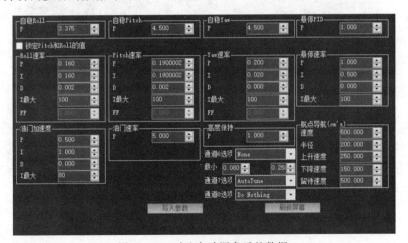

图 5-49　对比自动调参后的数据

6)打开主菜单"配置/调试"的"扩展调参"。把通道 7 选项改为"Do Nothing",再点"写入参数"。

(7)自动调参的建议。

1)选择自动调参的场地要够大。

2)自动调参时如果炸机了,要立即把自动调参开关打到低位,否则哪怕是油门拉到最低了,电动机还在转动。

3) 如果把自动调参开关打到高位后，飞行器没反应，可以打到低位再打一次高位。

4) 要选择人少时进行，自动调参有一定的失控风险。

5.6.3　PixHawk 飞控和 Mission Planner 地面站安装调试

PixHawk 是著名飞控厂商 3DR 推出的新一代独立、开源、高效的飞行控制器，如图 5-50 所示，它不仅提供了丰富的外设模块和可靠的飞行体验，还可在其基础上进行二次开发。因其通用性，本节以 PixHawk 为例讲解飞控和地面站安装调试过程。

图 5-50　PixHawk 外观

1. PixHawk 飞控配置

(1) 硬件配置。主处理器：32 位 STM32F427，主频 168 MHz，256 KB RAM。备用处理器：独立供电 2 MB Flash 32 位 STM32F103 故障保护协处理器。传感器：双 3 轴加速度计（据说可确保绝大部分情况下剔除单加速度计可能产生的混淆噪声，极大改善飞行稳定性）、磁力计（确认外部影响和罗盘指向）、双陀螺仪（测量旋转速度）、气压计（测高）、内置罗盘、支持外置双 GPS 集成的备份、超控、故障保险处理器 microSD 插槽用于日志等用途，5 个 UARTs，CAN，I2C，SPI，ADC 等。

(2) 接口定义。PixHawk 接口定义如图 5-51～图 5-53 所示。

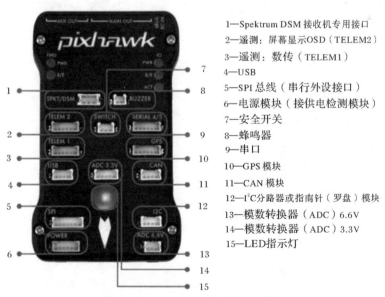

1—Spektrum DSM 接收机专用接口
2—遥测：屏幕显示 OSD（TELEM2）
3—遥测：数传（TELEM1）
4—USB
5—SPI 总线（串行外设接口）
6—电源模块（接供电检测模块）
7—安全开关
8—蜂鸣器
9—串口
10—GPS 模块
11—CAN 模块
12—I^{2}C 分路器或指南针（罗盘）模块
13—模数转换器（ADC）6.6V
14—模数转换器（ADC）3.3V
15—LED 指示灯

图 5-51　PixHawk 正面接口示意图

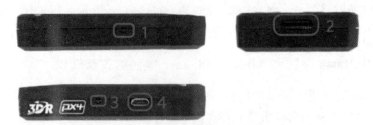

1—输入/输出重置按钮；2—SD卡插槽；3—飞行管理重置按钮；4—Micro-USB接口

图 5-52　PixHawk 两侧与底部接口示意图

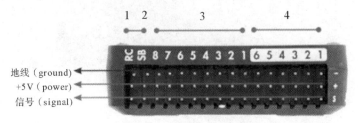

1—接收机输入；2—S.BUS输出；3—主输出；4—辅助输出

图 5-53　PixHawk 顶部接口示意图

2.基本飞行概念

(1)机头指向和方向。此处以固定翼与四轴飞行器为例。图 5-54 所示是无人机的载体坐标系。

载体重心为坐标原点；载体前进方向为 x 轴正方向；载体水平姿态时，垂直向下为 z 轴正方向；载体飞行方向指向右，为 y 轴正方向（x，y 和 z 轴满足右手螺旋准则）。

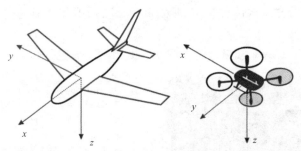

图 5-54　无人机的载体坐标系

飞行方向示意图(俯视)如图 5-55 所示。

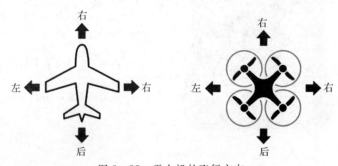

图 5-55　无人机的飞行方向

（2）多轴飞行器的飞行姿态角。如图5-56所示,各姿态角含义如下:

Roll:横滚角,以飞行前进方向为轴的左右角度变化;

Pitch:倾斜角,以飞行前进方向为轴的高低角度变化(抬头、低头);

Yaw:航向角,飞行器机头指向角度的改变。

图5-56　无人机的飞行姿态角

3.安装飞控驱动与地面站软件

安装PixHawk驱动程序:计算机—>右键—>设备管理器—>端口,出现PX4端口,如图5-57所示。

图5-57　PixHawk驱动程序安装端口

安装地面站软件(Mission Planner,MP):本机安装版本为v1.3.37。

地图加载方法:飞行计划—>右侧地图下拉菜单—>必应混合地图,如图5-58所示。

图5-58　Mission Planner地图的加载

4.连接飞控与地面站软件

拔掉飞控上所有设备,只留蜂鸣器。使用 USB 线连接飞控和电脑 USB 接口。

进入飞行数据页面,在右上角串口号选择下拉列表中的 PX4 FMU 串口号,本机是 COM9,波特率为115200,注意不要点击右侧的"自动连接",如图 5-59 所示。

图 5-59　连接飞控与地面站软件端口选择

5.升级飞控固件

选择:初始设置->安装固件,如图 5-60 所示。

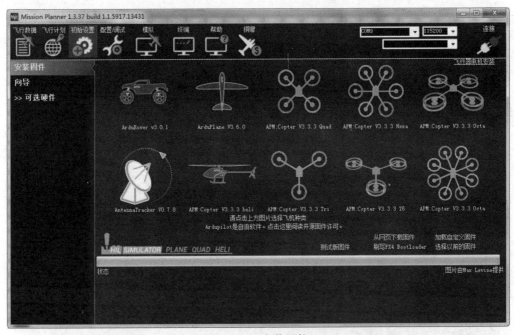

图 5-60　安装固件

(1)直接安装。选择飞机种类,下载最新固件,弹出是否继续对话框,选择"是",等待,安装完成时会出现短暂的音乐声,如图 5-61 所示。

图 5-61　下载最新固件

声音停止后点击"确定"。如果是第一次安装 AC3.2 固件,此时会提示需要进行罗盘重新校准。

进入"飞行数据"页面,在右上角选择 PX4 所在的 COM 端口(本机为 COM9)和 115200 波特率,点击右上角"连接"图标即可连上飞控,获取飞控数据,如图 5-62 所示。

图 5-62　连接飞控获取数据成功后界面

(2)安装下载的固件。通过地面站安装固件页面中的"下载固件"按钮打开官方下载服务器,如图 5-63 所示。

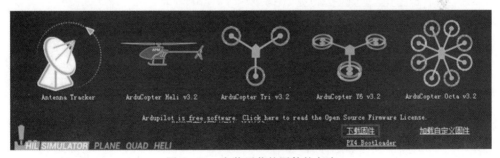

图 5-63　安装下载的固件的方法

官方软件下载地址:http://firmware.ardupilot.org/。

选择固件 Firmware 中的 APM Copter(多旋翼和传统直升机固件,如图 5-64 所示)。

打开固件下载页面:建议使用稳定版,点击 stable,进入稳定版下载。网址:http://firmware.ardupilot.org/Copter/stable/。

Index of /Copter/stable

Name	Last modified	Size	Description
↰ Parent Directory		-	
📁 PX4-heli-hil/	2015-02-11 13:49	-	
📁 PX4-heli/	2016-02-25 22:37	-	
📁 PX4-hexa/	2016-02-25 10:13	-	
📁 PX4-octa-quad/	2016-02-25 10:22	-	
📁 PX4-octa/	2016-02-25 10:20	-	
📁 PX4-quad-hil/	2015-02-11 13:49	-	
📁 PX4-quad/	2016-02-24 14:27	-	
📁 PX4-tri/	2016-02-25 10:26	-	
📁 PX4-y6/	2016-02-25 10:28	-	

图 5-64 固件版本

PX4 对应飞控。文件名含义为：Heli 表示直升机；hexa 表示 6 轴；Octa 表示 8 轴；octa-quad表示 4 个机壁，上下两层供 8 台电动机的 8 轴；quad 表示 4 轴；tri 表示 3 轴。

点击 PX4-quad/进入下载页面：选择 v2.px4 版本，右键-＞将链接另存为，下载到本机，如图 5-65 所示。

Name	Last modified	Size	Description
↰ Parent Directory		-	
？ ArduCopter-v1.px4	2016-02-24 14:27	573K	
？ ArduCopter-v2.px4	2016-02-24 14:27	643K	
？ ArduCopter-v4.px4	2016-02-25 09:41	611K	
📄 git-version.txt	2016-02-24 14:27	190	

图 5-65 下载固件

如果要加载自定义固件，在地面站进入"初始设置"页面-＞加载自定义固件-＞弹出对话框，选择刚下载的固件文件确定即可。

将地面站切换到"飞行数据"页面，设置好端口与波特率后，选择右上角连接图标即可看到飞控数据（高度、角度等）传回地面站并显示出来。此时主 LED 灯黄灯闪烁。LED 灯红蓝闪烁表示自检。

6.校准

将 GPS 的两路输出（6pin 和 4pin）接上飞控对应的 GPS 口（6pin）和 I2C 口（4pin 罗盘），准备校准。

打开地面站，用 USB 线连接飞控，设置 COM 端口号和波特率，选择"连接"；连接成功后进入"初始设置"页面,展开左侧"必要硬件",可以看到以下选项:机架设置、加速度计校准、罗盘、遥控器校准、飞行模式、失控保护(后两者不必校准)。

现在逐一校准上述项目。

(1)机架设置。选择"X"型,默认设置不改,如图5-66所示。

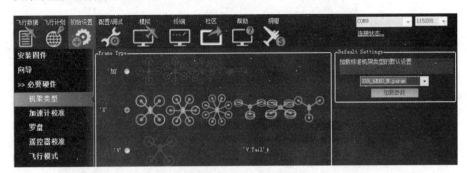

图5-66 机架的选择

(2)加速度计校准。点击左侧列表"加速度计校准"进入校准界面,按提示放置飞控。每一步完成后点击绿色"Click When Done"按钮。

提示如下:

1)Place vehicle level and press any key:水平放置,然后点击按钮;

2)Place vehicle on its LEFT side and press any key:以箭头所指方向的左侧(无USB接口的一侧)为底,立起来放置,然后点击按钮;

3)Place vehicle on its RIGHT side and press any key:以箭头所指方向的右侧(有USB接口的一侧)为底,立起来放置,然后点击按钮;

4)Place vehicle nose DOWN and press any key:以箭头所指方向指向地面,立起来放置,然后点击按钮;

5)Place vehicle nose UP and press any key:以箭头所指方向指向天空,立起来放置,然后点击按钮。

校准成功后提示:如果安装最新地面站后界面为中文,按提示完成校准操作即可,如图5-67所示。

图5-67 加速度计校准

(3)罗盘(指南针)校准。用捆扎带或皮筋将GPS天线与飞控固定好,确保二者正表面上箭头方向的指向一致,如图5-68所示。注意一定要固定好,在后续的旋转过程中二者不能发生偏移。

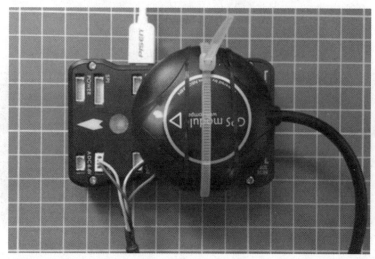

图 5-68 GPS与飞控的固定

一般装机前后各进行罗盘校准一次。安装时 GPS 和飞控无特殊位置关系,美观方便即可。

点击列表中的"罗盘(Compass)",选择"手动校准",指南针 1 和 2 设置使用默认设置,如图 5-69 所示。

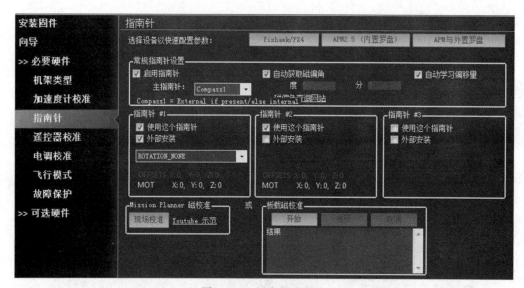

图 5-69 罗盘校准方法

点击"现场校准"按钮,弹出对话框提示使飞控绕所有轴做圆周运动,点击"OK"。手握飞控和 GPS 固联体做各个方向的圆周旋转以使飞控采集修正数据,此时地面站显示如图5-70所示。

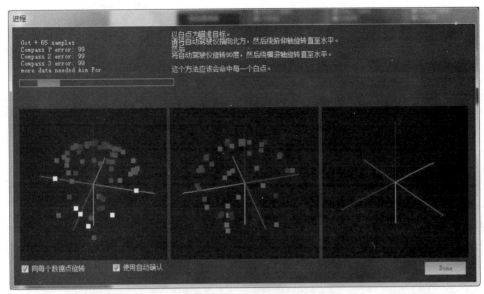

图 5-70　现场校准

不断改变飞控指向,数据采集自动结束后弹出偏移量提示。因为 GPS 中有指南针,飞控中也有指南针,因此弹出两个偏移量提示如图 5-71 所示,点击"OK"即可。

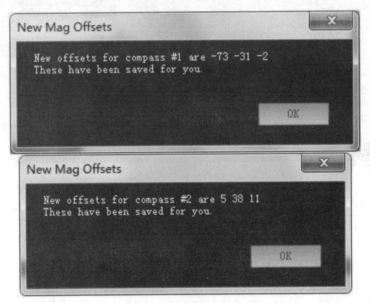

图 5-71　偏移量提示

(4)遥控器校准。GPS 校准完成、断电后按照规范(飞控正面放置时引脚从上至下依次为:一,十,信号)的连接方法接上 R7008SB 接收机连接飞控 RC 端口(此处使用 Futaba T14SG 标配接收机)进行遥控器校准,如图 5-72 所示。注意:接收机接错,飞控极有可能烧毁。

图 5-72 接收机连接飞控 RC 端口的连接

Futaba R7008SB 接收机输出:黄色为信号,红色为正极,棕色为地线。

1)方向校准。打开遥控器,打开地面站,连接飞控,进入初始设置->遥控器校准页面,如图 5-73 所示。

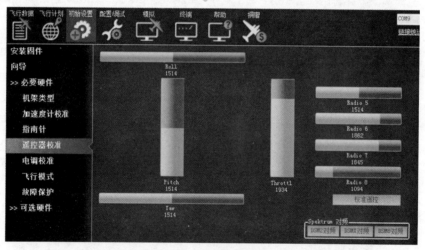

图 5-73 遥控器校准页面

注意,遥控器左右摇杆控制 4 个柱面(正确的方向在标识柱面下文字中做出了说明),只有升降舵为反向。

油门:推到顶/油门降到底——正向为正确;

方向:先将左摇杆打到最左侧,再将左摇杆打到最右侧——正向为正确;

横滚:先将右摇杆打到最左侧,再将右摇杆打到最右侧——正向为正确;

升降:右摇杆推到顶/右摇杆打到底——反向为正确。

如果方向不正确,则需要在遥控器设置中将该通道设置为反向。

2)行程校准。所有摇杆均在 1094~1934 数值之间变化,满足要求。

点击"校准",将遥控器左右摇杆重复打到最大值,即左右摇杆在最大值处不停转圈。得到的校准数据如图 5-74 所示。

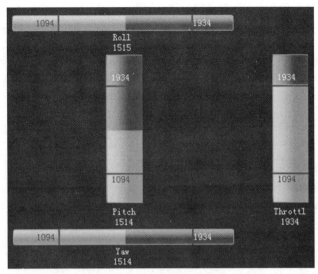

图 5-74　遥控器行程校准

操作完成后点击"完成时点击"按钮,弹出完成提示对话框,点击"OK"后弹出校准数据,如图 5-75 所示。

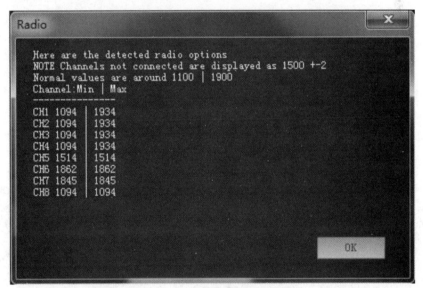

图 5-75　遥控器校准数据

7.飞行模式与失控保护

飞行模式设置非常重要。使用的遥控器不一样有不同的设置步骤,请参阅产品说明书。

PixHawk 有 6 个飞行模式可选,因此主要思路是,在摇控器上选择一个 2 挡开关和一个 3 挡开关,进行关联设置,组合得到 6 个不同挡位,使得设置好后:

当 2 挡开关处于第 1 挡位时,3 挡开关的 1/2/3 挡,分别对应模式 1/3/5;

当 2 挡开关处于第 2 挡位时,3 挡开关的 1/2/3 挡,分别对应模式 2/4/6。

根据需要设置飞行模式,以下是与 NAZA M v2 飞控控制模式的对比结果:Pixhawk 定点模式 Loiter ＝ NAZA GPS 姿态模式(GPS 定高、定点)用于飞行;Pixhawk 定高模式 AltHold＝ NA-

ZA 姿态模式(高度稳定,位置不定,有风险);Pixhawk 自稳模式 Stabilize,用于起飞和降落。

初步设置 6 个不同模式,其中模式 6 建议要设为 RTL,也就是"返航"模式,如图 5-76 所示。

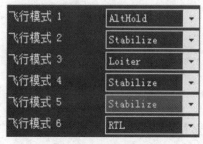

图 5-76 飞行模式

8.连接 3DR 数传

(1)安装 USB 转串口驱动。安装的驱动程序 CP210x_VCP_windows.exe(自行下载或商家提供)。

装好驱动后,将天线接上数传,使用任意一台数传,用 micro USB 接上数传和电脑。在设备管理器中显示如图 5-77 所示。

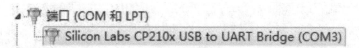

图 5-77 数传端口

(2)连接数传与地面站。

1)连接 1 台数传。保持数传与计算机的连接,打开地面站。如果只想对数传参数进行操作、修改,此时不要点击右上角的"连接"图标。

进入初始设置页面—>可选硬件—>3DRradio,如图 5-78 所示。

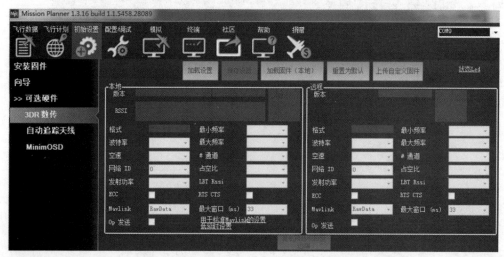

图 5-78 数传连接

设置端口号与波特率,根据电脑识别的 USB 转串口的端口(本机为 COM3)进行设置,波特率设置为 57600,如图 5-79 所示。

图 5-79　设置端口号与波特率

点击"加载设置",地面站连接飞控,获取设置参数,如图 5-80 所示。

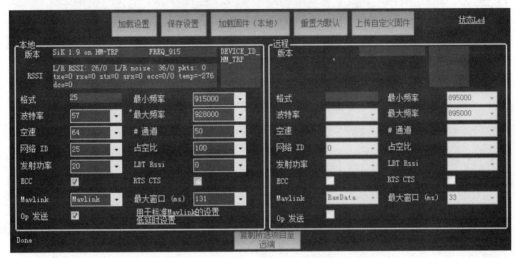

图 5-80　获取设置参数

注意:此时由于计算机只加载了一个数传,如果修改参数则另外一台(远端)参数将不会被修改,因此修改后两台数传会连不上。也就是说,当只连接 1 台数传时,不要修改参数,以免出现问题。

2)连接 2 台数传。注意:如果需要修改数传参数,必须同时连接两台数传,修改完一台的参数,通过"复制所选项至远端"按钮将修改的参数复制到另一台数传,否则会出错。

使用另一根 micro USB 线将另一台数传与计算机连接,如图 5-81 所示。

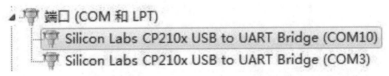

图 5-81　两台数传的端口

连接好后,再次点击"加载设置"等待连接,远程数传的参数也出现了,且跟本地数传参数一致。如果要改本地参数,修改后"保存设置",一定要选择通过"复制所选项至远端",将两台数传参数同步一致,如图 5-82 所示。

至此,完成了 PixHawk 与地面站的连接与基本设置、调试。

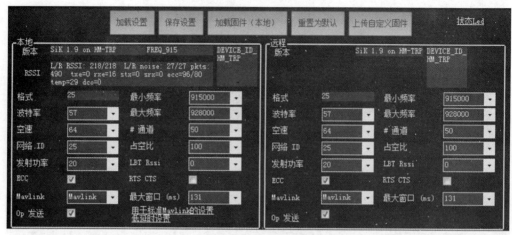

图 5-82　两台数传参数同步

5.7　无人机遥控器和遥控接收机调试

5.7.1　遥控器的选择

不同品牌的遥控器从功能上来说大体是相似的,在选择遥控器的时候,一般考虑使用频率。因摇杆电位器寿命限制,使用率不高的情况下一般建议选择中档遥控器如天地飞(见图5-83)、乐迪和富斯,长期使用可以选择高档遥控器如美国地平线(Spektrum)DX9 和 FUTA-BA (见图 5-84)等。

无人机遥控器 4 个通道对应的控制量分别如下:

A——副翼(Aileron);

E——升降(Elevator);

T——油门通道(Throttle);

R——方向舵(Rudder)。

（a）天地飞09S

（b）接收机

图 5-83　天地飞遥控器

（a）FUTABA 14SG　　　　　　　（b）接收机

图 5-84　FUTABA 遥控器

另外,在选择无人机遥控器的时候要特别注意美国手与日本手的区别,如图 5-85 所示。

 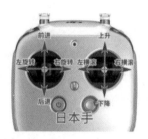

图 5-85　美国手与日本手

日本手在操控固定翼方面有明显的优势:在飞四边航线时,四个拐角处左、右两手分别操控方向舵和副翼,动作更为细腻流畅。因此对于固定翼的初学者,建议尽量选用日本手。

美国手的优点在于与载人机的飞行操控方式更为相似,右手摇杆与载人机的操控杆一致,便于理解。另外,许多有多旋翼飞行经验的学员早已习惯了美国手的操控方式,形成了肌肉记忆,无法更改。因此,针对这部分学员只能选用美国手的遥控器。

5.7.2　频段的选择

我们经常看到 433M,915M,1.2G,2.4G,5.8G 标记,这些指的是信号的频率段。一般认为频率越低穿透性越好,即绕射或散射能力越强;频率越高抗干扰能力越好。此处以 433M 和 5.8G 为例进行说明。很多人为了追求所谓的穿透力(绕射)而选了 433MHz 频段的设备,这是个开放的频段,但它有一个致命的缺点,那就是乱。由于这个频段频率不是很高,成本较低,天线较小易小型化,方便携带和安装,因此成为业余无线电频段中最为拥挤的频段。手持的对讲台功率在 5W 以内很常见,车载的功率达到 30W 很多见,中继台功率达到 50W 以上也不足为奇。工地以及饭店、宾馆几乎无一例外地都在使用这个频段。很多无线电爱好者,免费架起大功率的中继台 24 小时开机,供无线电友交流、使用。对于 5.8GHz 这个频段国家划分了开放的业余频段,另外频率高,天线可以更加小型化,目前在 5.8GHz 工作的设备很少,这个频段相对"纯净",干扰较少。但有利就有弊,频率越高电子元器件的造价越高,如对天线等精度要求更高,更容易发热,对靠近发射机的导磁体比低频更敏感,做大功率更困难等。

遥控器使用的频段通常为 2.4GHz,,我国工业和信息化部在 2015 年 3 月发出通知,规划

840.5～845MHz,1 430～1 444MHz 和 2 408～2 440MHz 频段用于无人驾驶航空器系统。

(1)840.5～845MHz 可用于无人驾驶航空器系统的上行遥控链路。其中,841～845MHz 也可通过用时分方式用于无人驾驶航空器系统的上行遥控和下行遥测链路。

(2)1 430～1 444MHz 频段可用于无人驾驶航空器系统下行遥测与信息传输链路。其中, 1 430～1 438MHz 频段用于警用无人驾驶航空器和直升机视频传输,其他无人驾驶航空器使用 1 438～1 444MHz 频段。

(3)2 408～2 440MHz 频段可作为无人驾驶航空器系统上行遥控、下行遥测与信息传输链路的备份频段。相关无线电台站在该频段工作时不得对其他合法无线电业务造成影响,也不能寻求无线电干扰保护。

5.7.3　接收机模式的选择

PWM,PPM,S.BUS,DSM2 的选择是每个无人机从业者都会遇到的问题,这里简单对比解释一下。

PWM,PPM(也叫 CPPM),S.BUS,DSM2 都是接收机与其他设备通信的协议。请注意这里不要与遥控器和接收机之间的协议混淆。遥控器和接收机之间会采用某种协议来互相沟通,这些协议往往各个厂牌各有一套且互不兼容。但接收机输出的信号是有通行标准的,这里讨论的就是接收机输出的信号。

1.PWM

PWM 是 Pulse Width Modulation 的缩写,意思是脉宽调制,在航模中主要用于舵机的控制。这是一种古老而通用的工业信号,也是一种最常见的控制信号。该信号主要原理是通过周期性跳变的高低电平组成方波,来进行连续数据的输出,如图 5-86 所示。

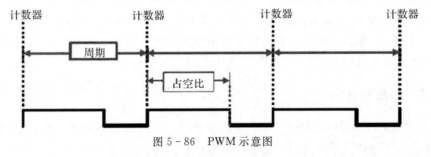

图 5-86　PWM 示意图

而无人机常用的 PWM 信号,其实只使用了它的一部分功能,即只用到高电平的宽度来进行信号的通信,而固定了周期,并且忽略了占空比参数。

PWM 的优点很明显,由于传输过程全部使用满电压传输,非 0 即 1,很像数字信号,所以拥有了数字信号的抗干扰能力。

脉宽的调节是连续的,使得它能够传输模拟信号。

PWM 信号的发生和采集都非常简单,现在的数字电路则使用计数方法产生和采集 PWM 信号。

信号值与电压无关,这在电压不恒定的条件下非常有用,比如电池电压会随消耗而降低, DCDC 都会存在纹波,等等,这些因素不会干扰信号的传输。

PWM 因为处理简单,至今在航模圈仍然广泛用以驱动舵机和固定翼飞机的电调等。其相对 PPM 等协议最大的不同在于,它每条物理连线里只传输 1 路信号。换句话说,需要传输几个通道,就需要几组物理连线。

2. PPM

PPM 全称是 Pulse Position Modulation。因为 PWM 每路只能传输一路信号,这在分别直接驱动不同设备的时候(比如固定翼无人机,每路各自驱动不同的舵机和电调)没有任何问题。但在一些场合,并不需要直接驱动设备,而是需要先集中获取接收机多个通道的值,再做其他用途时(比如将两个遥控器连接起来的教练模式,用遥控器接电脑玩模拟器时,当然还有使用多轴无人机,要将接收机的信号传输给飞控时),每个通道一组物理连线的方式就显得非常的烦琐和没有必要。这时候 PPM 就是救星了。

无人机使用的 PWM 信号,高电平的持续时间在整个时间轴上所占的空间其实是很小的(假设高电平是信号),绝大部分的时间是空白的。PPM 简单地将多个通道的数值一个接一个合并进一个通道,用 2 个高电平之间的宽度来表示一个通道的值,如图 5 - 87 中的第一行所示。

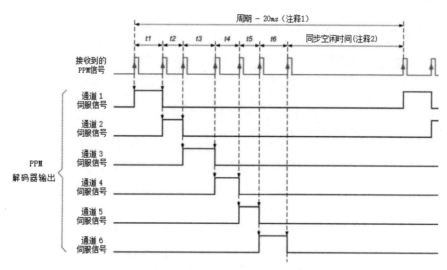

图 5 - 87 PPM 示意图

因为每一帧信号的尾部必须加入一个足够长的空白(显著超过一个正常 PWM 信号的宽度)来分隔前后两个信号,每一帧能传输的信号通道最多只能到 8 个。这在大部分的场合已经足够了,比如教练模式/模拟器/多轴等。同时 PPM 是一个通行标准,绝大多数厂牌的遥控/接收都是支持的。

3. S. BUS

S. BUS(S - BUS/SBUS)全称是 Serial Bus。S. BUS 是一个串行通信协议,最早由日本厂商 FUTABA 引入,随后 FrSky 的很多接收机也开始支持。S. BUS 是全数字化接口总线。数字化是指的该协议使用现有数字通信接口作为通信的硬件协议,使用专用的软件协议,这使得该设备非常适合在单片机系统中使用,也就是说适合与飞控连接。总线是指它可以连接多个设备,这些设备通过一个 Hub 与这个总线相连,得到各自的控制信息。

S. BUS 使用 RS232C 串口的硬件协议作为自己的硬件运行基础;使用 TTL 电平,即3.3V;使用负逻辑,即低电平为"1",高电平为"0";波特率为 100 000,注意,不兼容波特率115 200。

4. DSM2(DSMX)

DSM 是 Digital Spread Spectrum Modulation 的缩写。DMS 协议共有三代,即 DSM,DSM2,DSMX。国内最常见的是 DSM2(DSMX),JR 的遥控器和 Spectrum 的遥控器都支持它。该协议也是一种串行协议,但是比 S. BUS 更加通用,使用的标准串口定义,所以市面上兼容接收机更加便宜,兼容的设备也更多。

5. 具体选用方法

(1)如果配置的是不加飞控的固定翼,那么选择 PWM。

(2)如果需要配置无线教练机或者无线模拟器,那么一个支持 PPM 输出的接收机可以省去一团乱麻的连线。如果是普通休闲用多轴无人机,无论是航拍还是穿越,PPM 也足够胜任。

(3)如果追求极限的穿越机表现,那也许你能感受到 S. BUS 的低延迟带来的优势。或者涉足功能丰富的航拍机,除了控制飞机,还要控制云台等一系列其他附加设备时,S. BUS 的多通道会给你带来很大便利。然而这时需要寻找支持 S. BUS 的遥控接收组合,这也许意味着额外的投入。

具体的切换方法不同品牌的接收机各不相同,请参阅说明书。

5.7.4 接收机的调试

1. 接收机天线安装

(1)尽量保证天线笔直,否则将会减小有效控制范围。

(2)两根天线保持 90°夹角(见图 5 - 88)。

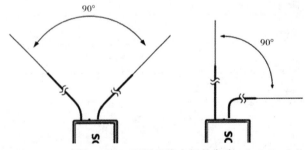

图 5 - 88 两根天线之间的角度

(3)大型无人机可能会存在影响信号发射的金属部件,在这种情况下,天线应处于模型的两侧,如图 5 - 89 所示。这样在任何飞行姿态下都能保持拥有最佳的信号状态。

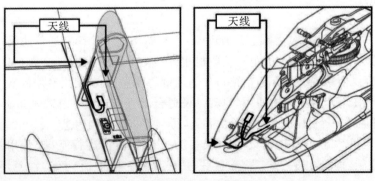

图 5 - 89 大型无人机天线安装

（4）天线应该尽可能远离金属导体和碳纤维，至少要有 0.5 in 的距离，但不能过度弯曲。

（5）尽可能保持天线远离电动机、电子调速器（ESC）和其他可能的干扰源。在实际安装接收机的过程中，可以使用海绵或者是泡沫材料将其绕起来以防震。

（6）接收机包含一些高精度的电子零部件。因此在使用时，请小心轻放，防止剧烈震动或处于高温环境中。为了更好地保护接收机，用 R/C 专用泡沫或橡胶布等防震材料将其缠绕。为了防止接收机受潮，最好是将其放到塑料袋中并把袋口封好，因为如果有水分进入接收机，可能造成间歇性失控甚至完全失去控制。将接收机放入塑料袋还可以防止燃料以及残渣进入机身。

2.对码

每个发射机都有独立的 ID 编码。开始使用设备前，必须进行接收机与发射机对码。对码完成后，ID 编码储存在接收机内，且不需要再次对码，除非接收机再次与其他发射机配套使用。购买了新的接收机后，必须重新对码，否则接收机将无法正常使用。对码时将发射机和接收机放在一起，两者距离在 1 m 以内。具体步骤不同品牌有所不同，请参阅产品说明书。

天地飞、FUTABA 的对码步骤一般如下：

（1）接收机通电。注意电源正负极是否正确和电压是否在安全工作范围内。

（2）长按 SET 键 3～4 s，状态灯为橙色灯慢闪，进入对码状态。

（3）遥控器开机，检查工作模式应为 PCMS，PPM 模式不能对码。

（4）遥控器进入对码菜单：MENU→高级设置→对码→确定→接收机灯灭→对码成功。

乐迪的对码步骤如下：

（1）将发射机和接收机放在一起，两者距离在 1 m 以内。

（2）打开发射机电源开关，R12DS 接收机将自动寻找与之最近的遥控器进行对码。这是 R12DS 接收机的特色之一。

（3）按下接收机侧面的（ID SET）开关 1 s 以上，LED 灯闪烁，指示开始对码。

（4）请确认舵机可以根据发射机来操作。

5.7.5　模型的选择与机型选择

模型选择是指一个遥控器配对多个飞行器的接收机，但同一时间只允许控制一个飞行器（安全考虑），也就是一个接收机。为了方便操作，不需每次更换无人机时，都重新将接收机对码，所以需要将每个接收机保存为一种模型，当需要控制其他接收机时在模型里面进行选择即可。

机型选择则是指选择每一个模式里面的机型，比如，固定翼、多旋翼、直升机等。

操作步骤一般如下：

（1）设置：按住 MENU 键开机，进入"系统设置"，选择"机型参数选择"和"机型设置"，分别选择所有模型的参数组中的一组和机型类型。

（2）保存：按方向键选择，按确认键确定选项后，按提示关机，直接保存。

5.7.6　中立微调

一些原因会导致飞机的飞行出现偏差，因此必须进行中立微调，对舵机的中立位置进行精细的调整。调整范围为 −120～120（步阶），默认设置为 0，即没有中立微调。建议用户在开始

设置中立微调之前,确保舵机行程的范围限制在单一的方向。建议操作程序如下:

(1)测量并记录预期舵面的位置。

(2)将微调步阶量和中立微调都设为 0。

(3)将舵机臂和连杆连接起来,使舵面的中立位置尽可能准确。

(4)在中立微调中选用较小的调整量调至精准位置。

5.7.7　油门怠速(只适用于固定翼机)

在下列情况下降低发动机的转速:停在跑道上(起飞待命状态),失速滚转和着陆。普通的转速设置建议:稍高的速度易于启动,可降低飞行中灭车的风险以保安全飞行。

控制开关可设置在任何开关位置,一些无人机使用者偶然将油门怠速和油门关闭设在一个三挡开关上。在这种情况下,发动机不可能在普通模式下启动。油门怠速的默认设置为开关的中间挡位和下挡位,即使油门关闭设在开关的下挡位时也可正常使用。将开关拨至上挡位则为普通飞行/起飞模式,中间挡位为慢速飞行/着陆,下挡位为关闭发动机。如果将油门怠速或油门关闭设置在教练功能开关,那么当使用教练功能时则会发生油门失控或学生机无法操控的危险。

5.8　无人机动力系统调试

电动无人机动力系统由 4 部分构成,即电池、电机、电子调速器(电调)和螺旋桨。其选配过程:根据机身尺寸选择桨,再根据桨和电动机的搭配效率选择电动机,之后根据电动机最大电流选择电调,最后根据电调最大电流选择电池。选配原则为,电池电压不能超过电调的额定电压,电池最大电流应大于电调额定电流;电池电压不能超过电动机最大电压,电调最大电压不能超过电动机最大电压。

5.8.1　连接方式

连接方式详细说明如图 5-90 所示。

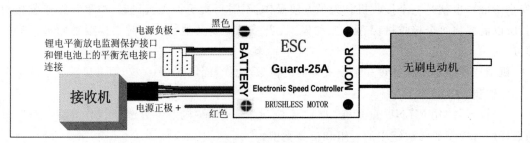

图 5-90　动力系统接线图

接收机:所用接收机必须已和遥控器对好频率。

接收机供电:5V(UBEC处)接入到任意一个通道。注意通道的接口定义,即 PWM 信号线,VCC_5V,GND,常用表示为(S+-)。

电池:注意电源正负极。

电调:信号线接到油门三通道,电源线接到电池或者发电机的正负极。注意识别信号线定义,PWM 信号线、VCC_5V、GND。

电动机:注意三相线的接法,改变其中任意两根,可以改变电动机转向。

5.8.2 电调启动

在使用全新的无刷电子调速器之前应仔细检查各处连接是否正确、可靠(此时请勿连接电池)。经检查一切正常后,按以下顺序启动无刷电子调速器:

(1)将遥控器油门摇杆推至最低位置,接通遥控器电源;

(2)将电池组接上无刷电子调速器,调速器开始自检,约 2s 后电动机发出"哔——"长鸣音表示自检正常。然后电机发出提示音,表示一切准备就绪,等待推动油门启动电动机。

1)若无任何反应,请检查电池是否完好,电池连线是否可靠。

2)若上电 2s 后,电动机发出"哔哔"的鸣音,5 s 后又发出"56712"特殊提示音,表示电调进入编程设定模式,这说明遥控器未设置好,油门通道反向,请参考遥控器说明书正确设置油门通道的"正/反"向。

3)若上电后电动机发出"哔哔、哔哔、哔哔"鸣音(间隔 1 s),表示电池组电压过低或过高,请检查电池组电压。

(3)正常情况下,电动机音乐响起后,电动机会发出鸣音依次报出各个选项的设定值,可以在此过程中的任意时刻推动油门启动电动机,而不必等鸣音结束。

(4)为了使电调适应遥控器油门行程,在首次使用电调或更换其他遥控器时,均应重新设定油门行程,以获得最佳的油门线性。

5.8.3 保护功能

启动保护:当推油门启动后,如在 2 s 内电动机未能正常启动,电调将会关闭电机,需油门再次置于最低点后,才可以重新启动(出现这种情况的原因可能有电调和电动机连线接触不良或有一条断开、螺旋桨被其他物体阻挡、减速齿卡死等)。

温度保护:当电调工作温度超过 110℃时,电调会降低输出功率进行保护。但输出功率不会全部关闭,最多只降到全功率的 40%,以保证电动机仍有动力,避免摔机。温度下降后,电调会逐渐恢复最大动力。

油门信号丢失保护:检测到油门遥控信号丢失 1 s 后,电调开始降低输出功率,如果信号始终无法恢复,则一直输出到零输出(降功率过程为 2 s)。如果在降功率的过程中油门遥控信号重新恢复,则立即恢复油门控制,这样做的好处是:在油门信号瞬间丢失的情况下(小于 1 s),电调并不会进行断电保护;如果遥控信号长时间丢失,则进行保护,但不是立即关闭输出,而是有一个逐步降低输出功率的过程,给操控者留有一定的时间救机,兼顾安全性和实用性。

过负荷保护:当负载突然变得很大时,电调会切断动力,或自动重启动。出现负载急剧增大的原因通常是螺旋桨打到其他物体而堵死。

5.8.4 故障处理

电调常见故障见表 5-3。

表 5-3 电调常见故障及诊断方法

故障现象	可能原因	解决方法
上电后电动机无法启动,无任何声音	电源接头接触不良	重新插好接头或更换接头
上电后电动机无法启动,发出"哔哔、哔哔、哔哔"警示音(每两声之间的间隔时间为 1s)	电池组电压不正常	检查电池组电压
上电后电动机无法启动,发出"哔、哔、哔"警示音(每声之间的间隔时间为 2 s)	接收机油门通道无油门信号输出	检查发射机和接收机的配合是否正常、油门控制通道接线是否插紧
上电后电机无法启动,发出"哔、哔、哔、哔、哔"急促单音	油门未归零或油门行程设置过小	将油门摇杆置于最低位置;重新设置油门行程
上电后电动机无法启动,发出"哔哔"提示音,然后发出"56712"特殊提示音	油门通道"正/反"向错误	参考遥控器说明书,调整油门通道的"正/反"向设置
电动机反转	电调输出线和电动机线的线序错误	将三根输出线中的任意两根对调
电动机转动中途停转	油门信号丢失保护	检查遥控器和接收机的配合是否正常,检查油门通道接线是否接触良好
	电池电压不足,进入低压保护状态	重新给电池充满电
	接线接触不良	检查电池组插头是否正常、电调输出线和电机线连接是否稳固可靠
随机性的重新启动和工作状态失常	使用环境中具有极强烈的电磁干扰	电调的正常功能会受到强烈电磁波的干扰。出现这种情况时,请参照说明书的指示,尝试重新上电启动来恢复正常的工作状态;当故障反复出现时,说明使用环境中的电磁波干扰过于强烈,请在其他场所使用该产品

油动无人机动力系统包括进气系统、增压器、点火系统、燃油系统和启动系统。

5.9 无人机飞行测试方法

5.9.1 气象对于飞行的影响

1. 干扰操控者飞行视觉的气象

雾、霾、雾霾、扬沙等气象,间接或者直接干扰无人机操作者视觉,能见度低,易引起视觉判断错误。雾、霾、雾霾等气象带来的困扰,造成操作者不同程度的视觉错误,视距变短,操作者对距离和速度的判断都与实际情况相差较大,容易发生炸机事件。

2.干扰无人机飞行的气象

雷电气象:干扰无人机飞行,易发生雷击。无人机一般都是在空旷的地方飞行,而且手动时操控者主要通过无线电来控制无人机飞行。这些都是雷击易发生的因素。

雨水气象:干扰无人机飞行,易发生进水。由于无人机是电子产品,雨水一旦渗入内部,电子元器件可能无法工作。空气湿度也是一项可能影响无人机正常工作的气象。当空气湿度的数值接近1时,就应当引起注意了。在这种湿度条件下,哪怕不下雨,无人机的表面也会凝结非常多的水汽。对于无人机来说,水汽一旦渗入内部,极有可能腐蚀内部电子元器件,所以日常也需要做好干燥除湿的保养。

大风气象:干扰无人机稳定飞行,易发生侧翻。在大风的情况下,无人机为了保持姿态和飞行,会耗费更多的电量,续航时间会缩短,同时飞行稳定性也会大幅度下降。

5.9.2 多旋翼无人机的飞行测试方法

1.重心

多旋翼无人机的重力主要是由机架、起落架、燃料(电池)、发动机等部件重力组成。各部重力合力的作用点称为重心。多旋翼无人机的重心一般都是在机架的中心。一般多旋翼无人机前后左右对称,重心总是在对称面上。一定要找对多旋翼无人机的重心,不然会引起多旋翼无人机起飞后向某方向偏。

2.阻力

当迎风骑自行车或奔跑时,会感受到一股阻止前进的力,这就是压差阻力,或称为迎面阻力。压差阻力是由物体与空气相对运动时,物体前后存在压力差所引起的。不过产生这种阻力的根本原因还是空气的黏性。举一个气流流过圆球的例子。当圆球和空气做相对运动时,如果空气没有黏性,此时不但没有摩擦阻力而且也没有其他阻力。因为在这种情况下,圆球前后、上下的压力分布相同,所以既没有上下方向的压力差——升力,也没有前后方向的压力差——压差阻力。当空气有黏性时,气流流过圆球表面会损失一些能量,在圆球前端一驻点处分叉成上下两股气流,在绕过圆球后,它们不能在圆球后端再汇合到一起向后平滑地流去,于是产生气流分离现象。这时在圆球后面的气流形成尾流区。尾流区内的静压低于圆球前面的静压。圆球前后的压力差便产生压差阻力。

压差阻力与物体的形状、它在气流中的姿态以及最大迎风面积等因素有关。由于压差阻力主要与物体形状有关,所以也可称为形状阻力。很明显,要想减少压差阻力就必须减少物体后面的尾流区,增加物体后面的静压。为飞机各部分选择合适的外形是减少压差阻力的主要方法。所谓流线型的物体就是指满足压差阻力比较小的物体。气流流过良好流线型物体所产生的阻力只有圆球阻力的1/5左右。

既然压差阻力也与空气黏性有关,所以除了上面介绍的这些因素外,它与物体表面的边界层状态也有很大关系。如果边界层是层流的,边界层内的空气质点动能较小,受到影响后容易停留下来,这样气流就比较容易分离,尾流区的范围就比较大,压差阻力也就很大。如果边界层是紊流的,那么由于边界层内空气质点的动能较大,所以气流流动时就不太容易停顿下来,使气流分离得比较晚,尾流区就比较小,压差阻力也就比较小。在比较圆球表面边界层和紊流时的流动情况后发现:当圆球表面边界层为层流边界层时,由于气流分离得较早,它的阻力数竟比紊流边界层情况大 6 倍之多,所以从减少压差阻力的观点看,边界层最好是紊流的。一般情况下,物体的阻力就是指摩擦阻力和压差阻力之和。

计算物体阻力大小所采用的公式与计算升力的相似。物体阻力大小与物体的形状、大小、相对气流的速度和空气的密度有关。对于非流线型物体,如平板、圆球等来说,其产生的阻力中,压差阻力占主要部分。

5.9.3　固定翼无人机的飞行测试方法

1. 重心

固定翼无人机的重力是由机翼、机身、尾翼、发动机、燃料(电池)和起落架等各部件的重力组成的。各部重力合力的作用点称为重心,无人机的重心位置应包括前后、左右和上下的位置。由于一般无人机左右对称,重心总是在对称面上,而且重心上下位置对安定性的影响较小,所以平时说的重心位置都是指沿纵轴方向的前后位置。

测定重心前后位置的方法有以下几种:

(1)直接测量法。用两块木块或左右手各一个手指对称地在机翼下表面支撑无人机,并沿机身纵轴前后移动,当无人机处于水平状态时,木块或手指所支撑的位置就是重心位置。

(2)吊线法。两次起吊无人机,重锤线相交点就是重心位置,用这种方法可以同时测得重心的前后和上下位置。

(3)称重法。对大型的无人机,可以用称重的方法来计算并测定重心位置。测量时将无人机纵轴放成水平位置,将尾轮置于秤盘上,设指示重力是 R_2,利用平行力的合成关系,求得重心位置 $L_1 = \dfrac{R_2 L}{G}$,其中 G 是无人机的总重力。

2. 阻力

无人机飞行在空气中会有各种阻力,阻力是与无人机运动方向相反的空气动力,它阻碍无人机前进,我们也需要对它有所了解。按产生的原因,阻力可分为摩擦阻力、压差阻力、诱导阻力和干扰阻力。

(1)摩擦阻力。摩擦阻力和黏性、物体表面的光滑程度以及物体与空气接触面积等因素有关。空气的黏性作用主要表现在物体表面的边界层中,所以摩擦阻力实际上就是边界层内空气黏性摩擦力的总和。对固定翼无人机机身来说,摩擦阻力占总阻力的大部分。

(2)压差阻力。人在逆风中行走,会感到阻力的作用,这就是一种压差阻力。这种由前后压力差形成的阻力叫压差阻力。无人机的机身、尾翼等部件都会产生压差阻力。

(3)诱导阻力。升力产生的同时还对无人机附加了一种阻力。这种因产生升力而诱导出来的阻力称为诱导阻力,是无人机为产生升力而付出的一种"代价"。

(4)干扰阻力。它是无人机各部分之间因气流相互干扰而产生的一种额外阻力。这种阻力容易产生在机身和机翼、机身和尾翼、机翼和发动机、机翼和副油箱之间。

5.10　飞 行 安 全

5.10.1　影响飞行安全的主要因素

在实际执行无人机飞行任务时,有很多原因影响无人机的安全飞行,轻则造成安全隐患,重则引发严重的飞行事故。总结日常无人机飞行中的各种问题,可以大致分为"操控者原因""外部原因""设备原因"。

1.操控者原因

(1)操控不当。训练不到位,对飞行基本操控不熟悉,执行错误的操作,导致飞行事故。

(2)检查不到位。飞行器起飞前检查不到位,导致结构、电气存有安全隐患。

(3)超重飞行。飞行的任务载荷超过或者达到临界载重范围,使无人机动力冗余度不够,导致飞行事故。

(4)失速。多旋翼无人机快速下降时,螺旋桨旋转速度明显降低,容易引发螺旋桨失速。固定翼无人机大攻角飞行,容易超出临界角导致飞机失速。

(5)丢失姿态、航向。操控者与无人机的距离过远但不超控制范围,容易发生丢失飞行器飞行姿态、航向,而导致错误的飞行操控。

(6)与其他物体撞击。飞行过程中,由于无人机操控者没有对飞行环境进行仔细勘察或飞行速度过快,容易导致无人机与建筑物、电线、树木、其他飞行器等物体发生碰撞。

(7)返航策略错误。起飞前没有设置合适的返航策略,导致飞机在返航途中发生事故,或返回错误的返航点,或无法返航。

(8)身体原因。操控者本身存在饮酒、服药、患病等问题,因反应变慢、意识错乱现象引发飞行事故。

2.外部原因

(1)障碍物。操控者与无人机中间隔着建筑物等,虽然在理论控制范围,但是其信号穿过建筑物后可能会影响无人机传输信号的快慢(超视距情况下),因此由于操控延时导致飞行事故。

(2)信号遮挡(模式转变)。在周围高层建筑群等遮挡无人机 GPS 情况下,可能会因为失去 GPS 信号,从而导致无人机的稳定性大大降低,其操作也会转为手动飞行。因此需要实时注意无人机的飞行,避免出现因 GPS 不准确导致的安全事故。

(3)失控(信号、图传丢失)。由于飞行距离、障碍物等原因导致的遥控器信号、图传信号丢失,从而引发无人机处于不受控状态。

(4)鸟击。飞行过程中与鸟类撞击或受鸟类主动攻击,导致飞行器受损。

(5)恶劣气象。温度、湿度、风速是影响无人机安全飞行的三大重要气象条件。

(6)信号干扰。信号干扰主要指受雷达、变电站、信号塔等强信号干扰。还有一种为使用反制设备干扰。常见的为干扰 GPS 信号,也有干扰 2.4GHz 和 5.8GHz 信号的。干扰 GPS 信号后一般都会转为手动飞行,干扰 2.4GHz 信号和 5.8GHz 信号指切断操控者与无人机之间的无线电信号。

(7)地效干扰。此类安全事故主要出现在起飞和降落阶段,一般伴随有侧向阵风。起飞或降落不果断是导致飞行事故的重要原因。

(8)环境干扰(指南针校准)。飞行环境存在大量金属、矿藏等情况,导致局部磁场环境复杂,罗盘测试错误。另外当飞行器所处地理环境发生重大改变时,必须主动进行指南针校准。

3.设备原因

(1)电量不足。电量不足导致的飞行事故一般出现在飞行器动力电池、遥控器电池上。

(2)遥控器问题(天线)。首先保证遥控器各项参数设置正确,注意不同的天线辐射范围不同,所以在视距内飞行时必须使飞行器处于天线的辐射覆盖范围内。

（3）电动机堵转。电动机是飞行器重要的动力来源,注意电调与电动机的匹配度、电动机内是否存在杂质,否则将导致电动机发生堵转现象。还应避免出现动力大幅降低或失去动力的情况。

（4）飞控错误（感度、方向）。铁磁、电磁对无人机磁罗盘产生干扰。如果磁罗盘信号出现问题,会导致飞机无法识别方向。另外飞控安装方向、连线、减震装置也是导致飞控错误的重要因素。

（5）遥控器设置不明。在遥控器存在公用的情况时,容易出现操控者对当前遥控设备设置不明的情况,以至出现操控失误。

（6）结构问题（射桨）。无人机螺旋桨或电动机上的桨座存在质量问题或者疲劳伤,容易导致在加速飞行时出现螺旋桨断裂或者射桨问题。另外由于震动、重着陆等其他问题导致无人机出现结构件损坏、松动等问题,存在安全隐患。

（7）逻辑错误。无人机飞控或者其他测量控制模块发生意外死机或者数据错误导致的飞行事故。

（8）飞机本身故障（老化）。无人机飞控的重要部件多由电子元器件构成,这些元器件本身存在寿命问题,并且工作效果受环境影响较大。注意由于设备老化（电子元件、飞机结构问题）引发的飞行事故。

5.10.2 安全提醒

在调试过程中或完成后需要实飞测试,应当格外注意以下方面:

（1）遥控器上务必设置"油门锁"。养成无人机上电时,确认油门是被锁住的好习惯。无人机跑道就位临起飞时,再打开油门锁。无人机一落地立即将油门锁住,防止走动过程中误触碰油门摇杆,导致电动机转动伤人。

（2）给无人机上电前,认真确认当前无人机与遥控器所选飞机是对应的。

（3）遥控器没有办法设置油门锁的,在给无人机上电时,不要把遥控器挂在胸前或立着放在地上,防止误碰油门摇杆。

（4）起飞前最好先试试各个舵面方向反应是否正确,新手不要飞"带病"（机身不正、舵机乱响等）的飞机。

（5）给无人机上电时,确认电池电量充足。

（6）使用桨保护器的,要经常检查绑扎螺旋桨的橡皮筋是否老化。尤其是放置了一段时间没飞的无人机更是如此。

（7）手拿无人机时,手握无人机的位置必须避开桨叶转动可以打到的地方。

（8）拿到刚刚降落的无人机,即便是锁了油门锁,第一件事也是要立即断开电池与电调的连接。要养成好习惯。

（9）没有起落架的尾推类无人机（飞翼等）尽量用高 KV 值的电动机和小桨,采用正确的姿势把飞机抛出,防止打到手（越小的飞翼,越容易打到手）。

（10）新手在任何情况下,飞任何机型时,都不要试图用手接住正在降落的无人机。

（11）飞行时,一定要先开遥控器,再给无人机上电,防止因设置过失控保护电动机突然启动。

(12)调试无人机的电子件(包括设置遥控器、电调)时,最好取下螺旋桨。如果实在不方便取下螺旋桨,一定注意不要让桨的前面和正侧面有人,以防电动机突然转动,致使飞机蹿出。

(13)不要在人群上空飞无人机。也不能对着人、车,甚至猫、狗等动物降落无人机。

(14)无论如何也要让观看飞行的人站在操纵者的后面。要选择背对阳光的方向飞行。尽量操控无人机不要飞到操纵者身后,更不能以操纵者为圆心转圈飞。

(15)尽量不要在飞场进行遥控器和接收机的对频。经常会有操纵者把接收机对到他人遥控器上,出现电动机突然启动的情况。

总之,安全无小事。请务必增强安全意识,养成安全飞行的好习惯。

习　　题

1. 飞行时产生失速的原因是什么?
2. 无人机哪些部件要做动平衡? 为什么这些部件要做动平衡呢?
3. 简述多旋翼无人机的调试方法。
4. 简述固定翼无人机的调试方法。

第6章 无人机维护与保养

无人机设备、机体的维护与保养是保障飞行安全的重要环节,本章从电池、动力装置、机体、遥控几方面讲解相应的维护与保养方法,并且介绍飞行前后检查的有关注意事项。

教学要求

(1)掌握电池的维护与保养。
(2)掌握动力装置的维护与保养。
(3)掌握机体的维护与保养。
(4)掌握遥控器的维护方法。
(5)掌握飞行前后的检查事项。

内容框架表

本章内容框架表见表6-1。

表6-1 内容框架表

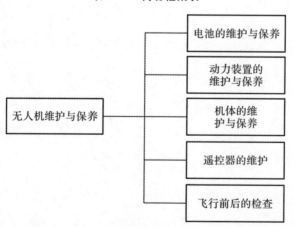

6.1 电池的维护与保养

无人机电池是配件中损耗较大的部件。电池是无人机的动力输出来源,也是无人机最重要的部件之一,所以对电池的保养非常重要。好的维护和保养方法能在很大程度上延长电池的使用寿命,降低飞行成本。锂聚合物电池(锂电池)如图 6-1 所示。

大多数无人机使用锂电池,单片电芯额定电压为 3.7 V。单片锂电芯的实际电压为 2.75～4.2 V,锂电池上标的电容量是由 4.2 V 放电至 2.75 V 所获得的电量。锂电池必须保持在 2.75～4.2 V 这个电压范围内使用。如电压低于 2.75 V 则属于过度放电,锂电池会膨胀,内部的化学液体会结晶,这些结晶有可能会刺穿内部结构层造成短路,甚至会让锂电池电压变为零。

图 6-1 锂聚合物电池

锂电池的放电能力是以倍数(C)来表示的,表示按照电池的标称容量最大可达到多大的放电电流。常见的锂电池有 15C,20C,25C 或者更高 C 数的电池。1C 是指电池用 1C 的放电率放电可以持续工作 1 h。

例如:10 000 mA·h 容量的电池持续工作 1h,那么平均电流是 10 000 mA·h,即 10A,10A 即是这个电池的 1C。如电池标有 10 000 mA·h 25C,那么最大放电电流是 10A×25C=250A;如果是 15C,那么最大放电电流是 10A×15C=150A。由此可以看出无人机在进行大动态飞行的时候,C 数越高电池就能根据动力消耗的瞬间提供越多电流支持,它的放电性能会越好。千万不要超过电池的放电 C 数进行放电,否则电池有可能会报废或燃烧爆炸。

正确的使用方法是延长电池寿命的最好方法,在无人机电池的使用上一定要注意以下几方面。

1. 不过放

电池的放电曲线表明,刚开始放电时,电压下降比较快,但放电到 3.9～3.7 V 之间,电压下降不快。一旦降至 3.7 V 以后,电压下降速度就会加快。控制不好会导致过放,轻则损伤电池,重则电压太低造成炸机。有些操控者因为电池较少,所以每次飞都会过放,这样的电池很短命。

2. 不过充

这对充电器有要求。有些充电器在充满以后的断电功能不完善,导致单片电池充满到 4.2 V 还没有停止充电,另外,有些充电器使用一段时间以后,因为元器件老化,也容易出现充满不停止的问题,因此,对锂聚电池充电的时候一定要有人照看,当发现充电时间过长时,要人工检查充电器是否出现故障。如果出现故障要尽快拔掉电池,否则锂聚电池过充,轻则影响电池寿命,重则直接出现爆炸起火。

3. 不满电保存

充满电的电池,满电保存不能超过 3 天。如果超过一个星期不把电放掉,有些电池就直接鼓包,有些电池可能暂时不会鼓包,但几次满电保存后,可能会直接报废。因此,正确的方式是,在接到飞行任务后再充电,电池使用后如在 3 天内没有飞行任务,将单片电压充至 3.80～3.90 V 保存。还有充好电后因各种原因没有飞,也要在充满后 3 天内把电池放电到 3.80～3.90 V 保存。如在 3 个月内没有使用电池,将电池充放电一次后继续保存,这样可延长电池寿命。电池应放置在阴凉的环境下贮存。长期存放电池时,最好能放在密封袋中或密封的防暴箱内,建议环境温度为 10～25℃,且干燥、无腐蚀性气体。

4.不损坏外皮

电池的外皮是防止电池爆炸和漏液起火的重要结构。锂聚电池的铝塑外皮破损将会直接导致电池起火或爆炸。电池要轻拿轻放,在无人机上固定电池时,扎带要束紧。这是因为在做大动态飞行或摔机时,电池可能因扎带不紧而甩出,这样也很容易造成电池外皮破损。

5.不短路

电池短路往往发生在电池焊线维护和运输过程中。短路会直接导致电池打火或者起火爆炸。当发现使用过一段时间后电池出现断线的情况需要重新焊线时,特别要注意电烙铁不同时接触电池的正极和负极。另外,在运输电池的过程中,最好的办法是,把每个电池都单独套上自封袋并置于防爆箱内,防止运输过程中,因颠簸和碰撞导致某片电池的正极和负极同时碰到其他导电物质而短路或破皮而短路。

6.不低温飞行

这个原则很多人会忽视。在北方或高海拔地区常会有低温天气出现,此时如电池长时间在外放置,其放电性能会大幅降低,如果还要按常温状态时的飞行时间去飞,那一定会出问题。此时应将报警电压升高(比如单片报警电压调至 3.8 V),因为在低温环境下压降会非常快,报警一响立即降落。还要给电池做保温处理,在起飞之前把电池保存在温暖的环境中,比如房屋内、车内、保温箱内等。要起飞时快速安装电池,并执行飞行任务。在低温飞行时尽量将时间缩短到常温状态的一半,以保证安全飞行。

6.2 动力装置的维护与保养

动力装置是无人机的关键技术之一,它直接影响到无人机的性能、成本和可靠性。目前,无人机的动力装置主要有螺旋桨、发动机和电调。

1.螺旋桨的维护与保养

螺旋桨是指靠桨叶在空气中旋转,将发动机转动效率转化为推进力的装置,每一台无人机都离不开螺旋桨,固定翼、单旋翼、多旋翼、垂直起降固定翼无人机等都需要螺旋桨。螺旋桨旋转时,桨叶不断把大量空气向后推去,在桨叶上产生一向前的力,即推进力。桨叶上的气动力在前进方向上的分力构成拉力。一台好的无人机不仅仅需要优秀的飞控、强劲的电池动力,还需要好的电动机带动好的螺旋桨。

图 6-2　螺旋桨罩

螺旋桨的材质分为多种,如木制桨、碳纤维桨、塑料桨等。材质不同,置放方式也不同,比如塑料桨在温度过高的地方会变形,木制桨不能放置在潮湿阴暗的地方等。对于刚使用过的螺旋桨,要及时清除上面的杂物或油渍。在螺旋桨不工作的情况下尽量把桨套装上,工作的情况下尽量装置桨罩,如图 6-2 所示。

2.发动机的保养与维护

(1)发动机日常保养。在发动机出厂前,为防止机件在储藏和运输过程中发生锈蚀,对其进行油封、防锈处理。拆卸和清洗发动机的目的是:清除密封油脂,防止堵塞进、排气口及化油器,检查各部件有无加工缺陷。

1)拆卸:使用发动机专用的工具将发动机顶盖和曲轴盖从机匣上拆下,放入清洁器皿内;再将活塞、连杆、汽缸从机匣上方拆出,并记好相对位置;用清洗汽油逐件清洗干净,放在一张吸水性强的纸上,让其自然风干。

2)装配:装配前在各机件的接触面上涂上一层蓖麻油,然后按拆卸的逆顺序将它们逐一装入机匣内。

3)磨车:发动机磨合是最基础的维护保养,目的是在相对位置下达到适合的运转间隙、减少配合面的粗糙度、提高发动机功率并延长寿命。磨合过程第一时段:用中等转速磨合10~15 min;第二时段:用中上转速磨合10~20 min,把白纸放在排气口,喷到纸上的油是干净的(不再是灰色的,也不含有粉末)即可;第三时段:用中上转速磨合10 min,然后逐渐调高转数到最大,稳定运行10 min便可停机。

4)清洗:目前无人机的发动机制造质量和清洁度都比较高,一般只需要简单灌洗。清洗过程:将燃油从发动机的进、排气口或电热塞孔灌入发动机内,然后转动曲轴,使零件在运动中得到清洗。转动一段时间将油倒出,如此重复数次,当倒出的油清澈时即完成清洗。在发动机使用完之后,要及时擦除杂质和油渍保持清洁。闲置发动机放置期间,要防止污尘从排气管进入发动机影响其正常工作。

5)存储:发动机使用完后,应立即进行清洗,然后涂上蓖麻油,用洁净的塑料布包好备用。应避免在灰尘多、潮湿、高温等恶劣环境中使用和存放发动机。

使用发动机时的注意事项如下:

1)磨车:因发动机属于风冷发动机,没有专门的润滑系统,所以润滑工作只能靠在燃油中加入一定比例的蓖麻油来完成,因此在磨车时应适当加大润滑油的比例,以便增加自润效果。热火发动机磨车用油成分:甲醇70%~75%,蓖麻油25%~30%。压燃发动机磨车用油成分:乙醇30%,航空煤油30%,蓖麻油40%。

2)燃料:所有燃料均应采用化学纯试剂,而不应该使用含杂质较高的工业制剂。甲醇应为无色透明的澄清液体,如发黄则说明含水较多,不能使用;航空煤油也应为澄清的无色透明液体,如发黄则为含重油较多,勉强使用易发生积炭,降低散热效果甚至粘缸;蓖麻油应为黏稠的淡黄色液体,不应含有明显的悬浮颗粒及杂质。

(2)发动机冬季维护与保养。冬季寒冷的天气对发动机影响很大,下面介绍冬季使用的发动机注意事项及维护与保养方法。

1)油管:发动机油管使用的材料属塑胶类。塑胶类材料在温度较低时容易发生韧性降低及脆化等,这些由于低温而产生的变化对于发动机是不利的。如果发动机油管发生了这种变化,无人机在高空飞行时,发生的震动有可能导致油管的漏气或者破裂,造成无可挽回的损失。在冬季进行无人机作业前,应当认真检查油路是否有老化变硬的迹象。如果油路发生以上情况,建议及时更换油管等部件。

2)热火头:冬季无人机作业时,由于环境温度较低,燃料中的润滑剂黏度增大,造成燃料汽化效果降低等情况。如果仍然使用普通热火头启动发动机,会增大启动难度,这个时候就需要更换成热度(电热丝点亮程度)较高的热火头,这样利于发动机的启动与稳定运行。

3. 电动机的维护与保养

电动机相对发动机而言构造简单、零件较少。电动机使用交流电,所以有焊线的过程,因此对焊线的检查非常重要。要防止虚焊的现象,因为当电动机大转速工作时通过电流较大,电动机会产生大量的热导致焊锡融化。电动机要放置在干燥、无尘的环境中,以防止短路。

电动机和螺旋桨的合理搭配也是对这两者的维护。大尺寸螺旋桨就要用低 KV 值电动机,小尺寸螺旋桨就要用高 KV 值电动机。如果高 KV 值电动机带大尺寸螺旋桨,扭力不足,螺旋桨就会带来较大阻力,会导致电动机和电调温度过高损坏;低 KV 值电动机带小尺寸螺旋桨,可以使电动机转动更流畅,但是产生的空气气流较小从而升力小,导致飞机拉力或升力不够大,不能正常起飞。

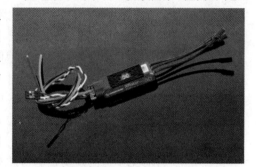

4. 电调的维护与保养

电调要放置在干燥、无尘的环境中;注意电调的焊路连接,防止虚焊,避免高温导致焊点融化;每种电调都有自己的散热装置以防止高温燃烧;在工作前、后,都要检查散热装置的稳定性。无刷电调如图6-3所示。

图 6-3　无刷电调

6.3　机体的维护与保养

无人机机体一般采用碳纤维、玻璃钢、轻木、泡沫等材料。应尽量将无人机置于干燥环境中,最好将其放在水平托架上,或在机体内部放一些成品干燥剂。干燥的外部环境可以保证无人机不会因长时间放置产生变形。检查螺栓等零件的稳固性以及金属零件氧化等问题。对无人机及机体的完整性进行维护,防止舵面弯曲以及机体各部分的缺失。定期做好无人机各个部件的检查,使飞行更加安全可靠、减少炸机概率,应做到以下几方面。

1. 检查机体、机翼和水平尾翼的连接

检查舵面铰链、摇臂连杆、舵角和起落架是否能正常工作。在长期飞行过程中,由于飞行载荷大、飞行震动强,因此无人机部件间一些用于黏结的胶质部分易氧化并出现裂痕情况。这些问题会严重危及飞行安全,甚至造成坠机事故。

2. 检查无人机的电子设备

对电子设备的检查,可从舵机着手。舵机是控制无人机飞行舵面的重要零件,一旦出现"卡齿"问题很容易"摔"机。经历了一定数量的飞行起落后,要及时清洗并检查舵机内部齿轮的情况,如果发现"扫齿"的齿轮,必须及时更换。

燃油无人机震动大,还需定期更换舵机齿轮和润滑脂,或直接更换新舵机。另外,要检查从舵机上接出的延长线及各个接头处的插头,最好做到定期更换。这是因为插头长期保留在空气中,容易被氧化,从而导致电子设备接触不良,引起坠机事故。

3. 防油料腐蚀的处理

发动机所使用的油料具有较强的腐蚀性,容易使无人机的木材变脆,并使黏结处开胶。无人机的机头和防火墙需要用酒精和环氧树脂混合涂刷两遍,以防止油料浸入木材。另外,对机体所有的蒙皮都应该仔细检查和熨烫,特别是在一些迎风面点上一些502胶。这是因为飞行时发动机会排出含大量余油的废气,做动作时,无人机几乎所有的表面都会沾上油料。最好在发动机排气管上装一段硅胶管,使废气尽量在远离机体的位置排放。有人曾发现安装硅胶管可能会影响发动机的动力,但在要求不是特备高的时候影响不大。在机身和机翼连接的地方,最好铺上一层薄薄的海绵起到密封作用,防止废气进入机舱腐蚀设备,同时也能使机身和机翼配合得更好。

4.擦拭无人机

油动无人机飞行结束后,机体上会留下大量的油污,这些油污必须清理掉,否则会腐蚀机体,并附着上大量的杂物损坏蒙皮。擦拭飞机时一般先使用卫生纸吸掉大片的油污,再对全机喷洒专用清洁剂,再使用卫生纸擦拭一遍。

无人机在连续使用一周后,要仔细检查各部件及配件是否完好、连接部分是否牢固、地面站是否正常、桨是否有裂纹、线路是否有松动、电动机转动是否顺畅等,加强无人机的日常和定期维护与保养,以保障无人机安全飞行。

6.4 遥控器的维护

1.日常维护

无线电遥控设备是遥控无人机的心脏,必须有一套合理的日常维护制度。

(1)保证电源工作正常。严格掌握正确的充电方法,避免过放电和过充电,保证电源正常工作,这是确保飞行安全的重要环节。过放电往往发生在发射机上,主要是因疏忽大意,忘记关机而造成的。过充电的原因很多,例如缺乏对镍镉电池性能的了解,总以为经常充点电才保险;或是飞行训练安排不合理,每天放电时间不够,为了第二天飞行就又进行充电。这样反复进行过充电,将使电池很快损坏。

遇到这种情况,可根据放电程度,缩短充电时间,以减少电池的损坏。另外,在正常使用情况下,镍镉电池的寿命一般可为充、放电500次,所以要尽量减少充电次数。

需要强调的是,每次充电之后要测量电压,以便及时发现因停电、电压不足、插头接触不良等意外情况而造成的充电不足。如果在正常充电之后所能达到的最高电压数值一次比一次低,而且放电时间也明显缩短,应立即换新电池。一味地延长充电时间是无济于事的,只能加快电池损坏的速度,对飞行造成更大的潜在威胁。对于干电池,不要试图用充电的方法延长使用寿命,否则必将适得其反,因小失大。

(2)保证传动系统的可行性。对舵面摇臂、连杆接头、各种销钉和紧固件,应随时进行检查。无论什么时候,都不能存有侥幸心理。

(3)随时核对舵面中心位置。对全部舵的中心位置应有准确的记载,并牢记在心,以便随时进行核对。一旦发现发射机微调位置未变而舵角变化时,必须立刻停飞检查。因为这意味着出现了接收机电压不足、传动系统的接头或摇臂松动、脱落、舵和安装架开胶等故障,要在排除之后才能继续飞行。

(4)定期和不定期检查。在飞行数十个起落之后,应对设备进行定期检查;在无人机受到剧烈冲击之后,应对设备进行检查。

2.地面故障的判断与排除

飞行训练最重要的原则之一,是无人机不能带着故障上天。要求将所有的故障在地面上排除。做到达一点是很困难的,但必须在实践中努力培养这种严谨的工作作风,同时还要积累这方面的基础知识,仅从书本上学习是不够的。

(1)发射机无输出信号。接通发射机电源,电子表"无动于衷",接收机也收不到信号,这是使人恼火的事情。这时如果连电源电压也量不出来,就很有可能是电源保险丝烧毁了。换一个相同规格的新保险丝就能正常工作,这说明原来的保险丝质量不好。如果换上新的保险丝也立即烧毁,说明发射机内部有短路或损坏,要毫不犹豫地打开机壳,进行全面检查和修理。如果是机器本身有问题,可以换一个高频头或相同频率的石英晶体。仍然不行,就可能是编码部分有毛病,只能更换损坏的零件。

(2)接收机收不到信号。首先检查发射机和接收机的工作频率是否配套。在石英晶体的外壳上都标明了频率数字,它们应当是相同的,但千万不能插错。

发射机上的晶体标有"T",接收机晶体上标有"R",它们的实际工作频率相差一个中频,插错了将无法工作。频率核对无误后,则应确定接收机是否处于工作状态。方法是将电源接通,或将舵机插入接收机插座,此时舵机应有转动声。如果毫无动静,接收机就可能没有工作。

这时应再次检查电源插头在接收机上所插的位置是否正确。这个位置在接收机上多用字母"B"或"BATT"标明。没有插错时,检查电源是否畅通。特别是几种型号的插头混合使用时,必须认真地核对插头的极性是否一致。假如以上检查都没有问题,只好打开外壳进行检查,看看是否有断线、短路的现象。

6.5 飞行前后的检查

无人机是一种长期、重复使用的工具。除了要按照正确的方式操控飞行外,日常的维护保养与检查也是非常重要的。

1.飞行前的检查

(1)环境安全检查。飞行前,首先观察飞行环境,确保周边没有影响飞行的障碍物,如电线、电塔等;同时应当确认飞行地区是否处于禁飞区、限飞区,不要违反法律、法规;此外,选择飞行区域应避开建筑物和人群,以免造成不必要的麻烦。

(2)机械部分检查。上电前应先检查机械部分相关零部件的外观,检查螺旋桨是否完好,表面是否有污渍和裂纹等(如有损坏应更换新螺旋桨,以防止在飞行中飞机震动太大导致意外)。检查螺旋桨旋向是否正确,安装是否牢固,用手转动螺旋桨查看螺旋是否有干涉等。

1)检查电动机安装是否牢固,有无松动等现象(如发现电动机安装不牢固应停止飞行,使用相应工具将电动机安装固定好)。用手转动电动机查看电动机旋转是否有卡涩现象,电动机线圈内部是否干净,电动机轴有无明显弯曲。

2)检查机架是否牢固,螺丝有无松动现象。

3)检查云台转动是否顺畅,云台相机是否安装牢固。

4)检查飞行器电池安装是否正确,电池电量是否充足。

5)检查飞行器的重心位置是否正确。

(3)电子部分检查。检查各个接头是否紧密,插头焊接部分(杜邦线、XT60、T插头、香蕉头等)是否有松动、虚焊、接触不良等现象。

1)检查各电线外皮是否完好,有无刮擦、脱皮现象。

2)检查电子设备是否安装牢固,应保证电子设备清洁、完整,并做好防护(如防水、防尘等)。

3)检查电子罗盘、IMU等的指向是否和飞行机头指向一致。

4)检查电池有无损破、鼓包胀气、漏液等现象(如出现上述情况,应立即停止飞行,更换电池),测量电池电压容量是否充足(建议每次飞行前都把电池充满电)。

5)检查遥控器设置是否正确,遥控器电池电量是否充足,各挡位是否处在相应位置,各摇杆微调是否为零,上电前油门是否处于最低位置。

2.飞行后的检查

(1)检查电池电压。电量在15%以下的锂电池会出现性能衰减,后期使用中会无故掉电,这是电池保养不好导致的。飞行后检查电池电量,会把飞行时间与电量之间的关系掌握得越来越精确。

(2)检查电池、电动机、电调温度。电调是控制电机转速,也在持续通过电流,所以要与电动机温度要做比较。

(3)检查任务信息与任务设备,以防丢失。

习　　题

1.采用锂聚合物电池作为无人机动力源时,为什么要防止其过放?

2.无人机锂聚合物电池3S2P的含义是什么?

3.无人机锂聚合物电池的保存电压是多少?

4.无人机飞行时需要的电流为15A,采用10 000 mAh锂聚合物电池可以飞行多长时间?

5.无人机飞行前需要进行什么检查?

第7章 空域法规及飞行报备

内容提示

无人机的所有飞行活动应符合国家相关法律规定,本章主要介绍与无人机飞行相关的法律法规,并对如何进行飞行报备进行详细讲解。

教学要求

(1)了解无人机飞行的相关法律法规。

(2)掌握无人机飞行报备方法。

内容框架表

本章内容框架表见表7-1。

表7-1 内容框架表

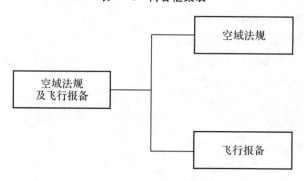

7.1 空域法规

无人机监管一直以来都与整个无人机产业的发展紧密相关。民用无人机作为一种相对新兴且用途广泛的民用航空器,可以影响国家空域安全,其管理问题是我国民航部门工作的重点。

无人机的广泛普及虽然推动了各行各业的全新变革,但是由于法律体系、市场体系不够健全,以及其他因素的影响,无人机扰航、威胁公共安全的事件也频频发生,造成了较为恶劣的影响。2017年以来,国家以强化监管和标准完善为主轴,相继发布了一系列关于无人机管理、规范、应用等方面的法律法规和通知公告。

1.国家部门出台的无人机管理政策(2017—2018 年)

2017 年 5 月,为加强民用无人驾驶航空器管理,民用无人机制造商和民用无人机拥有者须在"中国民用航空局民用无人机实名登记系统"上申请账户,民用无人机制造商在系统中填报其所有产品的信息,民用无人机拥有者在该系统中实名填报所使用的航空器(以下简称民用无人机)。民航局下发《民用无人驾驶航空器实名制登记管理规定》(以下简称《规定》),要求自2017 年 6 月 1 日起,民用无人机的拥有者必须进行实名登记。《规定》适用于在中华人民共和国境内最大起飞质量为 250 g 以上(含 250 g)的民用无人机。《规定》要求,自 6 月 1 日登记其个人及其拥有产品的信息,并将系统给定的登记标志粘贴在无人机上。

2017 年 5 月,工信部下发《关于开展民用无人驾驶航空器生产企业和产品信息填报工作的通知》(以下简称《通知》),全面摸清全国民用无人驾驶航空器研制、生产情况,为后续相关政策和法规制定提供依据。《通知》要求各省、自治区、直辖市及民用航空工业主管部门负责通知并督促所在地民用无人驾驶航空器生产企业填报企业及产品信息,对信息真实性、完整性进行核实和审查,并汇总、报送填报信息。从事民用无人驾驶航空器整机生产的企业应如实、准确地填报企业信息及产品信息,并对所填报信息的真实性、完整性负责。

2017 年 5 月,中国民用航空局发布了《关于公布民用机场障碍物限制面保护范围的公告》(以下简称《公告》)。《公告》强调,为了防范无人机等升空物体侵入民用机场障碍物限制面(以下简称限制面)区域,减少对机场飞行安全和运行效率的影响,促进电子围栏系统等类似技术的应用,中国民用航空局汇总整理了民用机场限制面保护范围,首批公布 155 个机场相关数据。《公告》要求,各类飞行活动应当遵守国家相关法律法规和民航规章,未经特殊批准不得进入限制面保护范围,在限制面保护范围外的飞行亦不得影响民航运行的安全与效率。各机场限制面和净空保护区应按现有规定批准和公布。

2017 年 6 月,工信部联合国家标准化管理委员会、科技部、公安部、农业部、国家体育总局、国家能源局、民航局等部门发布了《无人驾驶航空器系统标准体系建设指南(2017—2018年版)》(以下简称《指南》)。根据无人驾驶航空器系统分类分级复杂、体积质量及技术构型差异大、应用领域众多等特点,《指南》从管理和技术两个角度,提出了无人驾驶航空器系统标准体系框架,包括"分类分级""身份识别"等基础类标准,"注册管理""制造管理""运行管理"等管理类标准,"系统级""部件级"等技术类标准以及在不同行业的应用类标准。其中,基础类标准以国家标准为主,管理类标准、技术类标准和行业应用类标准以行业标准为主。

2017 年 8 月,中国民航局运输公司发布关于《民用无人驾驶航空器从事经营性飞行活动管理办法(征求意见稿)》(以下简称《办法》)。《办法》中规定,将规范民用无人驾驶航空器(以下简称"无人机")从事经营性飞行活动,加强市场监管,促进无人机产业安全、有序、健康发展。同时,《办法》适用于在中华人民共和国境内(港澳台地区除外)使用无人机开展航空喷洒(撒)、航空摄影、空中拍照、表演飞行等作业类和无人机驾驶员培训类的经营活动。

2017 年 11 月,民航局发布《无人机围栏》和《无人机云系统接口数据规范》(以下简称《规范》)两部行业标准,我国也由此成为全球范围内最早出台此类行业标准的国家。《无人机围栏》首次明确了无人机围栏的范围、构型、数据结构、性能要求和测试要求等,并对无人机围栏进行分类,按照其在水平面投影几何形状分为民用航空机场障碍物限制面、扇形区、多边形三种,且包括无人机围栏所使用的经度和纬度坐标点。《规范》明确,无人机系统和无人机云系统之间应按照要求的数据接口进行双向通信，通信内容应包含注册信息、动态信息、数据类型、差异数据等。

2017 年 11 月，交通运输部发布《民用航空空中交通管理规则》，民用无人驾驶航空器飞行活动应当遵守国家有关法律法规和民航局的规定。此外，无人驾驶航空器在民用航空使用空域内活动、管制单位向无人驾驶航空器提供空中交通服务应当遵守国家相关法律法规和民航局相关规定。

2018 年 1 月 2 日，为进一步规范民航公安机关的行政执法工作，打击危害民航运输安全与秩序的各类违法犯罪行为，并提供明确的法律指引，民航局修订印发《民航局公安行政处罚裁量基准》（以下简称《裁量基准》）。《裁量基准》明确提出关于无人机非法飞行的处理办法。对在机场区域、机场净空保护区非法飞行无人机的，根据其对运营秩序的扰乱程度设定处罚标准，危及飞行安全的，立案侦查；在警卫现场等特定区域非法飞行无人机的，从其冲闯公安机关设置的警戒带、警戒区、妨碍人民警察执行公务的角度予以严处；在重大活动期间非法飞行无人机的，考虑其寻衅滋事、扰乱活动开展的行为属性，设定严格的处罚标准；对无证飞行无人机、不服从民航管理的非法行为，按照未取得驾驶证驾驶或者偷开他人航空器、机动船舶的有关规定进行处罚。非法飞行无人机造成财产、人身损害的，从重处理。

2018 年 1 月 26 日，中国民航局印发了"关于征求《无人驾驶航空器飞行管理暂行条例（征求意见稿）》意见的通知"（以下简称《征求意见稿》）。《征求意见稿》明确了微型无人机禁止飞行空域和轻型、植保无人机适飞空域的划设原则，规定了无人机隔离空域的申请条件，以及具备混合飞行的相关要求，基本满足了各类无人机飞行空域需求。条例的管理对象全面覆盖各类无人机，范围由 250 g 以下至 150 kg 以上，包含民用、警用、军用等不同类别。条例明确指出遥控驾驶航空器和自主航空器统称无人机。根据质量、速度等因素，无人机被分为五大类，即微型、轻型、小型、中型和大型。条例充分尊重现有的空域管理特点，在维持整体制度不变的情况下，对 120 m、50 m 的安全高度进行了突破，向轻型无人机和微型无人机释放 120 m以下、50 m 以下的空域，在保障安全的前提下，疏导了正常合理的飞行需求。条例明确，除空中禁区、机场、军事禁区、危险区域等周边一定范围内，微型无人机无须批准可以在真空 50 m以下空域飞行，轻型无人机可以在真空 120 m 以下空域飞行。该规定一方面督促用户掌握必备的理论知识与实操技术，以此提升无人机的安全运行率；另一方面大大减轻了普通娱乐消费者的培训成本负担。

2018 年 6 月 1 日，民航局发布的《民用无人驾驶航空器经营性飞行活动管理办法（暂行）》（以下简称《管理办法》）使用无人驾驶航空器开展经营性飞行活动应当取得经营许可证（载客类和载货类经营性飞行活动除外）。自此无人驾驶航空器经营性飞行活动将有章可依、有据可查。根据该《管理办法》，取得无人驾驶航空器经营许可证，应当具备四项基本条件：从事经营活动的主体应当为企业法人，法定代表人为中国籍公民；企业应至少拥有一架无人驾驶航空器，且以该企业名称在中国民用航空局"民用无人驾驶航空器实名登记信息系统"中完成实名登记；具有行业主管部门或经其授权机构认可的培训能力（此款仅适用从事培训类经营活动）；投保无人驾驶航空器地面第三人责任险。

2018 年 6 月 1 日，在线申请的民用无人驾驶航空器经营许可证管理系统也将正式上线。登录这个系统后，申请人在线填报企业法人基本信息、无人驾驶航空器实名登记号、无人机驾驶员培训机构认证编号等信息，就可以实现经营许可证的在线申请、在线受理、在线审核和在线颁证。许可部门必须在 20 天内完成审查后,做出许可决定。准予许可的,申请人可在线下载并打印"电子经营许可证";不予许可的,申请人可在线查询原因。申请人和管理部门全程背靠背、无纸化。

2018 年 8 月 31 日,中国民用航空局飞行标准司印发《民用无人机驾驶员管理规定》(以下简称《规定》)。《规定》针对目前出现的无人机系统的驾驶员实施指导性管理,并将根据行业发展情况随时修订,最终目的是按照国际民航组织的标准建立我国完善的民用无人机驾驶员监管体系。为进一步规范无人机驾驶员执照管理,在总结前期授权符合资质的行业协会对部分无人机驾驶员证照实施管理的创新监管模式经验的基础上,对原《民用无人机驾驶员管理规定(AC-61-FS-2016-20R1)》进行了第二次修订。修订的主要内容包括调整监管模式,完善由局方全面直接负责执照颁发的相关配套制度和标准,细化执照和等级颁发要求和程序,明确由行业协会颁发的原合格证转换为局方颁发的执照的原则和方法。

2.各地方省市无人机政策(2017—2018 年)

2017 年 4 月,国务院、中央军委空中交通管制委员会出台《无人驾驶航空器专项整治方案》。5 月份开始,各地方省市和相关单位也陆续推出无人机管理条例或意见草案,以及划设禁飞区、可飞区,以加强本地区无人机综合管治。

2017 年 5 月,海南省表态,将进一步推动立法进程,尽快出台该省的《通用航空管理条例》,以对无人机实名制以及合理飞行做出规定。

2017 年 6 月,四川省法制办在其网站公布了《四川省民用无人驾驶航空器安全管理办法》(征求意见稿),开始征求社会公众意见。该办法规定,在四川省行政区域内从事民用无人驾驶航空器的生产、销售、使用及安全管理活动,应当遵守该办法。

2017 年 7 月,陕西省公布无人驾驶航空器可飞空域划设方案。该方案明确,在陕西省范围内开展无人驾驶航空器飞行活动,应当在飞行前一天 15 时前向 94188 部队航空管制部门或民航空中管制部门提出申请,经批准后方可实施。

2017 年 7 月,广东省发布无人机使用新规定,在广东省行政区域内使用无人机等"低慢小"航空器,须遵守有关法律、法规、规章和管理规定,履行适航资格、飞行资质、计划申报等相关手续,航拍车站、公园等区域需提前申请。

2017 年 8 月,佳木斯市人民政府以政府规范性文件形式,正式面向社会发布了《关于加强佳木斯地区"低慢小"航空器管理工作的通告》(以下简称《通告》)。《通告》中明确了佳木斯机场净空保护区范围,并对"低慢小"航空器的定义进行了全面阐释;明确了"低慢小"航空器及其他升空物体管理执法主体及其法律、法规依据;严禁"低慢小"航空器及其他升空物体擅自放飞及飞行。

2017 年 9 月,《无锡市民用无人驾驶航空器管理办法》(以下简称《办法》)正式实施。《办法》规定,未报告起飞位置的、超过飞行高度和范围的、在禁飞区域内飞行的,由公安机关分别处以 3 000 元以上 30 000 元以下罚款的处罚。

2017 年 9 月,武汉市人民政府、湖北民航监管局公布武汉天河机场在武汉市域内净空保护核心区范围,规定在该区域内禁飞无人机及其他无人驾驶航空器等,涉及武汉市黄陂、东西湖、硚口、汉阳四城区。另有涉及孝感市的部分区域将由湖北民航监管局协调孝感市进行管理。

2017 年 9 月,《山西省无线电管理条例》正式实施。该条例规定,今后无人机市区内高空飞行区域最高为 120 m。

2017 年 9 月,广西壮族自治区钦州市公安局出台了《关于加强钦州市民用无人机等"低慢小"航空器安全管理工作的通告》,要求无人机飞行需提前申请,不得在公共区域及敏感地区升空。

2017 年 9 月,辽宁省政府印发《关于加强无人驾驶航空器管理维护公共安全的通告》,明确提出,禁止任何单位、组织和个人在各地公布的民用机场净空保护区、政府机关、军事机关、军事设施、外国使领馆、水电油气设施、危化品单位等重要部位,以及机场车站、港口码头、景点商圈等人员稠密区域,还有大型活动、重要赛事现场,以及政府临时公告的禁止飞行区域进行飞行活动。

2017 年 9 月,上海浦东、虹桥两机场分别明确障碍物限制面保护范围,严禁任何单位、团体和个人在相关范围内进行无人机、航空无人机等未经批准的飞行活动。

2017 年 10 月,湖北省人民政府印发了《湖北省无人驾驶航空器专项整治联防联控工作实施方案》(以下简称《方案》)。《方案》指出,11 月底前,完成全省无人驾驶航空器专项整治联防联控的阶段性整治任务。在集中整治的基础上,进一步建立健全联防联控工作机制。从生产、销售、使用、监管等环节入手,逐步构建无人驾驶航空器管控体系,有效遏制社会面消费级无人驾驶航空器违法违规飞行问题。

2017 年 11 月,浙江省十二届人大常委会第四十五次会议听取了关于《浙江省小型无人驾驶航空器安全管理条例(草案)》的说明。草案明确了小型无人机的监管对象、禁飞区域、法律责任等,并要求实行实名登记管理制度。草案提出,由公安机关会同民航、体育等部门建立健全实名登记管理制度。250 g 以上、25 kg 以下的小型无人驾驶航空器要实行实名登记管理制度,实名登记系统依托政府网站建设。

2017 年 12 月,《贵州省高速铁路安全管理规定》中明确,高速铁路线路路堤坡脚、路堑坡顶或者铁路桥梁外侧起 500 m 内,禁止升放孔明灯、无人飞机、小航空器、动力伞等低空飞行物。

2017 年 12 月,《重庆市民用无人驾驶航空器管理暂行办法》正式施行。该办法规定,重庆市民除在购买和使用无人机需实名登记外,未经批准,机场净空保护区域,商圈、车站、公园等区域,严禁进行无人机飞行。

2018 年 11 月 19 日,为探索无人机飞行管理方法,维护空防安全、飞行安全和公共安全,深圳地区无人机飞行管理试点工作正式启动,并上线试运行综合监管平台,这标志着我国首个无人机综合监管平台正式上线,民航、军方、公安三方数据实现共享,对深圳地区无人机进行管理。

7.2 飞 行 报 备

7.2.1 飞行报备的重要性

1. 相关法律规定

近年来,随着全国范围内以无人机为代表的"低慢小"飞行器的日益普及,"黑飞""乱飞"的现象时有发生,给公共安全带来新挑战。"低慢小"飞行器是指飞行高度在 500 m 以下、飞行时速小于 200 km/h、雷达反射面积在 2 m² 以下的飞行器,包括轻型和超轻型飞机、轻型直升机、无人机、滑翔机、三角翼、动力三角翼、滑翔伞、动力伞、热气球、飞艇、航空无人机、空飘气球和系留气球等。

依据《中华人民共和国飞行基本规则》第三十五条规定,所有飞行器升空前必须预先提出申请,经批准后方可实施。这就要求"低慢小"飞行器拥有者到辖区派出所登记备案,严禁进行"黑飞"。

操控"低慢小"飞行器飞行,具有下列情形之一,扰乱社会管理秩序或者危害公共安全,视情分别依照《治安管理处罚法》第二十三条第一款第一项、第二项、第二十四条第一款第六项、第五十条第一款第二项、第五十条第二款规定予以治安管理处罚;构成犯罪的,依法追究刑事责任:

(1)在国家举办的重大政治、经济、外交、文化、体育活动的举办现场、活动场馆、参会人员住地以及为保证活动顺利进行实行交通管制区域上空飞行的。

(2)在省、设区市有关部门依法确定的防范恐怖袭击的重点目标、军事禁区以及其他行政主管部门划定的限制区域上空飞行,不听劝阻、导致公共场所秩序混乱、干扰单位工作秩序不能正常进行或者致使有关主管部门采取紧急应对措施的。

(3)在政府举办的大型活动、企事业单位或其他组织举办的大型群众性活动现场上空飞行,不听劝阻、导致现场秩序混乱或者致使有关行政主管部门采取紧急应对措施的。

(4)在车站、港口、码头以及其他人员密集的公共场所等区域上空飞行,造成公共场所秩序混乱、干扰单位工作秩序不能正常进行或者致使有关行政主管部门采取紧急应对措施的。

2. 经典案例

(1)唐山"黑飞"事件。2018 年 2 月 7 日下午,某技术有限公司员工唐某与北京某航空有限公司郭某等 4 人,操纵油电混合动力无人机在河北省唐山市古冶区范各庄上空约 1 000 m高度,对矿区进行航空测绘。这 4 人不但都不具备操纵无人机资质,更严重的是没有申请备案。无人机起飞不久,中部战区及战区空军有关部门迅速通过技术手段掌握了所在空域的异常情况。因唐某等人的违法行为,当天先后有多架民航航班被迫修改航线,导致航班延误,造成了巨大经济损失。这 4 名犯罪嫌疑人,触犯了《中华人民共和国刑法》第一百一十五条第二款之规定,涉嫌过失以危险方法危害公共安全罪,被人民检察院批准逮捕。此后,唐山市古冶区人民检察院以 4 名被告人涉嫌过失以危险方法危害公共安全罪,于 2018 年 9 月将其公诉至古冶区人民法院。

对于这起案件,法院审理认为,4 名被告人的行为违反了航空管理法规,造成了严重后果,危害了公共安全,已构成过失以危险方法危害公共安全罪;因 4 名被告人认罪态度较好,积极赔偿民航经济损失,最终依法判处 4 名被告人有期徒刑 1 年,缓刑 1 年。

无人驾驶的航空器在飞行之前,必须事先向相关部门办理飞行任务申请,报请审批手续,获得批准后才能组织实施飞行作业,否则擅自操纵航空器升空是违法的,触犯刑律还要受到法律追究。

(2)国外"黑飞"案例。2015 年 7 月 20 日,德国汉莎航空一架航班在华沙上空差点撞上一架无人机。波兰航空安全部门称,20 架飞机随即不得不改变飞行路线。世界上繁忙机场之一的伦敦希斯罗机场,也饱受无人机干扰。英国民航局表示,从 2014 年 5 月到 2015 年 4 月,英国民航已经查到 6 起在英国各地机场发生的无人机和民航机差点擦撞的事件。而之前,

2015年1月29日,无人机闯入了白宫,紧接着在2015年4月24日,有一架无人机在日本首相官邸坠落。

2015年新西兰一名38岁男子在松树海滩发生火灾的时候操纵无人机。某一时刻,该无人机与消防救火直升机的距离仅为400英尺[1ft(英尺)=0.305 m]。后该男子因太靠近消防救火直升机空域飞行被起诉。据新西兰法律规定,入侵受管制的空域是违法行为,2016年1月,该无人机驾驶员依法被判有罪。

3. 国内外应对措施

(1)国内。国家低空空域正在逐步开放,无人机应用越来越广泛,但来自无人机的不可控风险也逐渐增加。在民航领域,机场遭遇无人机干扰而导致航班备降、旅客滞留的情况时有发生。2015年,全国共发生无人机扰航事件4起,2016年猛增至23起。2014—2016年,京津冀地区就发生110起不明空情。应对"黑飞",民航反制无人机需从应急处置和事前预防两个角度考虑:一是通过反制无人机技术做到应急处置;二是通过依法监管进行事前防备。

民航局颁发了《民用无人机空中交通管理办法》《民用无人机驾驶员管理规定》等一系列管理规定,完善了民用无人机驾驶员监管体系。2012年10月26日中华人民共和国主席令第67号公布《中华人民共和国治安管理处罚法》,明确规定了"黑飞"的治安处罚措施,部分地区公安与民航、军方联动,发布公告强调在机场净空区域内禁飞无人机,对情节严重构成犯罪的,依法追究刑事责任。部分机场与公安局对市民举报无人机"黑飞"设立千元奖励,发动民众对无人机进行监管。个别无人机生产企业通过技术手段识别禁飞区,从而控制无人机令其无法起飞。

2017年常州西太湖半程马拉松于在西太湖畔准时开赛。赛场上,常州警方用于现场安保的无人机反制枪首次亮相。当天,警方利用这种反制设备,迫降或驱离了3架无人机。

2018年9月,江苏省洪泽湖大闸蟹节开幕式当天,洪泽区警方就对试图飞入禁飞区进行航拍的两架无人机使用无人机反制枪,将其击落至湖面。

(2)国外。美国联邦航空管理局颁布条例,规定自2015年12月21日起,质量在0.55~55 lb(1 lb=0.454 kg)的无人机必须登记注册,注册费用为5美元,未经空管部门允许,美国境内任一个机场5 mi[1 mi(英里)=1.609 km]范围内都禁止使用无人机,违者将处2.5万美元的罚款以及3年刑期。其次通过法律规定操作员对无人机完全掌控,设立活动范围与活动时间,并设立独立观察员。例如英国《航空法》规定小型无人机操作员必须保持时刻能看见无人机,无人机观察人员必须与无人机操作人员不是同一个人。日本《航空法》规定人口集中的地区一律禁飞无人机,防止无人机引发事故或被用于犯罪,违者将处以50万日元的罚款;飞行时间为日出之后和日落之前。新西兰《航空法》规定,无人飞行器只能在白天使用,不能飞出操控者肉眼视野范围之外,且不得超过120 m的垂直高度,无人飞行器必须给其他飞行器让路,不得在机场附近4 km范围内活动。

7.2.2 飞行报备流程

1. 申请条件

根据民航局颁发的《非经营性通用航空登记管理规定(CCAR-285)》规定:

申请非经营性通用航空活动登记,应当具备下列条件:

(1)有与所从事的非经营性通用航空活动相适应、符合保证飞行安全要求、具有国籍登记证和适航证的民用航空器。

（2）有依法取得执照的航空人员。

（3）有可使用的机场、空域和地面保障的设施、设备。

（4）符合法律、行政法规规定的其他条件。对于使用民航规章《一般运行和飞行规则》中规定的超轻型飞行器的，不要求其具有国籍登记证和适航证，航空人员也无执照要求。

2.申请程序

中国民用航空总局负责汇总全国非经营性通用航空登记情况。民航地区管理局负责本辖区内非经营性通用航空登记和管理工作。

（1）申请非经营性通用航空登记的单位或个人（以下简称申请人），应填写《非经营性通用航空登记申请书》，并向所在地民航地区管理局提交民航总局 130 号令规定的相关申请材料。

（2）经核准符合规定条件的，民航地区管理局应自受理之日起 20 日内做出核准登记的决定，并向申请人颁发《非经营性通用航空登记证》；经核准不符合规定条件的，民航地区管理局应自受理之日起 20 日内做出不予登记的决定，并以书面形式答复申请人。

（3）非经营性通用航空登记证书有效期为 3 年。已登记的单位或个人应于登记证书有效期届满前 30 日内，以书面形式向民航地区管理局提出换证申请，并提交民航总局 130 号令规定的相关申请材料。经受理机关核准后，予以换发非经营性通用航空登记证。

（4）从事非经营性通用航空活动的单位或个人，其名称、航空器所有权、地址等规定事项发生变更的，应自相关事项变更之日起 20 日内，向原受理机关提出变更申请，并提交相关申请材料。经受理机关核准后，予以变更，并换发非经营性通用航空登记证。

习　　题

1.简述无人机飞行报备需要准备的材料和基本流程。

2.简述无人机在民航局实名登记的方法。

实　践　篇

　　无人机组装的基本任务是将硬件按照需求合理安装,并根据硬件配置与使用要求安装合适的软件。在组装工作过程中,每完成一道工序都要做仔细的质量检查,全部组装工作完成后,要对整机做严格的质量检测和运行调试。所有的质量检查和调试情况都要及时记录下来。

　　无人机组装工作的质量对保障其最终的飞行安全有紧密的关系,因为组装过程中每项工作的准备、实施和检测调试结果都会对整机的使用产生直接或间接影响。而其中组装前的准备工作尤为重要,它对组装后续工作的进展起到指导性的作用。

一、确定组装方案

　　制定组装方案是组装工作的第一步。要拟定符合装配要求的配件清单,具体见表项0-1。根据配件清单检查组装所需的零部件是否齐全,除了要清点零部件实物外,还要检查相关的产品说明书、图纸、产品合格证、保修单是否齐全。清点过程中发现的问题要记录下来,并及时解决。如果发现缺少零部件,要立即补充。购买零部件时尽量向信誉好、有实力的知名公司购买,以确保售后服务有保障。如果发现有假冒伪劣的零部件,应立即退换或重新购买合格的产品。

表项0-1　组装无人机配件清单

名称	品牌	型号	单位	数量	单价元	单价元	备注
机架							
电动机							
电调							
电池							
桨叶							
飞控板							
遥控器							
遥控接收机							
……							

二、准备组装工具和设备

　　开展正式组装工作前,还需要对组装工作所需的工具和辅助材料进行清点、列表,以保障组装工作的顺利进行,具体见表项0-2。

表项0-2　无人机组装工具和设备清单

名称	品牌	型号	单位	数量	摆放位置	备注
起子						
焊接工具						
热缩管						

续表

名称	品牌	型号	单位	数量	摆放位置	备注
尖嘴钳						
剥线钳						
万用表						
热风枪						
……						

三、组装时的注意事项

（1）要仔细阅读组装用零部件的用户使用手册或安装说明书、图纸，详细了解和熟悉其品牌、型号、规格、性能、特性以及安装注意事项等。

（2）要摆放好组装工具的位置及零件的顺序，以保证组装流程简捷、顺畅，组装节拍协调。组装方法应可靠、方便且有效。

（3）要优先保证关键或重要零部件，如电机、电调、桨片、飞控、传感器和遥控器等的性能参数的精度和质量，进而确保整机质量。

（4）组装使用的工具和设备，其精度应满足组装精度需要，质量应稳定、可靠。

（5）组装过程中一定要注意正确的安装方法，不可粗暴或强行安装，因为稍微用力过度就可能造成零部件变形或损坏。对于安装位置不到位的零部件不要强行使用螺钉或螺栓定位。

（6）对于要用多个螺钉或螺栓固定的组件，要经过"先带上螺栓、轻拧紧、初拧紧和终拧紧"4个步骤，且须依次、对称拧紧对角线上的两个螺钉或螺栓，以保证质量坚固。

（7）组装过程中对所有的零部件应轻拿轻放，对电子元器件应进行防静电处理，避免手指碰到卡板上的集成电路组。

（8）要建立组装质量记录，把组装过程准确记录下来，写到组装质量记录中。

项目1 多旋翼无人机的组装与调试

任务1 四轴多旋翼无人机的组装

1.1.1 材料准备

空机：机架、起落架；

动力系统：4个电动机、4个电调、2对螺旋桨、1组电池；

飞行控制系统：遥控器、接收机、飞控、GPS；

配件/工具：电烙铁、焊锡、台钳、螺丝刀、扎带、电池魔术扎带、魔术贴、香蕉头、热缩管、3M胶、XT60插头或T插头等基本的零件和工具。

1.1.2 组装方案

(1)将机架和PCB(印制电路板)用螺栓安装、固定好；

(2)检查机架部分全部螺栓连接的松紧度；

(3)在机架和底部的PCB固定完成后安装4个电动机；

(4)采用专用螺丝胶使安装更牢固；

(5)安装电调；

(6)将飞控和接收机连接起来；

(7)将电调的接线和电池的接线焊接在电路板上，注意正负极；

(8)将飞控和接收机安装到飞机上，再安装GPS模块并进行调试；

(9)安装螺旋桨。

1.1.3 组装过程

(1)检查配件。四轴多旋翼无人机配件如图项1-1所示。

(2)将电机锁在四个轴上面，要注意螺栓的长度和电机螺孔的深度，以免螺栓长度过长损伤电机内部线圈。

(3)焊接：把4个电调另一端的两根粗线分别焊到机架中心板(较大)的焊点上(中心板上四个角标有正负极的矩形焊点，红正、黑负)。焊完后注意一侧还有两个标有正负极的焊点，把电源线和飞控的供电模块一起焊至此点，电源线另一头接电池端，供电模块负责连接飞控，如图项1-2所示。

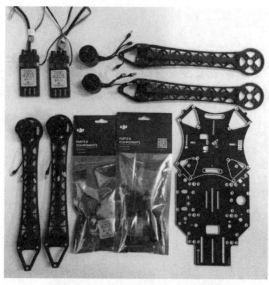

图项 1-1　四轴多旋翼无人机配件

图项 1-2　电源线焊接位置

（4）焊接完成后，将四个轴锁到 PCB 上，大部分都用 M5 内六角圆柱头螺栓。接下来安装电调，电调与电动机的连接通过三个香蕉头，做好线路绝缘，并使用尼龙扎带捆紧。电调在四个机臂上的安装位置如图项 1-3 所示。

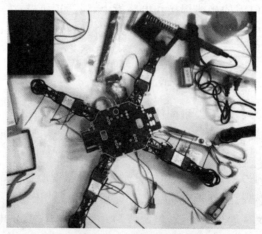

图项 1-3　电调的安装

(5)飞控的调试:使用泡沫双面胶在飞控板四个角处粘住下面的 PCB 板,泡沫双面胶须有一定厚度,起到良好减震作用,最后将飞控安装在机架的正中心。

(6)安装 GPS:将支架粘好后装到盖板上,将罗盘的连接线接到飞控的插口,然后把 GPS 粘到支架顶部,粘贴时注意把线暴露的地方面向机头正前方。然后把电调的信号线和 PPM 模块的线插在飞控的插口(如果接收机有 S.BUS 插口,可不使用 PPM 模块)。

(7)确定重心后,用魔术扎带把电池固定在下底板,即完成组装工作。成品如图项 1-4 所示。

图项 1-4　组装完成的四轴多旋翼无人机

任务 2　六轴多旋翼无人机的组装

1.2.1　材料准备

空机:机架、起落架;

动力系统:电动机×6、电调×6、螺旋桨×6、电池×1;

飞行控制系统:遥控器、接收机、飞控、GPS;

配件/工具:电烙铁、焊锡、台钳、螺丝刀、扎带、3M 胶、飞控减震床、电池魔术扎带、魔术贴、香蕉头、热缩管、XT60 插头或 T 插头等基本的零件和工具。

1.2.2　组装方案

(1)将机架和 PCB(印制电路板)用螺栓安装、固定在一起;

(2)检查机架部分全部螺栓松紧度;

(3)在机架和底部的 PCB 固定完成后,安装 6 个电动机;

(4)使用专用螺丝胶使安装更牢固;

(5)安装电调;

(6)将飞控和接收机连接起来;

(7)将电调的接线和电池的接线焊接在电路板上,注意正、负极;

(8)把飞控和接收机安装到飞机上,再安装 GPS 模块并进行调试;

(9)安装螺旋桨。

1.2.3　组装过程

(1)检查配件是否齐全。六轴多旋翼无人机配件如图项 1-5 所示。

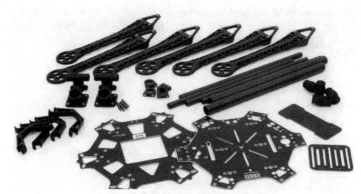

图项 1-5　六轴多旋翼无人机配件

(2)焊接：无人机每个机臂均有一组动力单元，由电动机电调及螺旋桨组成，如图项 1-6 所示。将 6 个电调电源端的两根粗线分别焊到分电板(PCB 板)的焊点上(中心板上 6 个角标有正负极的矩形焊点，红正、黑负标识)。焊接完成后，查看中心板上两个标有正负极的焊点(见图项 1-7)，将电源线和飞控的供电模块并联后焊到这两个焊点上，注意正负极，引出的电源线焊接接线端子后连接电池，供电模块连接飞控。

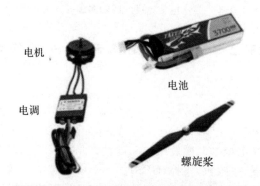

电机

电池

电调

螺旋桨

图项 1-6　无人机动力电池及单机臂动力模块

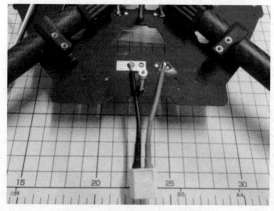

图项 1-7　中心板的电源接口

(3)安装飞控:飞控中心的位置标有箭头,它指向飞机机头,在对准正中间位置方向后用自带的 3M 胶将其粘在飞控减震床上。飞控的安装如图项 1-8 所示。

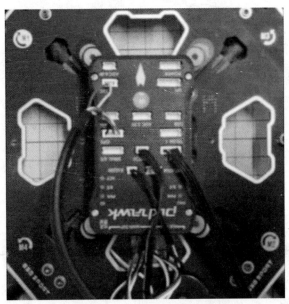

图项 1-8 飞控安装示意图

(4)安装机臂:机臂有两种颜色,用来区分机头,布线方式也根据需要来安排,要简洁整齐。

(5)安装 GPS:将支架粘好后装到盖板上,把罗盘的接线接到飞控的插口,然后把 GPS 粘到支架顶部。注意粘的时候把线暴露的地方朝向机头正前方。随后把电调的信号线和 PPM 模块的线插在飞控的插口上(如果接收机有 S. BUS 插口,就不用 PPM 模块)。

(6)安装电动机:电机一共有 6 个。相邻的两旋翼,一个逆时针旋转,一个顺时针旋转,以抵消反扭矩作用力。将 6 个电动机对称地安装在飞行器的支架末端,且对角线上相对两旋翼旋转方向相反,然后把电调分别接到电动机上,3 个头可随意连接。根据飞控对电动机旋转方向进行调整,当出现旋转方向不一致的情况时,任意交叉连接两根电动机线即可改变电动机旋转方向。电动机及电调安装如图项 1-9 所示。

图项 1-9 电动机及电调安装示意图

组装完成的六轴多旋翼无人机如图项 1−10 所示。

图项 1−10 安装完成的六轴多旋翼无人机

任务 3 农业植保多旋翼无人机的组装

1.3.1 材料准备

空机:机架、起落架;

动力系统:电动机×6、电调×6、螺旋桨 3 对;

喷淋系统:水泵 1 个、降压型电调 1 个、压力喷头 4 个、水管和转接头若干;

飞行控制系统:遥控器、接收机、飞控、GPS、数传电台、地面站;

配件/工具:AS150 防打火公头红黑 2 对、XT90 公头 6 个、XT60 公母头 1 对、4.0 mm 香蕉头、公母头 18 对、5 mm 热缩管 1 m、10 mm 热缩管 1 m、8 mm 蛇皮网管 4m、内六角螺丝刀一组、热风枪 1 把。

1.3.2 组装方案

(1)首先将机架和 PCB(印制电路板)用螺栓安装固定好;

(2)对电动机电调进行预处理;

(3)安装电动机电调;

(4)安装线路;

(5)安装喷洒系统;

(6)安装飞控;

(7)安装螺旋桨;

(8)安装起落架。

1.3.3 组装过程

(1)检查配件是否齐全。农业植保多旋翼无人机配件如图项 1−11 所示。

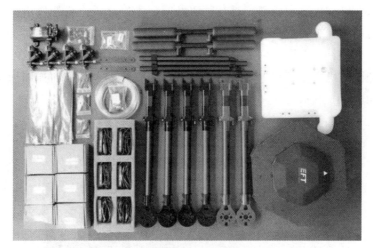

图项 1-11 农业植保多旋翼无人机配件

（2）电动机、电调预处理：需要将电调的输出硅胶线裁剪至适合机架的长度（大约 1 500px），电动机出线长度为 125px 时可以不裁剪。在电调电源端焊接上 XT90 公头，控制出线端焊接上 4.0mm 香蕉头母头，电动机出线端焊接上 4.0mm 香蕉头公头，并套上 5mm 热缩管。使用热风枪加热后，热缩管收缩。使用热缩管进行绝缘处理的香蕉头如图项 1-12 所示。电调的电源端子安装如图项 1-13 所示。

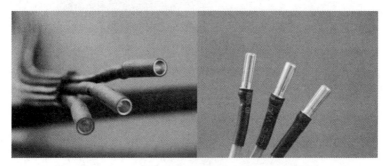

图项 1-12 进行绝缘处理后的母端、公端香蕉头

图项 1-13 电调电源端子示意图

（3）安装电调：电动机电调处理完毕之后就可以装入机身了。机架使用的是快拆侧板，安装电调时将侧边的四颗螺栓拧下，将侧板取出，然后从机身侧面将电调放入，再将侧板镂空卡槽嵌入电调散热板重新装上即可。将电调电源端的 XT90 插到中心分电板的母端，控制出线端穿过机臂延伸到电机座底部与电动机相连接。电调散热板安装方向如图项 1-14 所示，机臂内走线如图项 1-15 所示。

图项 1-14　电调散热片安装示意图

图项 1-15　机臂快拆位置走线示意图

（4）线路安装。机身线路安装如图项 1-16 所示。

图项 1-16　机身中心板走线示意图

　　(5)安装喷淋系统：喷淋系统安装分为控制部分和喷洒部分。控制部分使用的是一块降压型电调，将降压型电调输出端口焊接到一个 XT60 母头转接板上，在降压型电调输入端焊接一个 XT60 公头，将电调输出端的转接板通过尼龙柱固定在机身面板的合适位置。固定好后电调控制输出口需露出一截在面板外部，方便与飞控连接，至此控制部分安装完毕。后续安装水泵、水管、喷头的喷洒部分，注意紧固，管路畅通无弯折即可。将水泵安装到水箱底部，如图项1－17 所示。

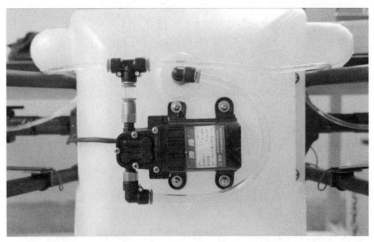

图项 1－17　水泵安装位置示意图

　　(6)安装飞控：飞控图例选用 A3－AG 和 Datalink－3 遥控器作为安装参考，图项1－18为飞控安装布局示意图。

图项 1－18　飞控安装布局示意图

安装完成后，进行植保作业的多旋翼无人机如图项 1－19 所示。

图项 1-19　进行植保作业的多旋翼无人机

思 考 题

1.多旋翼四轴飞行器进行电源焊接的方法,注意事项有哪些?

2.多旋翼四轴飞行器如何进行无桨调试?

3.多旋翼四轴飞行器如何进行 4 个电动机的油门行程同步设定?

4.进行线路连接过程中存在哪些风险点?

5.多旋翼六轴飞行器轴距如何测定?

6.多旋翼六轴飞行器飞控系统如何进行布局?

7.如何对植保无人机喷洒链路进行保养?

8.如何设定植保无人机喷洒流量?

9.对植保无人机如何进行规划地块的喷洒航线?

项目2 固定翼无人机的组装与调试

任务1 泡沫材质无人机组装

2.1.1 材料准备

空机：机体、机翼、电动机座、碳杆、舵角、连杆、贴纸，胶水。

动力系统：电调、电机、电池、螺旋桨各一。

飞行控制系统：遥控器、接收机、飞控、GPS、舵机。

2.1.2 组装过程

（1）检查配件是否齐全，泡沫材质无人机配件如图项2-1所示。

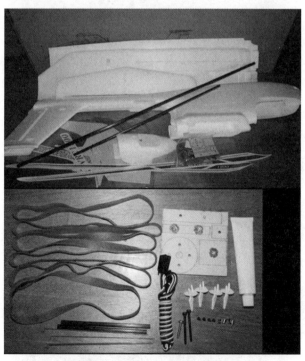

图项2-1 泡沫材质无人机配件

（2）首先进行假设组装，梳理组装各个配件的顺序。然后开始正式安装。

（3）机翼碳片安装：共使用两根碳片，在机翼碳片槽内均匀涂抹胶水，再将碳片卡入槽内压紧固定，如图项2-2所示。

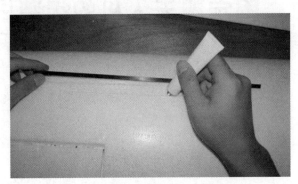

图项2-2　安装机翼加强碳片

（4）机翼舵机安装：将泡沫胶均匀涂抹在机翼的舵机安装槽内，然后将装好拉杆、调试好中立点的舵机压入槽内，接着取出舵机，在附着在舵机上的胶水风干1～2 min后，再将其压入，此方法可使舵机与舵机槽固定可靠（请在之后的安装过程中均按此方法使用泡沫胶），最后用纤维胶带将舵机延长线封入线槽。舵机走线安装如图项2-3所示。

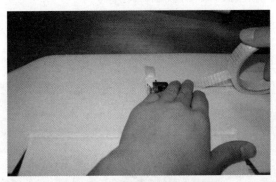

图项2-3　舵机走线安装示意图

（5）机翼拉杆与舵角连接：对副翼舵角直接用胶水均匀涂抹，压入固定。然后用快装螺栓将拉杆与舵角连接（不需要将螺栓锁紧，待装机完成调整副翼之后锁紧）。最后使用老虎钳将多余的拉杆适量剪除。机翼拉杆安装示意图如图项2-4所示。

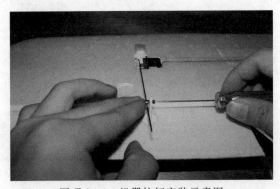

图项2-4　机翼拉杆安装示意图

(6)机翼碳管对接:对机翼的对接,可以用泡沫胶将碳管固定在一边机翼上,然后与另一边机翼对插连接,如图项2-5所示。如需要,可使用泡沫胶固定。

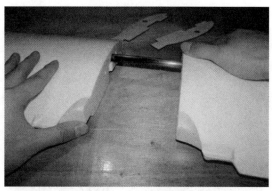

图项2-5　机翼对接

(7)机身垂尾和方向舵:用壁纸刀将机身垂尾方向舵切开,再用胶水将调试好的舵机固定在舵机槽内,如图项2-6所示。

图项2-6　垂尾安装示意图

(8)机身碳管和延长线安装:将两根延长线塞入碳管内,然后用胶水将碳管固定在机身碳管槽内。待胶水黏结稳定后,将两根延长线与垂尾的两个舵机连接(用热缩管将接头套紧)起来,再将延长线排放整齐,将两片机身合拢(仅需涂少量胶水即可)。碳杆及延长线安装如图2-7所示。

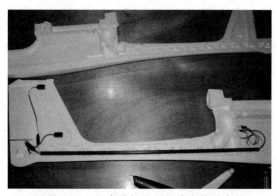

图项2-7　机身碳杆及延长线安装示意图

(9)机身平尾固定件安装:在槽内点入少量胶水,如图项 2-8 所示,再将装有 2 个爪牙螺母的木片卡入其中(注意胶水要少量,以免胶水溢入螺母孔内,影响螺栓安装)。安装过程中请仔细辨识螺母的朝向。

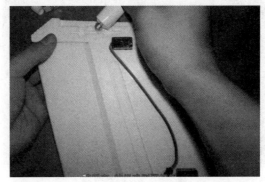

图项 2-8　水平尾翼安装涂胶示意图

(10)机头设备固定件安装:在槽内点入少量胶水,如图项 2-9 所示,再将装有 2 个爪牙螺母的木片卡入其中(注意胶水要少量,以免胶水溢入螺母孔内,影响螺栓安装),安装过程中请仔细看清楚螺母的朝向。

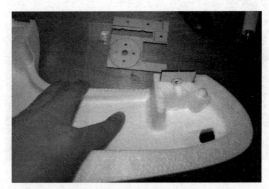

图项 2-9　机头设备固定件安装示意图

(11)机身整体黏结:在上胶前可以试着合拢机身,确保机身各部位能吻合、对齐。在泡沫黏结平面上均匀涂抹胶水(请仔细检查,确保机身平面每一处都被胶水覆盖),再从机尾至机头逐步合拢对接。黏结过程中保证每个关键部位对齐,如图项 2-10 所示。

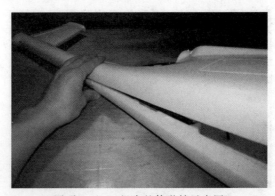

图项 2-10　机身整体黏结示意图

(12)机身垂尾方向舵安装:先将拉杆卡入舵机摇臂,用胶水将舵角固定,然后用快装螺栓将拉杆和舵角连接起来,将多余的拉杆用老虎钳去除,如图项 2-11 所示。

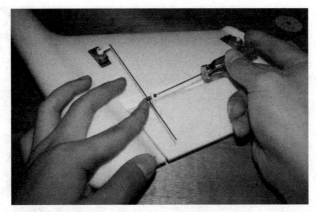

图项 2-11　垂尾方向舵安装示意图

(13)平尾升降舵和固定木片:木片使用胶水固定,如图项 2-12 所示,升降舵用小刀切开。

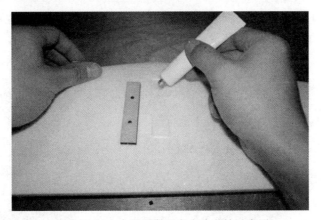

图项 2-12　水平尾翼固定木片黏结示意图

(14)平尾碳片和舵角安装:在此处处均匀涂抹胶水,然后将碳片及舵角压入相应位置即可完成固定,如图项 2-13 所示。

图项 2-13　水平尾翼碳片和舵角安装示意图

（15）电动机座安装：先将电机用螺栓固定在电动机座上，在电动机座上均匀涂抹胶水，直接按入固定槽内，然后将其拿出，待胶水风干1～2 min后，即可按入固定，如图项2-14所示。

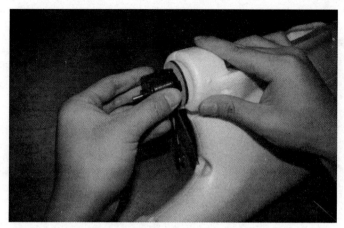

图项2-14　电动机座安装示意图

（16）进行飞控、GPS的安装。

（17）机翼与机身连接：使皮筋与黏好的碳管成V字形缠绕（飞机降落着陆时，皮筋可以减少机翼的缓冲力，皮筋使飞机的拆装变得很方便），至此无人机完成组装。组装完成的无人机如图项2-15所示。

图项2-15　组装完成的无人机

任务2　组装一台FPV无人机

2.2.1　材料准备

空机：机体、机翼、电动机座、碳杆、舵角、连杆。

动力系统：电调、电动机、电池、螺旋桨各一。

飞行控制系统：遥控器、接收机、飞控、图传、摄像头、舵机。

2.2.2 FPV 基本概念

FPV 是英文 First Person View 的缩写,即"第一人称主视角",它是一种通过在遥控航空模型或者车辆模型上加装无线摄像头回传设备,在地面观看屏幕操控模型的无人机使用方法。如果选择使用飞控参与整个 FPV 飞行,尤其是实现航点自主飞行后,这架飞机就可以称得上是一架无人机了。

FPV 所需要的设备如下。

1.载机的选择

FPV 概念最早应用于休闲类航空模型。由于搭载了图像传输设备,故其在无人机领域可以作为高空实时监控使用。可根据使用环境选择普通摄像头、高清摄像头、红外摄像头等设备,另外在使用头部跟踪功能后,能满足高精度的实时监控要求。使用飞控参与整个飞行控制时,可以实现定点、定高、定向、定速飞行,并能实现失去控制信号后自动返航等功能。本项目使用"中航电科技 ZOHD"公司生产的 NANO TALON(见图项 2-16)作为载机进行讲解。

图项 2-16　NANO TALON 无人机

NANO TALON 是一款 V 尾布局的固定翼飞机,翼展为 860 mm,其最大的特点就是飞行舵面全部采用轴传动,控制设备全部内置,飞机的组装不需要任何连接线。只需将左右主翼和 V 尾对插在机身两侧即可安装完成。外部几乎无任何其他设备,故整个飞机气动布局非常好,飞行效率得到大幅提升。另外飞机外表面上下双色设计,在飞行时可以很好地进行飞行姿态的辨识;机身内部尺寸宽广,满足常用 FPV 设备的搭载要求;底部预留舱盖,经过简单改造后可以进行功能括展;主翼采用上单翼布局,具有很好的飞行稳定性。以上这些特点使得 NANO TALON 非常适合刚开始接触无人机的学员进行装配和飞行练习。

翼展:860 mm/33.85in。

长度:570 mm/22.44in。

飞行质量:361g(w/o FPV gear)。

材料:超轻耐摔 EPP。

重心:离主翼前缘 3.5cm 处(主翼底部有 CG 标示)。

颜色:白色+黑色。

电动机:2204 1870KV BL,轴径 5 mm。

电调:30A W/1A BEC。

舵机：3pcs 8g 数码舵机。

螺旋桨：6×3。

推荐电池：3S,1 300～2 200mA·h 25C。

飞行速度：12～90km/h。

2.摄像头

摄像头是进行 FPV 飞行时的主要图像捕捉设备,是整个图像链路的最前端,极大影响着后续链路中的图像质量。所以在选择时要注意像素、分辨率、宽容度、工作电压、传感器类别、质量等参数。飞机的高频振荡容易导致图像出现"果冻状"抖动。为保证摄像头图像稳定,在组装时注意设备安装角度及防抖动处理。

3.图传

图传,顾名思义就是图像传输系统,它主要负责影音数据的无线传输,按照国内无线电相关法律法规的要求,常用频率为 2.4GHz 和 5.8GHz,但特殊应用场合下也可根据使用环境进行频率定制。根据传输数据的质量可分为 AV 模拟信号、数字信号、高清信号等类别,根据发射功率可以分为 200mW,600mW,1 000mW,5W 等类别。

图传系统按照功能主要分为发射及接收两部分。发射作为机载端使用,其主要完成对摄像头和麦克风采集到的图像及声音信息进行编码及发送。在选择时主要注意发射端质量、发射功率、频率点范围、工作频率漂移、延迟率、天线接口螺纹等参数。接收作为地面端使用,主要负责接收发送端的信号并进行解码,将其转换为图像和声音信号发送给显示及发声设备,在选择时主要注意频率点范围、地面端与发射端天线匹配、延迟率、天线接口螺纹等参数。图传设备如图项 2-17 所示。

8g600mW5.8GHz 图传系统　　　　　　　　高清图传系统

（左为发射、右为接收）　　　　　　　（左为发射、右为接收）

图项 2-17　图传设备

进行图传设备的调试时,要注意飞行区域是否存在近似频率发射源,防范同频干扰;发射端及接收端必须使用同样的工作频率,不能因接收端接收到了图像就认为工作频率一致,因为某些信道存在旁波信号,地面进行测试时虽然能够正常接收图像信号,一旦升空飞行后,随着距离的增加将很快丢失图像信号。如使用环境存在较大的电磁干扰,可使用滤波器进行抗干扰处理,以达到较好的使用效果。

4.天线

对于 FPV 飞行设备,使用天线的场合主要有遥控设备和图像传输设备。很多使用者没有关注到天线的重要性,或者关注得很少,但天线选择的合适与否直接影响信号传输质量和距离。无人机常用的传输频率为 2.4GHz 及 5.8GHz。

　　只要选择合适的天线就能有效地增加控制距离。无人机常用的天线有棍状天线、鞭状天线、平板天线、四叶草天线、螺旋天线、矩阵天线等,选择时要重点关注天线的工作频率、增益、辐射角等参数。对 2.4GHz 和 5.8GHz 信号采用"枫叶"出品的三种天线。

　　(1)2.4GHz 遥控天线。此处以一款"2.4GHz 遥控增程 8dBi 定向天线"为例进行讲解,在不改变发射功率的前提下就能够大幅提升遥控距离,如图项 2-18~图项 2-22 所示。天线的电气性能见表项 2-1。

图项 2-18　2.4GHz 遥控增程 8dBi 定向天线

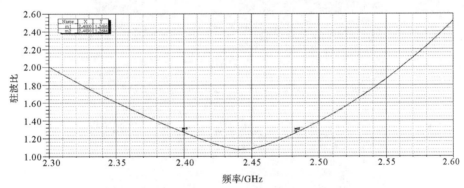

图项 2-19　驻波图

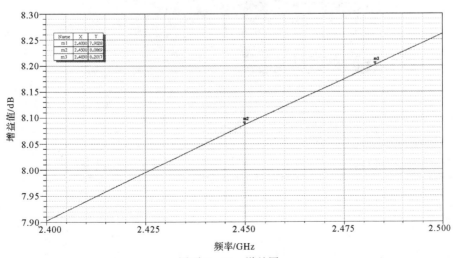

图项 2-20　增益图

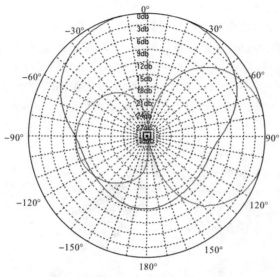

图项 2-21 辐射图

图项 2-22 遥控天线的改装

表项 2-1 8dBi 定向天线电气性能

型号(Model)	FY-2.4ZC
频率范围(Frequency Range)	2 400~2 483MHz
输入阻抗(Input Impedance)	50Ω
驻波比系数(VSWR)	<1.5
增益(Gain)	8dBi
前后比 F/B	>12dB

续表

型号（Model）	FY - 2.4ZC
半功率波束（3dB）（HPBW）	100°H - plane 65°E - plane
功率容量（Maximum Power）	50W
极化方式（Polarization）	垂直极化（Vertical Polarization）
接口（Connector Type）	SMA
闪电保护（Lighting Protection）	直接接地（Direct Ground）
环境温度（Ambient temperature）	−40～＋60℃

此款天线适用于普通航模遥控器增程，遥控器经过简易改装，通过增加一个 SMA 的接头座即可使增程天线直接安装在遥控器上。通过这种简易改装方式，能极大的拓展遥控距离，提高目标飞行区域的信号稳定性，减少失控的概率。特殊优化的辐射场型图，有效降低遥控器在左右晃动时信号的波动，配合图传定位飞机方向，能最大程度发挥增程天线的优势，经测试此方法可使遥控距离提高 2～3 倍。

（2）5.8GHz 图传天线改装。此处以一款"14dBi 定向天线"为例进行讲解，采用 600mW 发射功率的图传设备就能够实现 5km 的稳定图像传输，如图项 2 - 23～图项 2 - 26 所示。其电气性能见表项 2 - 2。

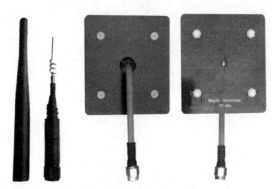

图项 2 - 23　左侧两图为 5dB 的垂直极化全向发射天线；右侧两图为 14dBi 定向接收天线

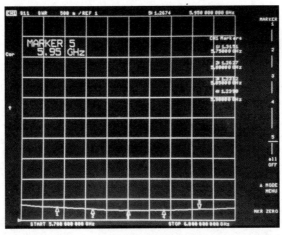

图项 2 - 24　网络分析仪实测驻波图

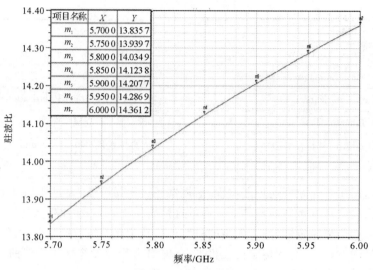

图项 2 - 25　增益图

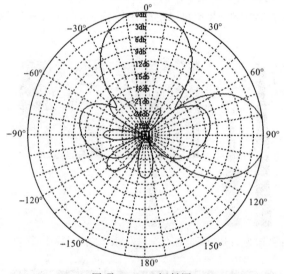

图项 2 - 26　辐射图

表项 2 - 2　14dBi 定向天线电气性能

型号(Model)	FY - 05A
频率范围(Frequency Range)	5 700~5 950MHz
输入阻抗(Input Impedance)	50Ω
驻波比系数(VSWR)	<1.5
增益(Gain)	14dBi
半功率波束(3dB)(HPBW)	40°H - plane　38°E - plane
前后比 F/B	>20dB
功率容量(Maximum Power)	50W

型号（Model）	FY-05A
极化方式（Polarization）	垂直极化（Vertical Polarization）
接口（Connector Type）	SMA
闪电保护（Lighting Protection）	直接接地（Direct Ground）
环境温度（Ambient temperature）	$-40\sim60℃$

此款天线适用于无人机 5.8GHz 图像数据传输，对图像质量以及便携性有一定要求的场合更为适用。使用中要注意发射和接收天线都必须垂直设置，发射天线直接垂直于地面，接收天线较长的一边和地面垂直，天线正面指向无人机方位。当图像出现雪花时，适当对天线做上下左右方向的调整（不能大幅度转动），使天线最大增益方向始终指向无人机。当无人机离起飞点较近时，天线可适当上翘 $10°\sim20°$，无人机飞远后需保证天线基本和地面垂直。

5. 监视器

监视器是图像传输链路的最后一个单元模块，在选择时主要注意色彩还原力、信号接口是否与图传匹配，画面尺寸、屏幕亮度、信号质量降低后能否雪花显示等。雪花屏是进行 FPV 飞行时一个很重要的功能。市面上有很多显示器当图像信号质量降到一定程度后屏幕将黑屏或者蓝屏，这对于超视距飞行来讲将严重影响飞行安全。采用雪花屏后，图像质量降低后则只是图像变得模糊，不会出现完全无图像的情况。所以 FPV 飞行时务必使用雪花屏作为图像显示设备。双接收 5.8GHz 雪花屏显示器如图项 2-27 所示。

如果图传使用 AV 模拟信号，那么 FPV 只需用到三根，即一根是图像，一根是声音，一根是地线。现在市面上有些显示器与图传接收集成，得到双通道冗余接收显示设备。

图项 2-27　双接收 5.8GHz 雪花屏显示器

6. 机载云台及头部跟踪

云台为机载设备，头部跟踪为地面设备。云台的主要作用是增加图像的稳定性，并能按照操控者的控制实现多角度观测，头部跟踪设备一般对操控者的头部姿态进行采集，最终通过无线信号反馈到云台上，实现利用头部进行机载设备的视角控制。头戴追踪显示器一般集成头部追踪、图像传输、显示屏幕、电源模块等，如图项 2-28 所示。

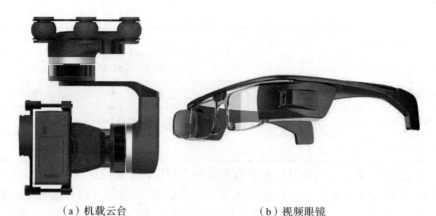

（a）机载云台 （b）视频眼镜

图项 2-28 机载云台与视频眼镜

7. 遥控器

进行 FPV 飞行，可以用 2.4GHz 的遥控器，也可以用 72MHz 的遥控器，或者利用 433MHz 信号转发器。如果使用的是 2.4GHz 的遥控器，为实现远程 FPV，应该加装定向天线，因为定向天线有指向性，发射角度随增益增加逐渐减小，所以飞机远距离操控时必须将天线的发射面对准飞机，不然容易发生失控。另外还要注意 2.4GHz 遥控信号容易和 2.4GHz 图传信号发生干扰，所以将图传及遥控器远距离布置。最好是将图传工作频率改为 5.8GHz 进行抗干扰。为方便增加控制距离，也可采用数遥一体控制器，如图项 2-29 所示。

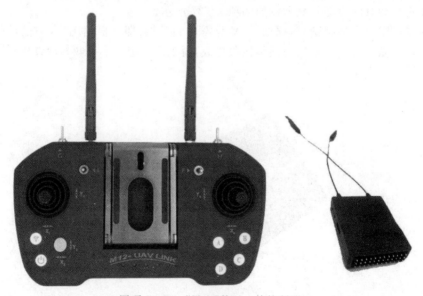

图项 2-29 "风迎"数遥一体控制器

8. 飞控

进行 FPV 飞行时，飞控主要有两种。一种仅实现飞机的稳定飞行控制，当将要发生飞行危险时，操控人员松开摇杆，飞控会自动纠正并保持飞机水平状态飞行。对另一种飞控可以选择性安装 GPS 模块、电流计模块、空速计模块、OSD 模块，此类飞控除了保证飞机的平稳飞行外，还可以通过 OSD 获得当前飞行的高度、速度、坐标、耗电量、电源电压、航向角度、飞行姿态等飞行数据。更为重要的是，如果进行 GPS 定位后，当飞机控制失效时（控制器失控保护设置正确的情况下），飞控将自动进入失控返航状态，确保飞机失控后不丢失。带有 GPS、电流计的飞控如图项 2-30 所示。

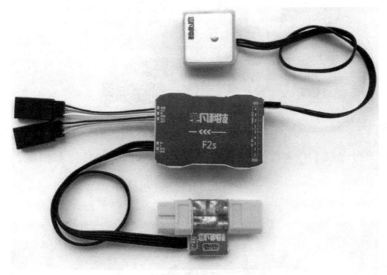

图项 2-30　带有 GPS、电流计的飞控

2.2.3　组装过程

1.检查配件是否齐全

NANO TALON 载机由 8 块组成（见图项 2-31）：一个机身、两个盖板、左右两个机翼、两个尾翼、一个自紧螺旋桨。各部位都是由若干结构件组成的，材质是 EPP 泡沫，主要通过黏合进行组装。在进行黏合的过程中注意用胶量，过少用胶结构强度不够，过多用胶将导致质量增加。

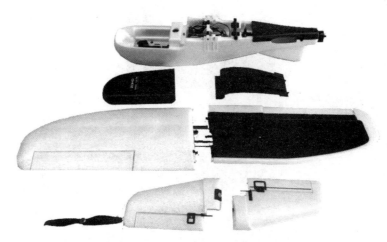

图项 2-31　NANO TALON 组成模块

机身内部空间大（见图项 2-32），可以很好地部署 FPV 机载设备；设备空间距离足够，可以实现互不干扰。

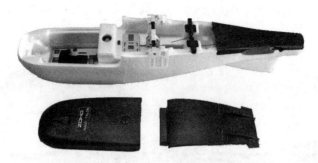

图项 2 - 32　NANO TALON 内部空间

具有被动排风口,在飞行中可以快速对机内设备降温,保障飞行安全,如图项 2 - 33 所示。

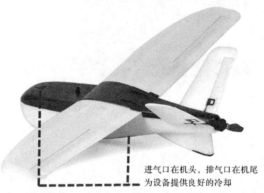

进气口在机头,排气口在机尾
为设备提供良好的冷却

图项 2 - 33　NANO TALON 机身通风口

主翼与机身快速插接,机翼上无任何电子设备,舵机内置于机身,利用轴传动控制副翼动作,如图项 2 - 34 所示。

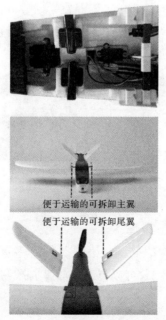

便于运输的可拆卸主翼

便于运输的可拆卸尾翼

图项 2 - 34　NANO TALON 快插及轴传动结构

机身具有两处搭载摄像头的位置,如图项 2-35 所示。

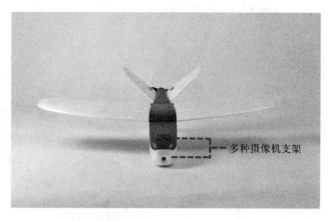

多种摄像机支架

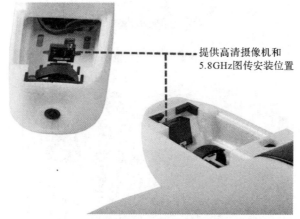

提供高清摄像机和
5.8GHz图传安装位置

图项 2-35　NANO TALON 摄像头安装位置

机腹具有拓展平台,可以进行任务拓展,如图项 2-36 所示。

底部预留的空间,方便安装其他设备

图项 2-36　NANO TALON 机腹部位的功能括展平台

2.机载设备的组装

FPV 机载设备主要包含飞控、GPS、电流计、接收机、摄像头、图传发射器,如图项 2-37～2-43所示。

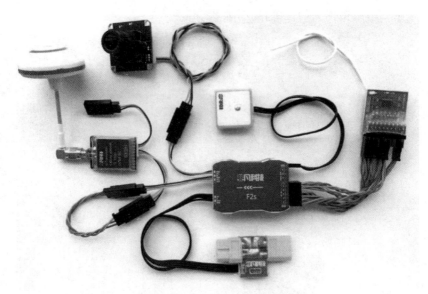

图项 2-37 飞控及图传系统

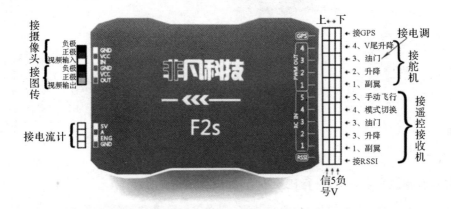

图项 2-38 飞控接口定义和安装方向

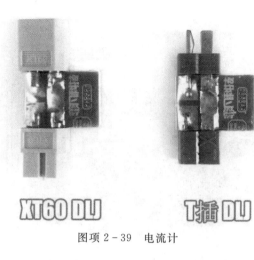

图项 2-39　电流计

图项 2-40　两种 GPS 模块

图项 2-41　飞控与接收机的连接示意图

　　电流计接入多少伏电压输入,图传和摄像头的供电就会输出多少伏电压,所以图传和摄像头不支持所输入电压的需要外接 UBEC 供电或者单独供电。

　　(1)摄像机和图传相同工作电压,需要一起供电,如图项 2-42 所示。

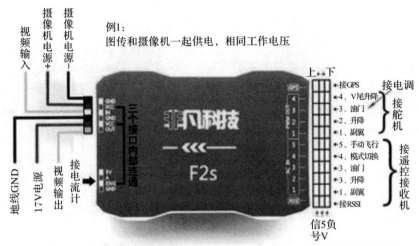

摄像机接口的VCC、图传接口的VCC和电流计接口的ENG在飞控内部是连通的

图项 2-42　图传与飞控采用同一电源

（2）摄像机和图传工作电压不同，需要独立供电，如图项 2-43 所示。

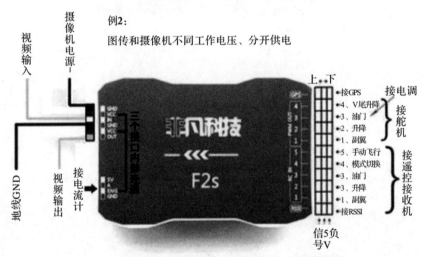

只要接上地线和视频输入/输出到OSD上面即可
红色电源线不接

图项 2-43　图传与飞控采用不同电源

输入信号如下：

（1）副翼通道。

（2）水平尾翼通道。

（3）油门通道。

（4）模式选择通道。

在 GPS 没有定位前，三段开关全部都是平衡模式，只有收到 6 颗星以上，才可以转换出其他控制模式。

三段开关的飞行模式，可以实现以下三种飞行模式之间的切换：

（1）平衡模式：三段开关高挡位置。飞控负责保持飞机相对于地面的姿态。实现松杆飞机水平飞行。

（2）锁定模式（2.0版本以上）：三段开关中间位置。锁定模式就是副翼通道或者俯仰通道。摇杆回到中点，飞控就自动锁定方向或者高度的模式，超过中点，就转为平衡模式。这样锁定模式，可以实现定高定向飞行、定高不定向飞行、定向不定高飞行和平衡模式等4种飞行模式，使用很方便。

（3）返航模式：三段开关低端位置。飞控全自动返航，油门由设定的最低油门和接收机油门决定，取其中的大值，为输出实际油门。如果接收机失控保护设置为返航模式，即可实现失控后，飞机自动返航。

输出信号如下：

（1）副翼通道（无副翼飞机接到垂直尾翼通道舵机）。

（2）水平尾翼通道。

（3）油门通道（接电调）。

（4）输出4通道，连接V尾飞机的一侧尾翼，例如"死胖子"飞机，正常类型飞机不使用。

对FPV固定翼飞机一般不推荐使用方向舵，转弯直接用副翼即可。如果想用方向舵可将方向舵的舵机直接接在遥控接收机的4通道上面，不通过飞控。

最终组装完成的成品如图项2-44所示。

图项2-44　最终成品图

任务3　复合材料无人机组装

2.3.1　材料准备

空机：包括机体、机翼、电动机座、碳杆、舵角、连杆。

动力系统：电调、电动机、电池、螺旋桨各一。

飞行控制系统：飞控、GPS、数传、空速管、舵机、遥控器、接收机。

2.3.2　组装过程

（1）检查配件否齐全。复合材料无人机机身配件如图项2-45所示。

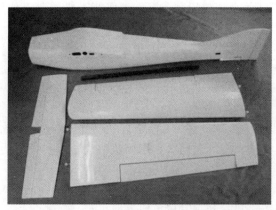

图项 2-45　复合材料无人机机身配件

（2）安装起落架：将机身倒置，用皮筋固定起落架，采用弹性连接可减少意外降落时产生的冲击对机体的损坏，如图项 2-46 所示。

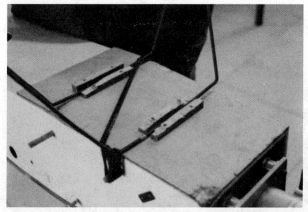

图项 2-46　起落架安装示意图

（3）安装水平尾翼：将机身放置于平整地面，安装尾翼插管及定位销，如图项 2-47 所示。

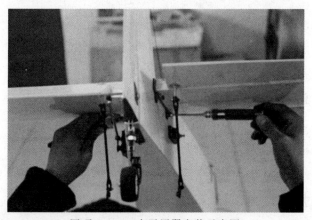

图项 2-47　水平尾翼安装示意图

（4）安装舵机：安装升降舵舵盘，注意舵盘位置，如图项 2-48 所示。

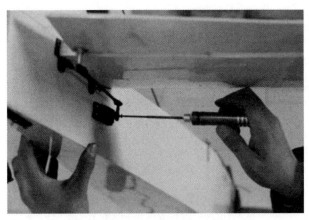

图项 2-48　舵盘安装示意图

（5）安装发动机：将机身平放在地面上，安装发动机并定桨位，如图项 2-49 所示。

图项 2-49　发动机安装示意图

（6）安装机翼：副翼线缆及空速管安装如图项 2-50 所示，固定机翼与机身的加强螺栓安装如图项 2-51 所示。

图项 2-50　副机翼线缆及空速管走线示意图

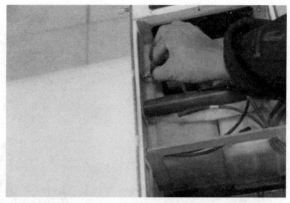

图项 2-51　固定机翼与机身螺栓安装示意图

（7）安装飞控、电台、空速管等，布好相应线路，如图项 2-52 所示。

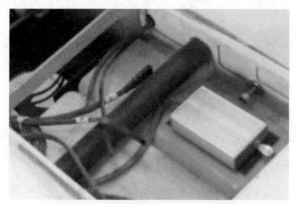

图项 2-52　飞控安装及走线示意图

（8）将电池放入电池仓，用魔术粘扣或扎带固定。

（9）连接飞控与舵机。

组装完成的复合材料无人机如图项 2-53 所示。

图项 2-53　组装完成的复合材料无人机

任务 4　组装一台简易固定翼无人机平台

2.4.1　材料准备

空机:机体、机翼、电机座、碳杆、舵角、连杆。

动力系统:电调×2、电动机×2、电池×1、螺旋桨×2。

飞行控制系统:遥控器、接收机、飞控、GPS、空速管、数传、跟踪云台、舵机、图传、摄像头。

2.4.2　基本概念

1.UAV 的概念

UAV 是 Unmanned Aerial Vehicle 的简写,俗称无人机、无人航空器,广义上指不需要驾驶员登机驾驶的各式遥控或自主智能航空器。

2.UAV 与 FPV 的区别

此处以一个标准的固定翼无人机飞行平台作为案例进行讲解。无人机飞行平台与 FPV 飞行平台主要的区别:UAV 与 FPV 最主要的不同在于载机、飞控和数据链路,其余功能模块与 FPV 基本一致,UAV 搭载的飞控具有执行任务的能力,具有远程数据链路,载重量更大,可以搭载更为复杂的任务单元。

2.4.3　组装过程

2.4.3.1　载机的组装

本任务采用 I-soar-one(无人机名)作为 UAV 载机讲述载机的组装。该机的主要特点是使用双发动力源,机身采用快拆收缩设计,运输方便、模块化设计的展弦比高、拆卸机翼速度快,方便维修、机头和机腹双云台挂载位设计(可使用前置 3 轴 gopro 云台/2 轴微单云台/中置二轴正射微单云台)、内部大空间设备舱、保形助降伞舱、内置图传及 GPS 安装位、风冷动力舱、机翼采用 S 翼型设计,带襟翼,升力大,气动性能优异,该机最大有效载荷可达 3 500 g(包含电池)。载机如图项 2-54 所示。

图项 2-54　I-soar-one 固定翼 UAV 载机

1.飞机材料清单

飞机材料清单,如图项 2-55 所示。

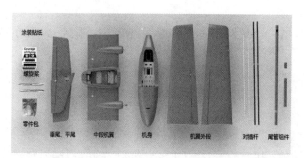

图项 2-55 I-soar-one 整机结构部件

对机身各结构的介绍如图项 2-56 所示，机身尺寸参数如图项 2-57 所示。

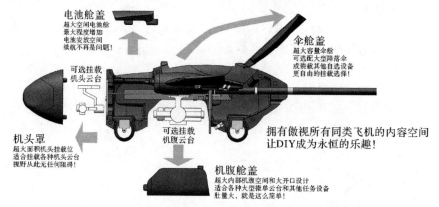

图项 2-56 I-soar-one 机身各结构

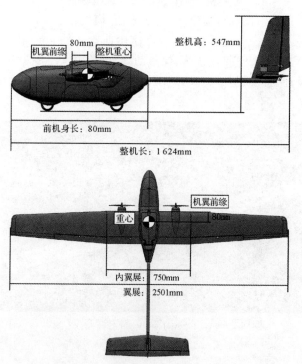

图项 2-57 I-soar-one 机身尺寸参数

尺寸:翼展 2 501 mm,机长 1 624 mm,高 547 mm。

重量:空机重 2.6 kg。

最大满载全重:6.5 kg(大载重下请谨慎操作)。

飞行里程:0～100 km(建议在视野内飞行)。

飞行时长:1～3 h。

电池:建议 4S 锂离子电池,容量可自行选配。

螺旋桨:1070 螺旋桨(可以依其他型号电机选配 9～10in 双、三叶螺旋桨)。

2.I-soar-one UAV 载机安装过程

(1)安装完成中段机翼、外翼段、伞舱、垂尾、平尾所需舵机,如图项 2-58～图项 2-60 所示。

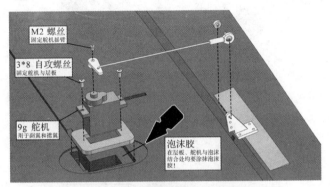

图项 2-58　中段机翼、外翼段舵机安装示意图

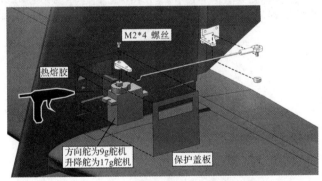

图项 2-59　垂尾、平尾舵机安装示意图

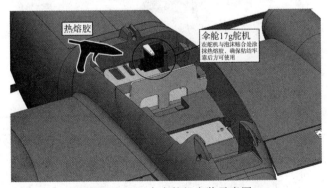

图项 2-60　伞仓舵机安装示意图

（2）安装双发动机，安装过程中注意左、右发动机的旋转方向及螺丝扣的正反牙结构，防止飞行时由于震动和螺旋桨反扭力导致螺母松脱。安装如图项 2-61～2-63 所示。

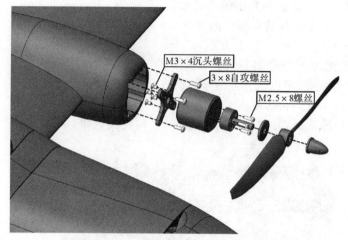

图项 2-61　无刷电动机安装示意图

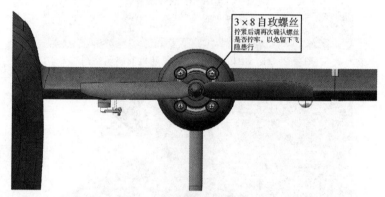

图项 2-62　无刷电动机重点检查部位示意图

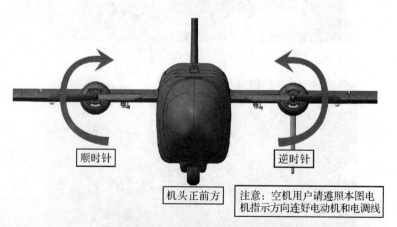

图项 2-63　双发动机旋转方向示意图

（3）安装中段机翼，注意保留接线接口，安装示意图如图项 2-64～图项 2-66 所示。

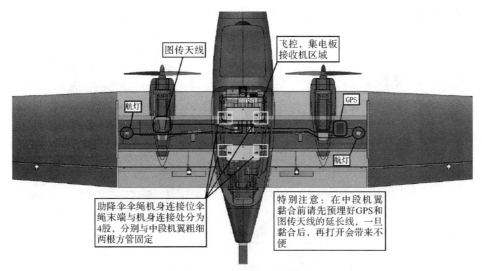

图传天线

飞控，集电板
接收机区域

航灯

GPS

航灯

助降伞伞绳机身连接位伞
绳末端与机身连接处分为
4股，分别与中段机翼粗细
两根方管固定

特别注意：在中段机翼
黏合前请先预埋好GPS和
图传天线的延长线，一旦
黏合后，再打开会带来不
便

图项 2-64　中段机翼设备布局图

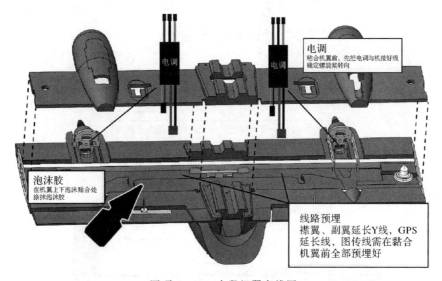

电调

电调

电调
粘合机翼前，先把电调与机接好线
确定螺旋桨转向

泡沫胶
在机翼上下泡沫贴合处
涂抹泡沫胶

线路预埋
襟翼、副翼延长Y线，GPS
延长线，图传线需在黏合
机翼前全部预埋好

图项 2-65　中段机翼布线图

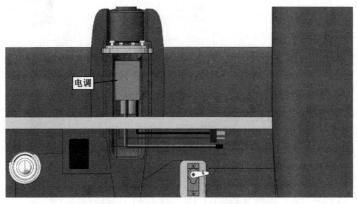

电调

图项 2-66　发动机电调安装示意图

（4）安装尾管，注意尾管的安装强度，安装过程如图项 2-67～图项 2-73 所示。

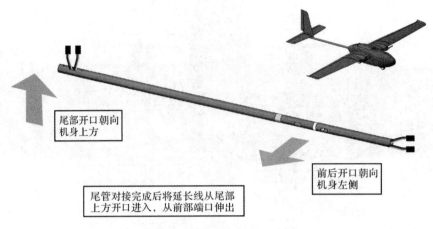

尾部开口朝向机身上方

前后开口朝向机身左侧

尾管对接完成后将延长线从尾部上方开口进入，从前部端口伸出

图项 2-67　尾管安装示意图

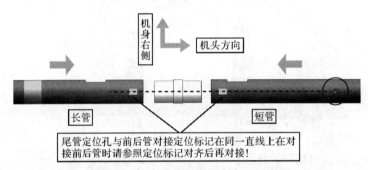

机身右侧

机头方向

长管

短管

尾管定位孔与前后管对接定位标记在同一直线上在对接前后管时请参照定位标记对齐后再对接！

图项 2-68　尾管连接器安装示意图

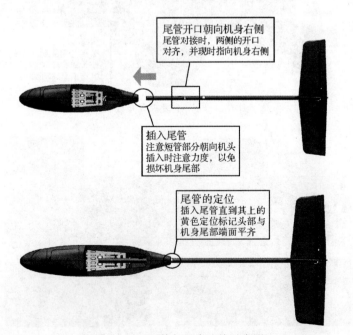

尾管开口朝向机身右侧
尾管对接时，两侧的开口对齐，并现时指向机身右侧

插入尾管
注意短管部分朝向机头
插入时注意力度，以免损坏机身尾部

尾管的定位
插入尾管直到其上的黄色定位标记头部与机身尾部端面平齐

图项 2-69　尾管与机身连接示意图

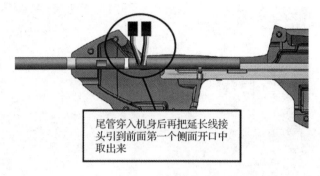

尾管穿入机身后再把延长线接头引到前面第一个侧面开口中取出来

图项 2-70　尾管与机身连接重点检查位置

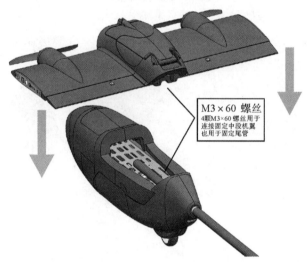

M3×60 螺丝
4颗M3×60 螺丝用于连接固定中段机翼也用于固定尾管

图项 2-71　中段机翼与机身连接示意图

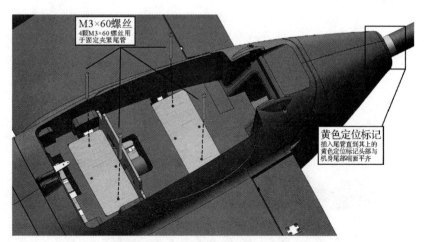

M3×60螺丝
4颗M3×60螺丝用于固定夹紧尾管

黄色定位标记
插入尾管直到其上的黄色定位标记头部与机身尾部端面平齐

图项 2-72　中段机翼与机身连接紧固位置

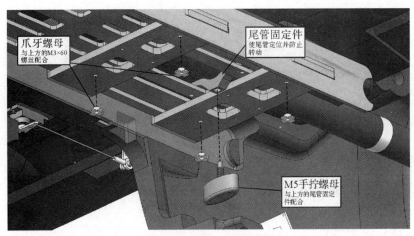

图项 2-73　中段机翼与机身连接紧固位置

（5）安装平尾与垂尾，如图项 2-74 所示。

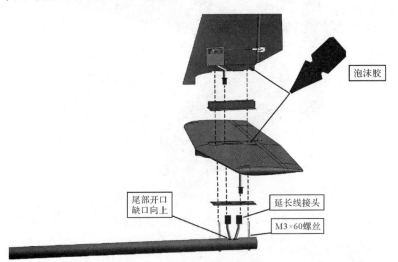

图项 2-74　尾翼安装示意图

（6）安装伞舱铰链碳杆，如图项 2-75 和图项 2-76 所示。注意在安装中要对伞舱盖进行结构加强，防止因为降落伞的膨胀致伞仓盖形变，在飞行过程中发生意外开伞事故。

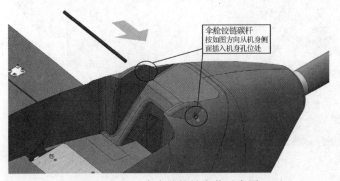

图项 2-75　伞仓盖铰链安装示意图

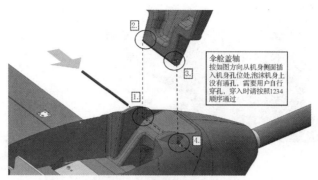

图项 2-76　伞仓盖安装示意图

(7)安装对插翼,注意加强杆长度务必左、右一致,如图项 2-77～图项 2-79 所示。

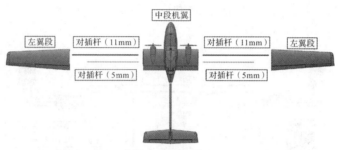

图项 2-77　中段机翼与机翼外段连接示意图

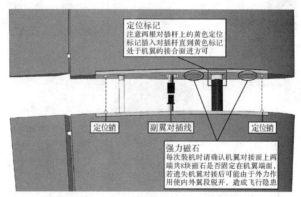

图项 2-78　中段机翼与机翼外段连接位置

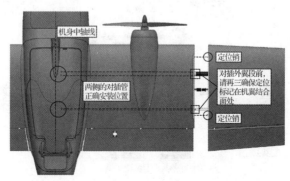

图项 2-79　中段机翼与机翼外段连接重点检查位置

(8)安装图传天线,注意天线要安装稳定,如图项 2-80 所示。

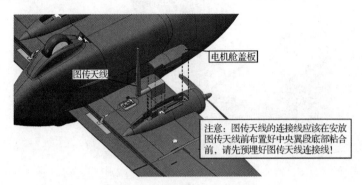

图项 2-80　图传安装示意图

(9)集电板接线图如图项 2-81 所示,整机布局如图项 2-82 所示,飞控安装位置如图项 2-83 所示,电池安装位置如图项 2-84 所示。

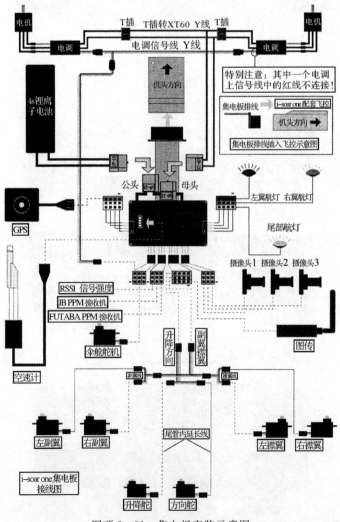

图项 2-81　集电板安装示意图

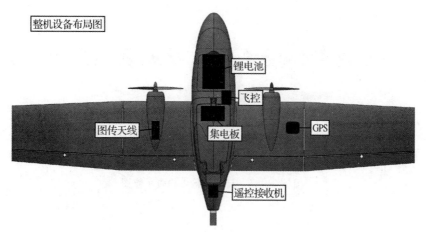

图项 2-82　整机布局图

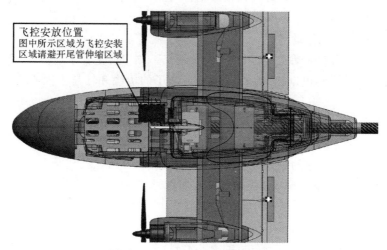

图项 2-83　飞控安装位置示意图

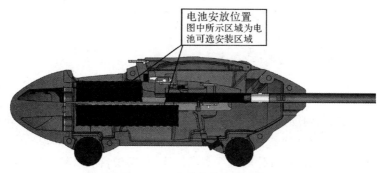

图项 2-84　电池安装位置示意图

(10)起飞前检查,如图项 2-85 所示。

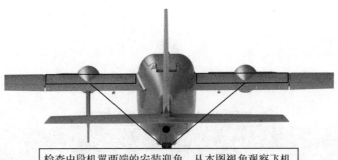

检查中段机翼两端的安装迎角，从本图视角观察飞机，若除去襟翼舵面以外两边矩形面积大致相同，则两侧安装角相近，若相差较大请自行调整两端机翼安装角

图项2-85　起飞前机体检查示意图

3.载机安装结束后的测试

（1）机体测试说明如下：

1）检查各部位紧固螺栓是否松动、缺失。

2）检查机身结构上是否出现裂纹以及破损。

（2）电机测试说明如下：

1）检查电动机转子的松动情况。

2）不安装螺旋桨启动电动机，听声音，若出现异音，则可能是轴承磨损，需要更换电动机。

3）不安装螺旋桨启动电动机，看转动中电机转子的边缘和轴是否同心，以及是否有较大震动。

（3）螺旋桨测试说明如下：

1）检查桨面是否完整，有无弯折、裂缝。

2）检查螺旋桨紧固螺母的正反牙是否正确。

3）启动电动机，检查螺旋桨旋转方向是否正确。

（4）重心测试说明如下：

1）安装电池后进行载机的重心测试。

2）安装完任务载荷设备后进行载机的重心测试。

（5）通信链路测试说明如下：

1）检查所有机载、地面设备工作是否正常。

2）检查数传、图传等大功率无线电设备是否存在干扰。

3）进行拉锯测试。

2.4.3.2　飞控的组装

1.飞控功能介绍

本任务采用MFD AP飞控，该飞控内含三轴陀螺仪、三轴加速度计、三轴电子罗盘以及气压计等传感器。该飞控及辅助模块如图项2-86所示。MFD AP飞控用一个处理器专门负责飞控的姿态估算，用另一个处理器负责处理OSD画面和飞行逻辑。MFD AP飞控可用于增加飞机的稳定度，或控制飞机按设计的航线和高度飞行，实现自动驾驶。对图项2-86中各编号零件的说明见表项2-3。

图项 2-86　MFD AP 飞控及其配件

表项 2-3　飞控各部件含义说明

编号	含义说明
A	MyFlyDream 飞控
B	UBlox GPS
C	电流传感器(50A/100A)
D	定制的屏蔽连接线,用于连接摄像头和图传
E	连接遥控接收机的 3 Pin 舵机线
F	跳线帽,以及 1.5 mm 摄像头连接端子
G	用于固件升级的 USB—TTL 数据线

(1)MFD AP 飞控的先进特性。

1)全姿态的 AHRS,最大滚动角速率为 2 000(°)/s。

2)像素级的黑白双色 OSD,刷新率>30f/s,界面中数据显示刷新无滞后。

3)集成对跟踪云台(MFD Auto Antenna Tracker,AAT)的支持,无缝接驳 MFD 自动跟踪天线系统。

4)通过 OSD 可实现所有参数的调节和航点的可视化设置,无须调参软件进行设置。

5)支持 MAVLink 协议,可以兼容开源地面站 APM Planner,设置航点和实时显示飞行。

(2)MFD AP 飞控各接口定义。

飞控接口各插针布局如图项 2-87 所示。

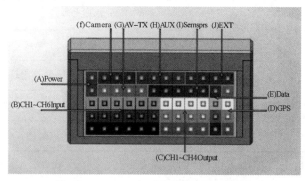

图项 2-87　MFD AP 插针接口示意图

（3）MFD AP 飞控与周边主要设备连接。

MFD AP 飞控可以与电源、接收机、舵机、GPS、数传、摄像头、图传等主要设备连接。设备连接示意图如图项 2-88 所示。

图项 2-88　飞控与周边设备连接示意图

（4）MFD AP 飞控接口定义。

MFD AP 飞控各接口编号见表项 2-4，对各接口使用字母 A～J 进行标识。

表项 2-4　飞控各接口名称

编号	含义名称
（A）Power	12V 电源输入
（B）CH1～CH6 Input	CH1～CH6 PWM 输入，接遥控器
（C）CH1～CH4 Output	CH1～CH4 PWM 输出，接舵机
（D）GPS	接 GPS
（E）Data	接数传电台（可选）
（F）Camera	接摄像头
（G）AV－TX	接图传
（H）AUX	辅助端口，可以接空速传感器等附件（可选）
（I）Sensors	传感器接口，接电流电压传感器和 RSSI 信号
（J）EXT	扩展端口，接其他附件

1）Power。A 接口为飞控提供电源，如图项 2-89 所示。A1 和 A2 插针的接口用途见表项 2-5。

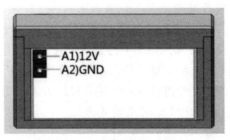

图项 2-89　供电接口示意图

表项 2-5　A1 和 A2 插针接口用途

插针编号	用途
A1	12V 电源
A2	地线

　　MFD AP 可以用 7～20V 的电源供电。但因为 AP 提供给摄像头和图传的电源直接取自飞控的电源输入,所以建议使用 12V 为飞控供电(可选用 12V DC-DC 电源模块或直接从动力电池得到 12V)。这样可以直接让飞控供电给大多数 12V 的摄像头和图传,总体接线比较简捷。

　　2)CH1～CH6 Input。B 接口与 RC 接收机连接,读取来自 RC 接收机的 6 个 PWM 通道信号。如图项 2-90 所示。白色插针为信号线,红色插针为电源,黑色插针为地线。此处的红色插针与接口 C 的红色插针连通,作为接口 C 的舵机电源。该舵机电源由用户提供并使用(例如来自电调的 5V 输出或者某个 BEC),与 AP 内部的电路完全无关。CH1～CH6 插针接口的用途见表项 2-6。

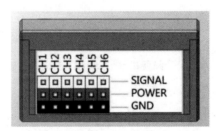

图项 2-90　输入通道接口示意图

表项 2-6　CH1～CH6 插针接口用途

通道编号	用途
CH1	AIL 副翼输入
CH2	ELE 升降舵输入
CH3	THR 油门输入
CH4	RUD 方向舵输入
CH5	模式控制开关 A(2 段)
CH6	模式控制开关 B(3 段)

MFD AP 需要一个 2 段开关和一个 3 段开关来切换工作模式。使用时把 2 段开关对应的接收机通道连接到 CH5,3 段开关对应的通道连接到 CH6。因为设置菜单等操作需要用到 CH4,所以即使飞机不需要使用方向舵,CH4 仍需连接到接收机上。

MFD AP 支持 PPM 信号输入。如果 RC 接收机提供 PPM 输出,则我们可以简化接线,用一根 3 位舵机线即可完成接收机到飞控的连接。具体方法如下:

(a)FUTABA 系列接收机(PPM 信号里的通道 1~4 分别对应 AIL,ELE,THR,RUD):PPM 信号线接入 CH5。

(b)JR 系列接收机(PPM 信号里的通道 1~4 分别对应 THR,AIL,ELE,RUD):PPM 信号线接入 CH6。一旦 PPM 信号被成功识别,飞控的 CH1~CH4 输入端口将自动转变为舵机信号辅助输出端口用于其他用途。直到下次重新上电之前不会再读取 PPM 输入信号。

3)CH1~CH4 Output。C 接口与舵机连接以控制飞机飞行。输出通道接口如图项 2-91 所示。其中,白色插针为信号线,红色插针为舵机电源,黑色插针为地线。此处的红色插针与接口 B 的红色插针连通,作为舵机电源。

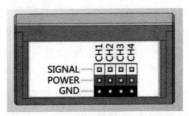

图项 2-91 输出通道接口示意图

CH1~CH4 输出的用途见表项 2-7。

表项 2-7 CH1~CH4 **插针接口用途**

通道编号	用途
CH1	AIL 副翼舵机输出(或者飞翼模式下的其中左边机翼舵机)
CH2	ELE 升降舵机输出(或者飞翼模式下的其中右边机翼舵机)
CH3	THR 油门输出
CH4	RUD 方向舵机输出

4)GPS。D 端口连接 GPS,且兼作更新固件的接口,如图项 2-92 所示。D1~D4 插针接口用途见表项 2-8。

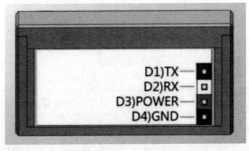

图项 2-92 GPS 接口

表项 2 - 8　D1～D4 **插针接口用途**

插针编号	用途
D1	TX
D2	RX(连接 GPS 的 TX)
D3	3.3V 供电
D4	地线

5)Data。E 接口可以连接数传电台/蓝牙模块/USB - TTL 电缆,与地面站通信。数据接口如图项 2 - 93 所示,E1～E4 插针接口用途见表项 2 - 9。

图项 2 - 93　数传接口示意图

表项 2 - 9　E1～E4 **插针接口用途**

插针编号	用途
E1	TX(连接数传的 RX)
E2	RX(连接数传的 TX)
E3	5V 供电(可通过改变飞控内部焊接跳线选择 3.3V 输出)
E4	地线

6)Camera。F 接口连接摄像头,如图项 2 - 94 所示。F1～F3 插针接口用途见表项 2 - 10。

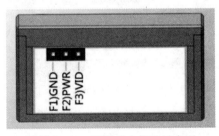

图项 2 - 94　视频输入接口示意图

表项 2 - 10　F1～F3 **插针接口用途**

插针编号	用途
F1	GND 地线
F2	PWR 电源输出(电压与飞控 A1 针脚供电电压一致)
F3	VID 视频信号输入,接摄像头的视频信号线

如果摄像头供电电压与飞控的供电电压不兼容，请忽略 F2 的供电，另外，为摄像头提供合适的电压。

7）AV-TX。G 接口连接图传，如图项 2-95 所示。G1～G4 插针接口用途见表项2-11。

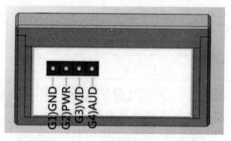

图项 2-95　视频输出接口示意图

表项 2-11　G1～G4 插针接口用途

插针编号	用途
G1	GND 地线
G2	PWR 电源输出（电压与飞控 A1 针脚供电电压一致）
G3	VID 视频信号输出，接图传的视频信号输入端
G4	AUD 音频信号输出，接图传的音频信号输入端

如果图传供电电压与飞控的供电电压不兼容，请忽略 G2 的供电，另外，为图传提供合适的电压。

8）AUX。H 接口连接空速传感器或其他附件，如图项 2-96 所示。H1～H4 插针接口用途见表项 2-12。

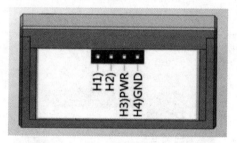

图项 2-96　空速数据接口示意图

表项 2-12　H1～H4 插针接口用途

插针编号	用途
H1	数据输入
H2	数据输出
H3	5V 供电
H4	GND 地线

9）Sensors。I 接口连接电流电压传感器，以及检测 RSSI 输入电压，如图项 2-97 所示。

I1～I5 插针接口用途见表项 2-13。

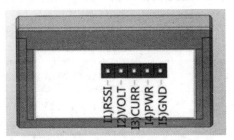

图项 2-97　电流计接口示意图

表项 2-13　I1～I5 插针接口用途

插针编号	用途
I1	RSSI 接收机信号强度指示(0～5V)
I2	VOLT 动力电压检测(0～27V)
I3	CURR 动力电流检测(0～100A)
I4	PWR 5V 供电
I5	GND 地线

　　MFD AP 的电流传感器的连接器是一个 4 线插头,其中不包含 RSSI 信号线。连接飞控时注意不要接到 RSSI 针脚。把两根地线焊接到电流传感器的铜箔上时,应尽可能将两根地线靠近,如图项 2-98 所示。没有经焊锡加强的电路板铜箔并不能负担 20A 或者更高的电流,大电流会导致铜箔被烧断。

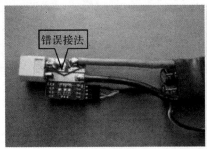

图项 2-98　电流计接线注意事项

　　10)EXT。J 接口是 I2C 总线端口,连接其他附件,如图项 2-99 所示。J1～J4 插针接口用途见表 2-14。

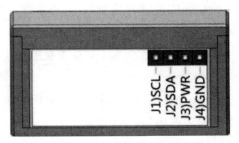

图项 2-99　I2C 接口示意图

表项 2-14　J1~J4 插针接口用途

插针编号	用途
J1	SCL
J2	SDA
J3	PWR 3.3V 供电
J4	GND 地线

2. 飞控的固定

应把 MFD AP 飞控固定到飞机的重心附近。对于小型电动飞机,不需要采取额外的减震措施,直接用双面胶或者魔术贴固定即可,请参考图项 2-100。注意 FRONT 箭头需指向机头方向,并且尽量使飞控的俯仰和横滚方向与飞机的轴向方向对齐。

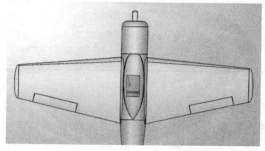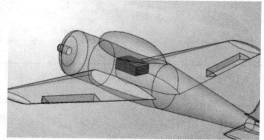

图项 2-100　飞控安装位置示意图

因为 MFD AP 飞控的大部分参数设置主要通过 OSD 菜单完成,所以建议首次调试时,最好将 G 接口直接接到显示屏以观察 OSD 输出的图像。

MFD AP 飞控的 OSD 需要外部视频信号驱动才能输出画面。开启遥控器,把 CH5 和 CH6 开关放在"低"(1 000μs 左右)。如果接线无误,上电后可以看到 OSD 的 G 和 R 灯闪烁两次,屏幕上出现 OSD 画面。

进入 OSD 菜单的方法:将油门放到最低,将 CH5,CH6 放在低,把遥控器升降舵杆(ELE)拉到右下角 2s 以上并保持住,之后把 CH5 从低打到高。

退出菜单的方法:将油门放到低位,将 CH5 切换到低。

进入菜单后,可上、下移动升降舵杆(ELE)选择菜单;向右移动 ELE 进入选项或者调整参数;在调整参数的状态下,上、下移动 ELE 修改参数数值;向左移动 ELE 退出到上一级菜单。

快速调整参数小技巧:调整参数数值的时候,CH6="低/中/高"分别对应于步长为 1/5/10 的调整量。比如 CH6="高"的时候,每次调整参数的变化量是 10。

3. 飞控 OSD 界面简介

不同飞控数据信息的布局不同,本例任务中飞控 OSD 界面会随飞行模式的切换而略有变化。MFD AP 飞控 OSD 显示信息如图项 2-101 所示。

图项 2－101　MFD AP 飞控 OSD 界面

OSD 界面元素的含义如下：

（1）飞行时间（min∶s）。

（2）飞行模式。有 MAN/STB/WPT/CIR/ALT/RTH 几种。

（3）总航程。

（4）航向角。以正北为 0°，正东，正南，正西分别为 90°，180°，270°。当飞机速度大于 5 km/h 时，该读数来自 GPS。当飞机速度低于 5 km/h 时，该读数由飞控的磁罗盘和 GPS 共同决定。

（5）GPS 锁定的卫星数。

（6）RSSI，指接收机信号场强指示。对于搭配具有 RSSI 输出的接收机，通过此参数可以了解当前遥控接收信号的强度。可以通过 SENSORS SETTINGS－－Ⅰ＞FULL RSSI 进行校准，使遥控接收机信号最好时该数值显示为 100。

（7）目标方位角。它仅出现于自动驾驶的状态（CIR/ALT/WPT/RTL 模式），表示目标相对于飞机的方位角。该方位角为 0°，则说明目标在飞机的正北方向。在 ALT 锁定航向的情况下（显示为 ALT＊），可以理解为当前被锁定的航向。

（8）目标高度。它仅出现于自动驾驶的状态（CIR/WPT/RTL 模式），表示飞控目前正在试图到达的高度数值。该数值改变瞬间显示的字体会变大以吸引注意力，3s 后恢复为小字体。

（9）地速，单位为 km/h 或 mi/h。

如果连接了空速传感器，我们看到两个上下排列的读数。这种情况下上方的读数表示空速，下方的读数表示地速。

（10）当前油门。参考高度刻度尺的全长为 100％，可以判断当前油门的大小。

（11）相对起飞点高度，单位为 m 或 ft。该读数来自气压高度计。

（12）爬升率。高度刻度尺左边的竖线，往上达到满刻度表示 4m/s 的爬升率，往下达到满刻度表示 4m/s 的下沉率。对于超过刻度量程的更大数值，将会用数字的方式显示出来，如图项 2－102 所示。

（13）人工地平线。根据姿态估算飞控在屏幕上虚拟画出的地平线，便于参考飞行姿态。

（14）飞机图标保持在屏幕中央，模拟从飞机机尾看过去的角度。将该图标与人工地平线结合，可以参考判断飞机的姿态。该图标在人工地平线上方，表明飞机是抬头姿态，反之则是低头姿态。图标相对人工地平线左倾，则说明飞机向左倾斜。

图项 2-102　爬升率显示图例

(15)目标航向指示器,指向目标的方位(在 WPT 航点模式下,指向当前目标航点的方位;在 CIR 盘旋模式下,指向盘旋点;在其他模式下指向起飞点)。指示器在图中接近 12 点位置,表示目标在飞机正前方。指向 9 点位置(左侧)则说明目标在飞机左边,对准目标需要左转 90°。

(16)电池电压为通过传感器测得的电压数值,仪表指针表示电池电压的剩余比例。用户要设置自己动力电池的类型(1S～6S)才能让仪表指针正常工作。飞控会假设单节电池电压 4.2V 为满,3.7V 为空。设置电池类型为 0S 可以取消该指针仪表。

(17)通过传感器测得的电流数值。

(18)消耗的电量,单位是 mA·h。应留意大部分 LIPO 电池在 3.7V 终止放电,并不能放出电池所标称的容量值,这是正常现象。

(19)回家距离。

(20)该位置显示的信息类型可以通过 OSD SETTINGS--R＞DISPLAY R 菜单进行选择。图项 2-102 中所示为选择 LON/LAT 的显示效果。此时从上到下的数据分别表示海拔高度(ASL)/经度(LON)/纬度(LAT)。也可以选择 R/P,此时该位置从上到下的数据分别表示横滚角(负数表示向左滚,正数表示向右滚)和俯仰角(负数表示低头,正数表示抬头)。

(21)航点图标。仅在航点模式下可见,模拟以起飞点为中心,从高空向地面俯视所有航点的雷达图。闪烁的图标表示当前正在飞往的航点。在 WPT 模式下,用油门杆可以缩放雷达图显示的比例,用副翼摇杆可以前后切换要执行的航点。

(22)目标距离,仅在 CIR/WPT 模式下可见,表示飞机离盘旋点,或当前目标航点的距离。

4.飞控与地面站连接

MFD AP 飞控可以和 APM Planner 连接以设置航点。如果配有数传电台,还可以在飞行中监视飞行的路线和部分参数。

要为 MFD AP 飞控设置航点,首先要在 MFD AP 飞控和 PC 之间建立连接。有多种方法可以采用,这里以 USB-TTL 线直接连接为例。

首先将 USB-TTL 线和飞控的 DATA 端口(紧靠 GPS)连接。进入菜单 MISC ->DATA RADIO 选择一个合适的波特率,例如 9 600。运行 PC 上的 APM Planner,选择正确的端口和波特率,点击右上角的连接图标,如图项 2 - 103 所示。

图项 2 - 103　地面站连接示意图

连接成功后,点击 Flight Planner 可以进行航点编辑。为避免地图误差,在地图类型处选择 GoogleSatellite。

应确认每个航点的高度是否符合要求,如需要修改可以在界面底部的列表里进行操作。

如果在外场进行航点编辑,待 GPS 锁定足够的卫星后,可以点击图项 2 - 104 右下角的"起始位置"把当前飞机的位置显示到地图上,然后开始设计航点。

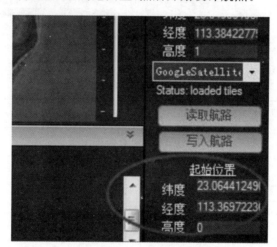

图项 2 - 104　设定起始位置

确认航点数据无误后,点击"写入航路"把航点数据写入飞控,如图项 2 - 105 所示。

图项 2 - 105　设置航路信息

通过地面站写入的航点数据是航点的绝对坐标,与飞控的 HOME 位置无关(与此不同的是,通过飞控 OSD 界面设置的航点,位置是相对于 HOME 的)。在清除飞控的所有地面站航点转用 OSD 进行航点设计之前,应先执行 WAYPOINT SETTINGS ->CLEAR ALL。

2.4.3.3　跟踪天线的安装

1.跟踪系统的组成

无人机跟踪系统的设备构成如图项 2-106 所示。图中各编号所代表含义见表项2-15。

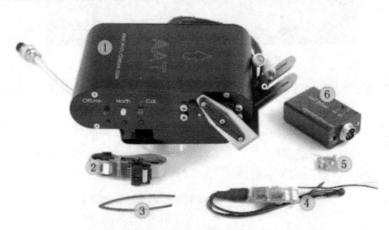

图项 2-106　AAT 跟踪云台

表项 2-15　**AAT 跟踪云台设备组成**

编号	所代表含义
1	MyFlyDream Tracker
2	USB 编程器(固件升级用)
3	热缩管
4	MyFlyDream TeleFlyOSD
5	M3×8mm 不锈钢螺栓及自锁螺母
6	MyFlyDream AATDriver

2.工作原理

MFD AAT 设计目的是大幅提升全方位的信号接收能力。为了在飞行中获得更好的视频信号接收质量,希望采用高增益的接收天线。但高增益的天线往往具有狭窄的有效接收角度。设计 MFD AAT 就是为了解决飞行时定向天线难以保持在最佳收发角度的问题。

为了组成完整的跟踪系统,用户需要在飞机上安装 TeleFlyOSD 模块。TeleFlyOSD 从飞机上的 GPS 读取数据,对飞机的坐标和高度信息进行编码调制,通过无线的音频通道(通常会使用无线图传的伴音通道)发射回来。地面部分把接收到的音频信号传给 AATDriver。AATDriver 对信号进行解调和解码,对取得飞机的位置信息和初始坐标比较后,得到飞机目前相对云台的方位角、距离、高度等信息。AATDriver 把这些信息发送给云台。云台驱动内部的舵机,使定向天线时刻对准飞机所在的方位。

3.连接与调试

(1)TeleFlyOSD 的安装。TeleFlyOSD 部件如图项 2 - 107 所示。

图项 2 - 107　TeleFlyOSD

TeleFlyOSD 各部件含义见表项 2 - 16。

表项 2 - 16　TeleFlyOSD **各部件含义**

编号	所代表含义
1	扩展板接口
2	OSD 视频信号接口
3	UP 按钮
4	SET 按钮
5	DOWN 按钮
6	连接排针
7	LED
8	固件升级接口

TeleFlyOSD 接线结构如图项 2 - 108 所示。

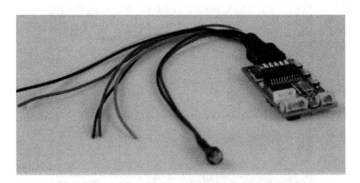

图项 2 - 108　TeleFlyOSD 接线结构示意图

TeleFlyOSD 各接线颜色所代表含义见表项 2 - 17。

表项 2-17　TeleFlyOSD 各接线颜色所代表含义

颜色	名称	所代表含义
红	Power	电源输入
黑(三根)	GND	地线
蓝	SetHome	原点设定
绿	GPS	DataGPS 数据输入
橙	GPS	PowerGPS 供电(3.3V)
白	Audio	Out 音频输出

极限输出电流:13V 供电时,小于 80mA;8V 供电时,小于 120mA。注意所使用的 GPS 耗电量应勿超出范围。

(2)连接 TeleFlyOSD。TeleFlyOSD 既可以使用一个独立的 GPS,亦可与其他 OSD 共用一个 GPS。如图项 2-109 和图项 2-110 所示。使用独立的 GPS 时,请参考图项 2-109 所示的接线图 A。该配置中 TeleFlyOSD 为 GPS 供电。图中假设 GPS 的工作电压为 3.3V。如果实际的 GPS 需要 5V 的工作电压,应进行另外供电。与其他 OSD 共用一个 GPS 请参考图项 2-110 所示的接线图 B。该配置中 GPS 和其他 OSD 照图连接获得供电。

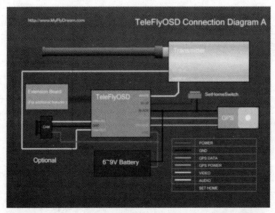

图项 2-109　接线图 A(TeleFlyOSD 为 GPS 供电)

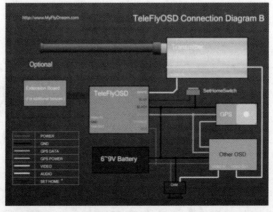

图项 2-110 接线图 B(与其他 OSD 共用 GPS)

当使用 8～13 V 的电压为 TeleFlyOSD 供电时，它的发热会比较严重。使用电源降压模块可以减少 TeleFlyOSD 发热，如图项 2 - 111 所示。如果使用 8～13V 的电压供电（2S～3S LIPO），应在 TeleFlyOSD 之前接入此电路板以降低发热量。

图项 2 - 111　电源降压模块

（3）为 TeleFlyOSD 选择合适的通信波特率。因为不同的 GPS 输出数据的速率可能不同，所以有必要针对所使用的 GPS 来设置 TeleFlyOSD 通信端口的波特率。TeleFlyOSD 模块的背面有一个两位的 DIP 开关用来选择通信波特率，如图项 2 - 112 所示。

波特率选择开关

图项 2 - 112　波特率选择开关

图中箭头所指的 DIP 开关上有 ON 标识。这个开关的设置可以有四种不同的波特率组合，见表项 2 - 18。

表项 2 - 18　DIP 开关组合定义

状态（1－2）	通信波特率/(b·s⁻¹)
OFF－OFF	115 200
OFF－ON	38 400（默认）
ON－OFF	57 600
ON－ON	9 600

检查接线无误之后接通电源，TeleFlyOSD 的 LED 将会点亮。几秒之后，如果和 GPS 的通信正常，LED 会以 GPS 数据更新频率的一半开始闪亮。如果 LED 持续点亮，请检查 GPS 连线和波特率设置是否正确。

4. 云台和 AATDriver 的安装

请把天线牢固地安装到云台的天线支架上。建议把图传接收机也安装到天线支架上，以避免电磁干扰和馈线反复弯折受力出现故障。具体的安装方法请根据实际情况进行设计，如图项 2 - 113 所示仅供参考。

图项 2-113　图传与 AAT 连接方法

连接 AATDriver 和云台,并把云台安装到三脚架上。不要尝试用手抓住云台进行测试以免损坏设备。云台引出的线束包括三条电缆:黑色的为 5.5mm 电源插头,黄色的为视频插头,白色的为音频插头。把三条电缆和图传接收机上对应的插座连接起来。请注意,云台引出的 5.5mm 电源插头内部直接与 AATDriver 的电源供应相连接。例如给 AATDriver 供电的电压是 12V,那么该电源插头将输出 12V 的电压,如果发现接口规格或者电源电压与所用的图传接收机不匹配,需要做一些额外的设置来连接它们。最后请把监视器连接到 AATDriver 的黄色 RCA 端子以观看视频信号。

5. 系统的初步测试

用 12V 的直流电源供电给 AATDriver。AATDriver 上的红色和黄色 LED 灯会快速闪烁若干次然后熄灭。闪烁 5 次表示 AATDriver 的数据输出目前处于 MFD 模式,闪烁 2 次则表示处于 VGPS 模式。

云台通电后发出"嘀"的一声,天线支架转到 30°的仰角,并且云台上的红色 LED(离线指示灯)开始闪烁,表示云台启动完毕。云台上面的图传接收机的电源指示灯也应该亮起。

按下 AATDriver 上的 TEST 按钮。AATDriver 的红色 LED 会亮起,指示目前处于测试模式。如果云台工作正常,依次按下 TEST 按钮可以看到云台按照表项 2-19 所示参数转动。

表项 2-19　TEST 按钮功能定义

TEST 按钮次序	方位角/(°)	俯仰角/(°)
1	0(北)	0
2	90(东)	30
3	180(南)	0
4	270(西)	60
5	(退出测试模式)	(退出测试模式)

建议飞行前对系统做一次上述测试,确保云台和驱动器的软硬件工作正常。但切记起飞前应退出测试模式,否则云台不会进入跟踪状态。

给 TeleFlyOSD 和图传发射机供电。TeleFlyOSD 上的红色 LED 点亮数秒后会开始闪烁。如果图传发射机/接收机的通道匹配,则数据链路正常。此时 AATDriver 上的红色 RX 灯将快速闪烁。RX 灯每闪动一次表示接收到一个有效的数据包。

按住 TeleFlyOSD 上的 SetHome 按钮,如果通信正常,云台将发出"嘀——"的持续响声,表示正在设置原点坐标。松开按钮后,如果 GPS 此时未锁定 3 颗以上的卫星,云台将发出急促的"嘀——嘀——嘀——"警告声。

若以上测试步骤都正常通过,表示系统连接和配置无误,可以进行外场飞行测试。

6. AAT 的使用

所有设备上电。用 AAT Driver 上的测试按钮对云台进行检查,看东、南、西、北四个指向是否正确,以及 AATDriver 上的红色 RX 指示灯是否快速闪动。

GPS 搜索卫星需要一定的时间。稍等片刻后,根据 AAT Driver 上的黄色指示灯闪烁频率来检查 GPS 的定位状态,闪烁频率越高则定位越精确。最佳状态下黄色指示灯将常亮。进行下一步操作前请确保 GPS 定位状况良好。

尽量把飞机放到离云台近的地方,按下 TeleFlyOSD 模块的 SetHome 按钮 3 s 以上。正常情况下云台会发出"嘀——"的声音,表示原点坐标已设置好。与此同时,云台上的红色指示灯闪烁,天线指向 30°的仰角,表示跟踪系统处于待命模式。

在云台待命模式下,可以手动旋转云台指向飞机起飞的方向。此动作的目的是确保起飞阶段有最好的信号接收角度,因为云台需要飞机离开 10 m 后才进入跟踪状态。

一旦被跟踪的飞机离开云台 10 m 以上,云台上的红色指示灯熄灭,云台将立刻开始持续的跟踪动作(即使飞机再飞回 10 m 的范围内,跟踪也不会停止)。

注意事项如下:

(1)起飞前请检查,确保 AATDriver 不处于测试模式(测试模式下,AATDriver 的 RX 红色指示灯常亮),云台不处于离线模式(离线模式下,云台上的红色 Off - Line 指示灯常亮)。在这两种特殊状态下云台都不会跟踪目标。

(2)SetHome 后如果下行链路出了问题或者 GPS 定位非常差,云台会发出"嘀——嘀——"的警告声,红色指示灯开始闪烁,警告此时失去了跟踪能力。若有必要,此时用户可以手动旋转云台指向合适的方向(俯仰角将保持在失去信号前的角度)。一旦数据链路或 GPS 状态好转,系统会自动恢复跟踪。

7. FlyTogether 功能

若干 AAT 系统在地面互联之后,可以互相读取其他飞机回传的信息并叠加到屏幕上。可以仔细查看图项 2 - 114 中间圆圈内的 OSD 显示内容。该图案来自 MFD AAT 系统的 OSD 图像叠加,并非由 MFD AP 飞控的 OSD 生成。该功能称为 FlyTogether。以图项 2 - 14 为例:另一架飞机在本机 9 点钟方向;航向与本机几乎相反;距离本机 143 m,高度比本机低 115 m。如需要使用此功能,用户需要将两套或以上的 MFD AAT 设备互连。

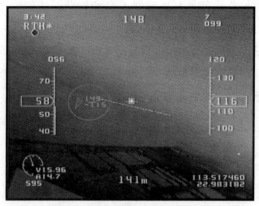

图项 2-114　僚机位置显示图例

2.4.3.4　数据链路

1.Rlink 16 通 UHF 远程跳频模组

Rlink 16 通 UHF 远程跳频模组的构成如图项 2-115 所示。

图项 2-115　Rlink 模组

（1）特性。只要遥控器有教练口即可使用。基于最新的射频方案，其灵敏度达到
－115dBm。16 位出厂唯一 ID 基于宽间隔低碰撞智能高速跳频算法（RAFHSS），具备良好的
临频抑制比，确保较好的抗干扰性能。发射机两档功率可切换（400mW 和 800mW），内置不同
蜂鸣器提示音，确保即使盲操作也不会出错。建议高功率模式只在失控同时没有失控返航功
能的情况下救急使用。

跳频工作频段高度可配置，可在 410～510MHz 频段上任意配置（频率间隔不小于
2MHz）。

支持发射端一键设置所有通道失控保护位置，无须从机体中取出发射机；无须起飞前在地
面设置；在空中即可设置，确保失控保护状态下最佳的巡航油门和盘旋状态各舵面角度。

支持头部追踪器，同时兼容 2 轴、3 轴，即插即用，可以映射到 16 通内任意通道。两路独
立的 PPM 输入，支持两台遥控器同时接入，任意映射于 16 通道上（比如一台 8 通，一台 4 通，
即可组成 12 通遥控器）；支持一台遥控器，一台头追（支持一台 6 通遥控器，外加 2 通或 3 通的
头追，组成 8 通或 9 通）。支持一发多收（一发射机，多接收机的常规用法）和多发一收（多台发
射机控制同一接收机，用于远距离空中接力控制）。

发射机和接收机已经内置 MicroUSB 接口，无须任何烧写工具，无须安装任何驱动程序
和上位机软件。无论何种操作系统的电脑，只需一根常用的 MicroUSB 线，即可与电脑相连

完成固件升级和各种配置。

发射机 EXT 接口用于扩展功能,内部已经支持 Futaba Sbus 和 Spektrum/JR 卫星接口协议。

丰富的提示音,确保极好的人机交互,包括低压报警、PPM 输入错误、功率切换、失控保护设置以及绑定等。

开模定制黑色拉丝金属外壳,具备极好的屏蔽和散热、极轻的质量(64g),确保可以和谐简便地安装在遥控器上。

双天线分集接收机,高速天线切换,同时有不同颜色 LED 灯提示所选天线,时刻选择最佳信号接收。在大机动 3D 飞行和障碍物较多的飞行情况下,可以极大地减小多径效应,抵消天线极化的影响,有效提高恶劣环境下的信号质量。

接收机单独的 PPM 输出口,可以单线连接支持 PPM 输入的飞控。

接收机输出模拟 RSSI 电平(0～3.3 V,已经缓冲),可配置为基于数字的 RSSI 和丢包率。

接收机内置单独的 canbus 接口,具有无限的通信和扩展能力。

定制的发射机和接收机天线,低于 1.3 的驻波比,确保最佳的收发性能。

(2)技术参数。

1)发射机。

尺寸:73mm×65mm×15mm。

质量:64g。

工作电压:7～16 V。

电流:180mA@12 V,低功率模式(low power mode)。

360mA@12 V,高功率模式(high power mode)

2)接收机。

尺寸:45mm×30mm×6mm。

质量:16g。

工作电压:4～6 V。

电流:75mA@5 V。

(3)硬件安装。

Rlink 的发射模块适用于任何遥控器的教练口(无论是正向还是反向,输出电平是高还是低的 PPM)。

1)发射模块的安装。

发射模块可支持两路 PPM 信号输入,它们均为带锁扣的杜邦 4 针接口,针口定义如图项 2-116 所示。两路 PPM 信号可以为 2～16 通的遥控器,也可以为头部追踪器等外部设备,两路 PPM 信号可以任意映射,最终输出 2～16 通的 PPM 信号。

图项 2-116　发射模块接口定义

第一路 PPM 输入为 RC 口,为优先 PPM 输入口,如果只是用一台遥控器输入,请将 PPM 信号输入此口。

第二路 PPM 输入为 HT 口(默认为 headtracker 头部追踪器输入口),也可以输入第二路遥控器的 PPM 信号。

两路 PPM 信号输入口的 4 针信号定义相同,可以同时供电,互为备份,发射模块会自动选取电压高的一路。

确保接入正确的 PPM 信号。上电之前确保发射机天线已经接好。如果 PPM 信号输入错误,上电后发射机内置蜂鸣器会发出间隔提示音,同时发射 LED 灯慢闪,提示用户重新检查 PPM 接线和遥控器是否配置为 PPM 输出模式(某些老式 PCM 遥控器需要配置为 PPM 模式,2.4Hz 遥控器不需要此项操作输出已经为 PPM 信号)。发射模块功能按键如图项 2-117 所示。

图项 2-117 发射模块功能按键定义

2)接收机的安装。

接收机和普通的 2.4GHz 接收机没有区别,双天线为 SMA 接头,建议按 V 形向上安装,勿使接收机天线接触金属或者碳纤等导电物体。当飞机上接入过多的舵机或者接入的舵机耗电较大时,应单独使用 UBEC 给接收机供电,尽量使接收机天线远离视频发射机。电调、大电流线材及有些升压开关电源模块和裸板的摄像头也会在 433 频段散射出较宽的频段干扰,对它们也需要尽量远离。可以选配带有延长线的接收机天线,尽量减小飞机上的干扰。接收机如图项 2-118 所示。

图项 2-118 接收机

接收机正常工作时,蓝色 LED 灯和红色 LED 灯会快速闪烁。蓝色 LED 灯代表 Ant1 在接收信号。红色 LED 灯代表 Ant2 在接收信号,双天线分集的切换十分灵敏迅速,可以通过两种不同颜色的 LED 掌握信号更好地控制天线,并选择天线和调整天线的安装角度。

RSSI 的模拟输出可以基于内部的信号强度,也可以选择基于接收的正确数据包的比率。

在接收机上电后 10 s 以内短按接收机按键可以切换两种模式。

(4)对码过程。

1)按住接收机 BIND 按键,给接收机上电。接收机红色和蓝色 LED 灯交替闪烁,说明接收机进入对码状态。

2)将功率切换开关置于 Hi(高)挡,按住发射机 Bind/FS 按键,给发射机上电,发射机 LED 灯慢闪进入对码状态,短按 Bind/FS 按键一次,即发送一次对码信息。

3)接收红色和蓝色 LED 灯同时慢闪,证明对码成功。

4)发射机重新上电,即完成对码过程。

5)对码成功后,当发射机和接收机靠得太近时上电,有极低的概率会出现发射和接收跳频不同步的情况,表现为接收机 LED 灯闪烁较慢,舵机控制卡顿,这时只需要将发射机或者接收机离开 3 m 左右的距离,重新上电即可。一旦同步成功,发射机和接收机靠近就不会受影响。

(5)距离检测。

1)将功率切换开关置于 Low 挡,按住发射 Bind/FS 按键,给发射机上电,发射机蜂鸣器会发出 4 次长音,表明此时发射机进入微功率模式,相比于低功率模式发射机功率将会降低 25dBm。在微功率模式下,用户可以进行拉距测试,或者分析机载设备在 UHF 频段的干扰情况。

2)重新给发射机上电,即退出微功率模式,谨记起飞前退出微功率模式。

(6)设置失控保护。

Rlink 支持所有通道的失控保护设置,支持在发射端设置失控保护。这样无论飞行器是在地面还是在空中,都可轻松地完成失控保护的设置。在丢失信号 1 s 后,接收机会进入失控保护状态。

1)确保发射机和接收机已完成对码过程并成功通信。

2)发射端将各通道摇杆或开关置于失控保护位置,短按 Bind/FS 按钮 1 s 直到听到蜂鸣器响松开,完成一次失控保护位置信息的发射。

3)关闭发射机,测试接收机失控保护设置是否成功。

(7)蜂鸣器提示音及 DLED 状态。

1)发射机。

(a)顶部红灯快闪,证明工作正常,表示正在发射信号。

(b)顶部红灯快闪,蜂鸣器持续响,表示正在发送失控保护位置。

(c)顶部红灯慢闪,同时蜂鸣器发出"滴咚"声响,表示发射机 PPM 信号输入错误。

(d)蜂鸣器以"Di——Di——Dong"三声循环响,表示发射机输入电压过低或过高,具体可参看配置文件中最低电压和最高电压报警值。

(e)发射机顶部红灯一长两短闪烁,同时伴随一长声蜂鸣器响,表示发射机配置文件出错,请检查发射机配置参数。

(f)底部红灯常亮,表示 USB 连接成功。

2)接收机。

(a)蓝灯和红灯交替闪烁,进入对码状态。

(b)蓝灯和红灯同时慢闪,对码成功,等待遥控器信号。

(c)蓝灯或者红灯快闪,接收到遥控器信号,蓝灯对应天线1,红灯对应天线2,接收机接收每包信号时都会选取信号更好的一端天线。天线的切换速度极快极灵敏,可以通过蓝灯和红灯的亮灭,判断天线的好坏或者调整安装方向。正常情况下,两根天线以 V 形安装为宜。

(d)USB 旁红灯常亮,证明 USB 连接成功。

(e)红色 LED 灯一长两短闪烁,表示接收机配置文件出错,请检查接收机配置参数。

(8)发射机和接收机的配置。

发射机和接收机拥有丰富的配置选项,无须安装任何上位机软件,也无须任何烧写工具,只需一根 MicroUSB 线连接电脑。

(a)发射机的配置。将发射机功率开关置于 Hi(高)挡,用 MicroUSB 先连接电脑,发射机会被识别卷标为 RoyalWay - Tech company、名称为 CONFIG 的 U 盘,再用 Excel 打开 U 盘内名为 tx. cf 的配置文件,如图项 2 - 119 所示。

	A	B	C	D	E	F	G	H	I	J
1	Version	ID	Frequency Band	Mapping	Remote power switch	Channel maximum number	ID Slave	ID Slave Enable	Voltage High	Voltage Low
2	Txl.1.2	263	433	0		8	0		0	20	10.8
3			435	0						
4				0						
5				0						
6				0						
7				0						
8				0						
9				0						
10				0						

图项 2 - 119　配置文件(一)

Version 为固件版本号(此处修改无效,由固件版本决定)。ID:出厂前为每个发射机赋予唯一的 16 位 ID 号,发射机根据 ID 号生成独有的跳频序列,此 ID 出厂固化,修改无效。范围:0~65535。跳频工作频段(Frequency Band):如图项 2 - 119 所示,设置为 433~435MHz 的范围。一般情况下,频段越窄,被干扰覆盖的概率越大,但是天线的效果会发挥更好;频段越宽,被干扰覆盖的概率越小,但是天线的频率范围一般达不到很宽,会影响天线的效果。最低频段宽度为 2MHz,可根据自己的需要和法律要求设置频率范围。

有效设置范围:410~510MHz。请确保发射机和接收机的频段范围设置相同,否则无法正常工作。Remote power switch:用于远程高低功率切换,将 Rlink 发射机模块通过延长线或者 Rlink - companion(调参模块)或者其他转接模块转发,离遥控器较远,无法在飞行中快速的切换高低挡功率,可以在此设置一个 2 挡的开关通道为高低功率的切换通道。比如可以设置为 5 通道,此时高低功率的切换将由 5 通道对应的开关控制,Rlink 发射模块上的高低挡开关将失效。

Channel maximum number:RC 和 HT 两路 PPM 信号映射融合的总共通道最多 16 通。通道数越多,发送的数据越多,通信速率越高,灵敏度越低,8 通道和 16 通道接收机的灵敏度的差别可达 1~2dBm。因此,应确保使用多少通道就设置为多少通道,并尽量减少通道数,从而提高灵敏度,增加通信距离。发射和接收的通道数必须设置为相同,否则发射接收将无法正常对码工作。

Mapping:HT 接口 PPM 信号输入在 RC 接口 PPM 信号输入的映射通道。如果不接,则 16 个通道都为 0。如果 HT 接口接入一个 2 轴的头部追踪器,在第 5 通道和第 6 通道输出,RC 端接入一个 6 通道的低端遥控器,则可以用将头追信号叠加入第 7 和第 8 通道,从而总共输出 8 路 PPM 信号,相当于间接地将遥控器变为 8 通。此时的设置如图项 2 - 120 所示。

	A	B	C	D	E	F
1	Version	ID	Frequency Band	Mapping	Remote power switch	Channel maximum number
2	Tx1.0.0	65532	431	0	0	8
3			441	0		
4				0		
5				0		
6				0		
7				8		
8				0		
9				0		
10				0		

图项 2-120 配置文件(二)

如果 RC 接口接入的是一个 8 通遥控器,HT 接口接入的是一个 6 通道的遥控器,只需要 6 通道遥控器的 1、2、4 通道来控制云台,总共输出为 11 通道,则需要按如图项 2-121 所示进行配置。

	A	B	C	D	E	F
1	Version	ID	Frequency Band	Mapping	Remote power switch	Channel maximum number
2	Tx1.0.0	65532	431	9	0	11
3			441	10		
4				0		
5				11		
6						
7				0		
8				0		
9				0		
10				0		

图项 2-121 配置文件(三)

ID Slave:当配置为从机时,显示从机主机的 ID,此 ID 将作为从机的工作 ID,取代其原有的 ID。

ID Slave enable:默认为 0,此时发射机为主机状态,原有 ID 工作。当配置为 1 时,处于从机状态,与从机配对的主机 ID 工作。

Voltage High:发射机输入电压最高值,超过此值发射机将会报警。

Voltage Low:发射机输入电压最低值,低于此值发射机将会报警。

(b)接收机的配置。直接用 MicroUSB 线将接收机连接到电脑,接收机将被识别为卷标为 RoyalWay-Tech company、名称为 CONFIG 的 U 盘,再用 Excel 软件打开 U 盘内名为 rx.cf 的配置文件,如图项 2-122 所示。

	A	B	C	D	E	F
1	Version	ID	Frequency Ba	Pwm Seqence	Ppm Seqence	Channel maximum number
2	Rx1.1.2	280	433	1	1	8
3			435	2	2	
4				3	3	
5				4	4	
6				5	5	
7				6	6	
8				7	7	
9				8	8	

图项 2-122 配置文件(四)

Version 为固件版本号（此处修改无效，由固件版本决定）。

ID：绑定的发射机 ID，范围为 0～65535，绑定成功后，发射机的 ID 会写入接收机。

Frequency Band：跳频工作频段，设置为 433～435MHz 的范围。一般情况下，频段越窄，被干扰覆盖的概率越大，但是天线的效果会发挥得更好；频段越宽，被干扰覆盖的概率越小，但是天线的频率范围一般达不到很宽，影响天线效果发挥。最低频段宽度为 2MHz，可根据用户的需要和法律要求设置频率范围。有效设置范围为 410～510MHz。请确保用户发射机和接收机的频段范围设置相同，否则无法正常工作。

Channel maxim number：接收机输出的通道数。单个接收机输出的最大通道数为 8，但是设置的最大通道数可以达到 16（在两个接收机并联的情况下）。发射和接收的通道数必须相同，否则将无法正常对码工作。

PWM Sequence：接收机 1～8 通道输出的顺序可以任意编辑，默认为正常 1～8 通道输出，可以将 1～16 通道的任意 8 通道映射在 Chan1～Chan8 输出上。

PPM Sequence：接收机 PPM 输出口的输出顺序。

市面上不同种的遥控器前 4 通道一般都是固定的，而且定义各不相同：

（ⅰ）JR 类的遥控：1（油门），2（Aile），3（Elev），4（Rudd），5（Gear），6（Aux1）。

（ⅱ）Futaba，SD 类遥控：1（Aile），2（Elev），3（油门），4（Rudd），5（Gear），6（Aux1）。

（ⅲ）华科尔 2801/devo 控：1（Elev），2（Aile），3（油门），4（Rudd），5（Gear），6（Aux1）。

使用 Rlink 的配置功能，可以将它们统一为一种定义。比如对于 JR 类的遥控器，想设置通道输出顺序为 Futaba 格式，则可配置成如图项 2-123 所示。

	A	B	C	D	E
1	Version	ID	Frequency Band	Seqence	Channel maximum number
2	Rx1.0.0	65532	431	2	8
3			441	3	
4				1	
5				4	
6				5	
7				6	
8				7	
9				8	

图项 2-123　配置文件（五）

市面上大部分固定翼和多轴飞控已经支持 PPM 单线输入，如当使用 Taranis 遥控器时，可以按照如图项 2-124 所示设置，让单个接收机输出 16 通道的完整数据。

	A	B	C	D	E	F
1	Version	ID	Frequency Ba	Pwm Seqence	Ppm Seqence	Channel maximum number
2	Rx1.1.2	280	433	9	1	16
3			435	10	2	
4				11	3	
5				12	4	
6				13	5	
7				14	6	
8				15	7	
9				16	8	

图项 2-124　配置文件（六）

当需要使用多于 8 通道的 PWM 输出时,需要将两个接收机并起来使用。比如当需要 14 通道时,两个接收机的配置如图项 2-125 所示。

	A	B	C	D	E
1	Version	ID	Frequency	Seqence	Channel　maximum number
2	Rx1.1.0	0	431	1	14
3			441	2	
4				3	
5				4	
6				5	
7				6	
8				7	
9				8	

	A	B	C	D	E
1	Version	ID	Frequency	Seqence	Channel　maximum number
2	Rx1.1.0	0	431	9	14
3			441	10	
4				11	
5				12	
6				13	
7				14	
8				0	
9				0	

图项 2-125　配置文件(七)

2.4.3.5　风迎 M12 数图控链路系统

风迎 M12 是一款由风迎电子科技有限公司开发的低延迟无人机链路。使用此设备即可避免再单独使用数传及增程设备,使整个操控系统变得简单。整套系统包含 2 个部分,即地面发射器和数传机载端。

1. 地面发射器

2.4GHz 无线收发设备:用于发射遥控器控制信号＋APP 航点操作＋接收天空端数据(即数传)飞行数据。

内置 4 000mA·h 电池:超低功耗,续航时间 35~40h。

挪威进口 2.4GHz 芯片:100mW 健康功率,目前测试可发射最远的数传遥控距离为 13 km,稳定距离为 5~7 km。

2. 数传机载端

真正双路冗余设计,非市面常见的双天线单模块设计。采用 spi 优异的算法控制和失步跳频算法,大大增加了弱信号的通信能力。

在接收遥控信号的同时,预留 TX RX(发射、接收)兼具回传飞行数据给地面遥控器。最大化利用 2.4GHz 无线带宽,来解决在小型无人机和拥挤空间内 433Hz 和 915Hz 频段不稳定和不抗干扰的缺点。

PWM 和 SBUS 同时输出,并支持设备扩展。M12 数图控链路系统如图项 2-126 所示。

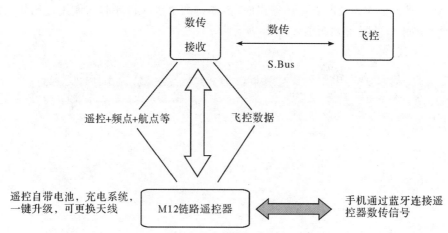

图项 2-126　M12 数图控数据链路示意图

3.地面发射器各部件定义

主机设备各结构部件、控制杆和指示灯如图项 2-127 所示。

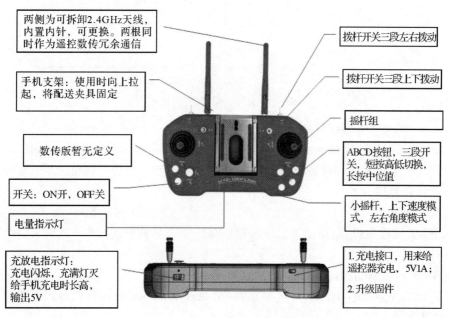

图项 2-127　地面发射器各部件功能定义

4.准备调参软件

装机后确认接收机和飞控已经安装就位并通电,确保接收机正常工作。

APP 目前仅支持安卓系统,使用手机到网址 www.fuav.xin 下载"设备助手"并安装。

将地面发射器开机(短按+长按),随后在手机的系统设置中打开蓝牙,搜索蓝牙设备 M12-×××,配对码是 1234。设备助手 APP 界面如图项 2-128 所示。

图项 2 - 128　设备助手 APP

对 APP 中各菜单介绍如下：

遥控调参——用来调整通道正反向、舵量，通道绑定、失控保护值。

摇杆校准——用于纠正用中位点最大值偏移和最小值偏移。平时不动，否则可能导致舵量异常。

其他选项——用于选择接收机 SBUS、PPM 输出和数传波特率。

设备升级——用于在线更新固件。

连接方式，遥控器用蓝牙连接，接收机选择 USB 连接。

5. 设备调参

进入遥控调参界面。设备助手 APP 会读取遥控和接收机的当前数值，如图项 2 - 129 所示。

现举例如下：

通道 1：绑定的是 X2，无反向，失控保护值是 1 500，最小舵量是 1 000，最大舵量是 2 000。

通道 2：绑定的是 Y2，无反向，失控保护值是 1 500，最小舵量是 1 000，最大舵量是 2 000。

通道 3：绑定的是 Y1，无反向，失控保护值是 900，最小舵量是 1 000，最大舵量是 2 000。

通道 4：绑定的是 X1，无反向，失控保护值是 1 500，最小舵量是 1 000，最大舵量是 2 000。

依此类推。如需调整，请填入相关值，或者勾选即可。

注意：失控保持填 0。

调整完毕检查无误后，点击右上角"写入"按钮，否则无法记录到遥控器中。

图项 2-129　遥控调参

为了更换机型方便,或者批量配置,可以把参数保存在 APP 内部。需要载入参数时,对遥控进行写入就可以快速实现配置,如图项 2-130 所示。

图项 2-130　保存遥控参数

调整好参数,点击右上角三连点将出现菜单,选择"保存"。自定义名称进行保存就可以了。载入参数同理。

注意:参数只是保存在 APP 中。如需写入遥控器请点击写入。遥控通信成功会"滴"响一声。

6.接收机飞控接线和设置

数传机载端各接口的定义如图项 2 - 131 所示。

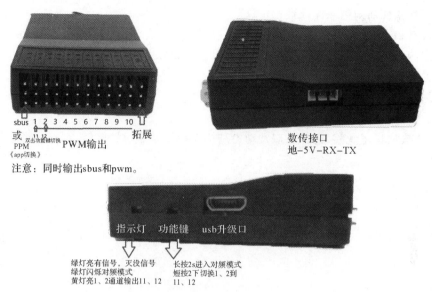

图项 2 - 131　接收机接口定义

其正面接口注释见表项 2 - 20。

表项 2 - 20　**接收机插针接口注释**

负极	负极	负极	负极	负极	负极	负极	负极	负极	负极	负极	负极
5 V	5 V	5 V	5 V	5 V	5 V	5 V	5 V	5 V	5 V	5 V	D
Sbus ppm	1/11	2/12	3	4	5	6	7	8	9	10	C

长按功能键进入对频模式,绿灯快闪,遥控开机即可完成对频。对频后绿灯常亮。

双击功能键,可将原本输出 1、2 通道的 PWM 引针用于输出 11、12 通道,状态灯变黄色(红绿都亮)。

对数传引脚,请根据配线或飞控接口定义修改后插入飞控。接收机 TX 对应飞控 RX。

升级口用于升级,接入电脑或者手机,接收机灯会自动变为红色进入下载模式。

故障灯:红灯快闪——接收机自检不通过,需重试,如还不行要返厂维修。红灯绿灯接通电源瞬间交替亮一下,属于自检通过。自检通过后,绿灯不亮——未开控、未对频。自检通过后,红灯长亮,绿灯不亮——处于 11、12 通道输出模式,未开控、未对频。接通电源无任何反应——检查供电是否为 5 V,正负极有没有接反。

思　考　题

1.FPV 的含义是什么含义?

2.遥控系统天线使用方法有哪些?

3.简述图传的工作频率及功率分类。

4.无人机如何控制飞行重量？

5.本任务的固定翼无人机如何改装成快拆结构？

6.泡沫材质舵面如何能保证行程一致？

7.复合材料无人机出现破损时，如何进行修复？

8.与泡沫材质无人机相比，复合材料无人机有什么优势？

9.常见无人机起落架布局各有什么优缺点？

10.无人机系统的整机调试方法有哪些？

11.无人机伞降系统如何正常开伞？

12.从机头向机尾观察，为什么双发动力结构左螺旋桨顺时针旋转，右螺旋桨逆时针旋转？

项目 3　地面站的使用

任务 1　识别飞机 OSD 信息

OSD 常规显示界面的各项数据定义如图项 3-1 所示。

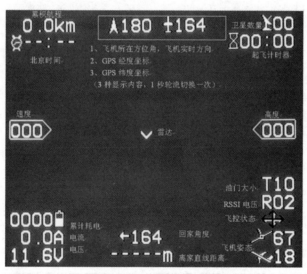

图项 3-1　OSD 飞行界面

对各种数据的解释如下：

(1)飞机所在位置方位角：指相对于起飞地点，飞机现在所处的位置。

(2)飞机前进方向：指飞机现在正在前进的方向。

(3)飞机返航角度：指飞机当时"回家"的偏差角度。

(4)直线距离：指飞机距离"家"位置的地面直线距离，单位是 m。

(5)高度：相对于"家"的位置的高度，单位是 m。

(6)航程：飞机累计飞行距离。

(7)T：飞控油门大小，此数值与设置里的最低油门一致，便于飞行时判断油门大小。

(8)RSSI：这是飞控 RSSI 接线端口的电压值，单位为 0.1 V，测量电压范围为 0～3.3 V。如显示 R32，则表示电压为 3.2 V。这个端口常用于连接接收机场强段，以显示接收机信号的好坏。如果是 433MHz 接收机，则显示的是丢包率：电压 3.2 V(或者 3.3 V)为信号 100％接收，0 为失控。根据这个数值，可以看出接收机的状况。

(9)飞机姿态:此项显示的是飞机俯仰的角度和左右倾斜的角度,根据形状为飞机的图标,可以看出飞机实时姿态。

(10)起飞计时器:在油门超过30%后,保持1s以上,计时器开始计时。当开始计时后,设置模式就进不去了,必须重新接电(在计时器没有开始计时前,才能进入设置模式)。

(11)北京时间:指飞行的时间,可以用于记录。

(12)雷达:中间表示"家"的位置,标识符表示飞机前进的方向。在雷达屏幕上(上北下南左西右东),显示飞机所处的位置。飞行角度说明图如图项3-2所示。

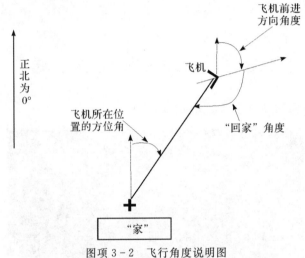

图项3-2　飞行角度说明图

任务2　多旋翼无人机基础调参

1.准备MP地面站

地面站软件界面如图项3-3所示。

图项3-3　地面站软件界面

2.开始调参

(1)进行多旋翼固件刷新(不连接)。

(2)连接后进行机架选择,如图项3-4所示。

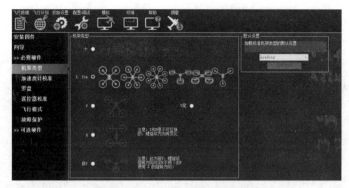

图项 3-4　机架类型选择界面

(3)进行加速度计校准,如图项 3-5 所示。

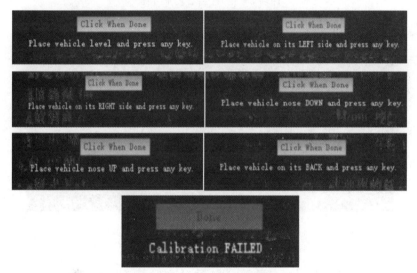

图项 3-5　加速度计校准界面

(4)进行罗盘校准,如图项 3-6 所示。

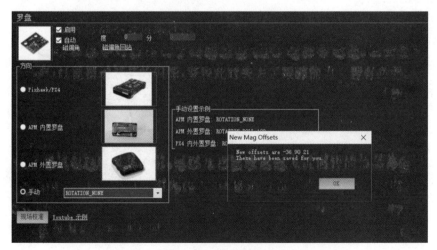

图项 3-6　罗盘校准界面

（5）进行遥控器校准，如图项3-7所示。

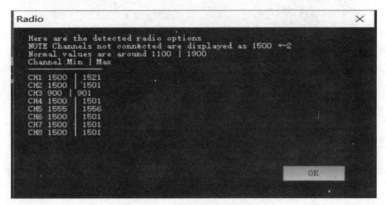

图项3-7　遥控器校准界面

（6）设置飞行模式，如图项3-8所示。

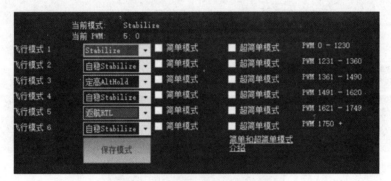

图项3-8　飞行模式设置界面

任务3　固定翼无人机基础调参

1．准备MP地面站

地面站主界面如图项3-9所示。

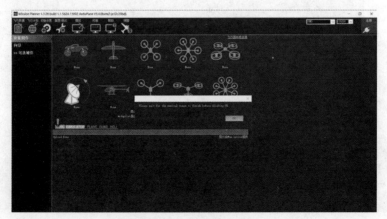

图项3-9　地面站主界面

2. 开始调参

(1)进行固定翼固件刷新(不连接)。

(2)连接后进行加速度校准,如图项 3-10 和图项 3-11 所示。

图项 3-10　加速度校准选择界面

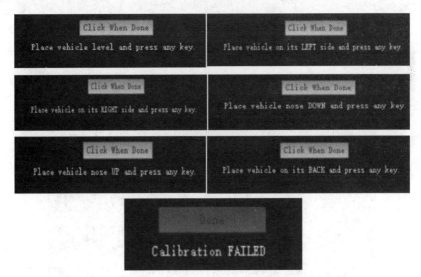

图项 3-11　加速度计校准界面

(3)进行罗盘校准,如图项 3-12 和图项 3-13 所示。

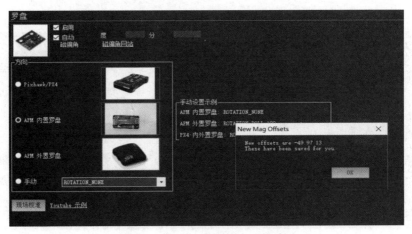

图项 3-12　内、外置罗盘选择界面

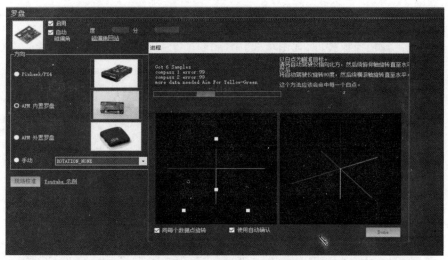

图项 3-13　罗盘校准界面

（4）遥控器校准，界面如图项 3-14 所示。

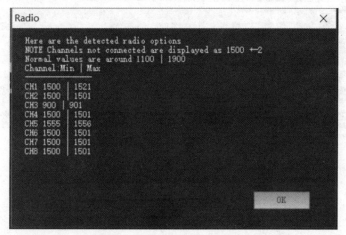

图项 3-14　遥控器校准界面

（5）飞行模式设置，界面如图项 3-15 所示。

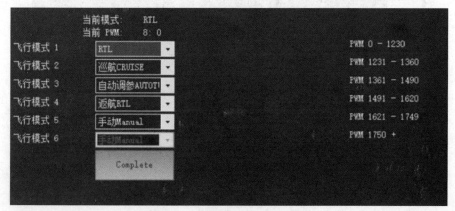

图项 3-15　飞行模式设置界面

任务 4　高 级 调 参

PID 是自动控制理论里的一种控制方法,P、I、D 分别代表了比例、积分和微分。它们在无人机的调参里又是什么含义,怎么调节呢?

1.P、I、D 的概念

(1)此处以固定翼无人机的调参为例。在航线控制中,状态量是飞机当前的飞行航向,目标量是飞机为到达目标点而应该飞行的目标航向,控制量则是要进行控制的方向舵面,或横滚角度。通过调整方向舵面、横滚角度来控制飞机的当前飞行航向,使之尽量沿设置的航线,接近目标航向。那么在调试中如何给出这个控制量?比如给哪个方向的、多大的方向舵量呢?

1)P。P 项的定义是:方向舵量 $p = $ P $\times$(目标航向－当前航向),可以理解为按照当前航向与目标航向的偏差大小来决定给多大的方向舵量。实际上有了 P 值,在大多数情况下,我们可以控制飞机朝目标量接近,但可能会出现一些特殊情况。比如,当飞机的安装有偏差(称之为系统误差)时,我们输出一个左 5°方向舵给舵机,飞机才能直飞;当不给方向舵,即方向舵放在中位时,飞机会右偏。可以想象一下这个时候如果只有 P 项控制会有什么后果:假设初始状态是飞机飞行航向和目标航向一致,按 P 输出飞机方向舵应该在中位。而这时系统安装误差的存在,会导致飞机偏右,于是偏离了目标航向,然后 P 项控制会输出一个左舵,来修正航向偏差。刚开始的时候由于偏差量很小,输出的左舵也很小,于是飞机继续右偏,此时继续加大左舵,最终到达 5°,使飞机直飞。但这时候的飞行航向与目标航向始终存在一个偏差,这就是 P 的局限,即无法修正系统误差。于是 I 项积分控制就出场了。

2)I。I 项的定义是:方向舵量 $i = $ I$\times$偏差和。"偏差和"是当前航向和目标航向的偏差,每计算一次累加一次,将上次的值加上这次计算时当前航向和目标航向的偏差,即这个偏差和是跟以前的累积误差有关的。同样是上面的例子,I 项的效果就这样体现:当飞机飞行航向与目标航向始终存在偏差时,I 项将这个值累加上。比如偏差是 5,就在 P 项之上,再叠加一个 I$\times$5°的修正量,增加一个左舵,比如修正量是 2,飞机的飞行航向与目标航向的偏差小一些。也许这一次计算输出的控制量并没有完全消除误差,如果下一次再计算时还有误差,会继续增加输出控制量,使误差再小。于是经过多次计算后,使 I 项始终输出一个左 5 的舵量,使误差归零。这就是 I 项的作用,即消除系统误差。

3)D。D 项的定义是:方向舵 $d = $ D $\times$(当前状态量－上一次的状态量)。为了便于解释,我们假设不存在系统误差,I 项为 0。如当目标航向为 0°,当前航向为 30°时,由于 P 项的作用,会输出一个左舵,假设为左 15°,使飞机向左转向,于是当前航向逐渐减小,比如减小到 20°的时候,P 项输出的左舵也会减小到左 10°。那么,当飞机转到 0°时,即跟目标航向一致时,P 项输出方向舵回到中立位,飞机是否就保持 0°直飞了呢?答案是否定的。由于飞机的惯性,飞机在左转弯时产生了一个左转弯的速率,使飞机航向回到目标航向无偏差且方向舵回中后,仍然会继续左转,产生负的偏差,P 项再输出右方向舵,然后再回中。如果 P 项合适,我们看到的就是一个逐渐收敛于目标航向的飞行航向,即先左过头,然后右过头,再左过头,再右过头……最后过头量越来越小,最终到达目标航向。而 D 项的作用,就是尽量消除这个过头量,使之尽快贴近目标航向。在这个例子中,在飞机从 30°的航向左转弯到 0°目标航向的过程中,D 项的输出实际上是转弯角速率的比例值,并且方向与 P 项相反。这样当飞机比较接近 0°目标航向时,由于P值已经很小了,如果转弯速率不小,D项就输出一个右方向舵,抵消过快的转弯速率,阻止飞机航向到达目标航向后继续冲过头。

最后得出,方向舵量 = 方向舵量 p + 方向舵量 i + 方向舵量 d,为完整的输出。根据飞行的表现,通过对P、I、D系数的调整,最终能够使输出的控制量尽快地控制状态量贴近目标量,并消除系统误差,避免过度振荡。

(2)前面是以固定翼无人机的调试为例说明P、I、D的,那么在多旋翼的调试中,PID又分别代表什么呢?

1)P增益:P(比例),飞控修正补偿的频率,决定飞机倾斜多大角度后飞控开始修正。P越高,飞控越在小的倾斜角度开始修正,修正次数也越多。该增益参数用于最小化跟踪误差,负责快速响应,因此应该设置得尽可能高,但以不产生振荡为限。如果P增益太高,会出现高频振荡;如果P增益太低,飞机将对输入变化反应缓慢。

2)I增益:I(积分),飞控修正补偿的强度,决定飞控修正到位的快慢,I越高修正到位越快。但I项不应该设置太高。如果I增益太高,会出现高频振荡;如果I的增益太低,振荡缓慢。

3)D增益:D(微分),飞控修正补偿的幅度,决定飞控修正角度的大小。该增益参数用于阻尼,但应该只设置在需要的大小,以避免过冲。如果D增益太高,由于D项会放大噪音,电动机会出现抖动(可能还会发热);如果D增益太低,会出现修正累积,最终出现过冲现象。

在多旋翼实际调参中,如何观测各参数是否合适呢?可以在悬停时快速地步进输入各通道参数,并观察无人机的反应。无人机应该立即遵循命令,既不振荡,也不过冲。可以创建一个步进输入,如滚转指令进行测试,快速推动滚转摇杆到一边,然后让遥杆快速返回(注意,此时因为弹簧回中的作用,操控器的摇杆将会产生振动,那么一架调整好的飞行器将响应这些振荡)。在增稳模式下,调试良好的飞机不会随机向一侧倾斜,即使没有任何修正,也会保持一定时间的稳定姿态。

2.自动调参

对于多旋翼无人机,通常不需要使用自动调参,这是因为自动调参可能比默认参数更不稳定。

需要调整的全部参数如图项 3-16 所示。

图项 3-16　全部参数表

如果需要使用自动调参,首先要将飞行模式拨到 AltHold 模式,这是因为在定高模式下 AutoTune 会更方便。否则高度变化会中断 AutoTune。选择一个通道设置为 AutoTune,然后点击写入参数,自动调参会调整。

　　将多旋翼无人机在自稳模式下解锁起飞,起飞后将模式打到 AltHold,然后将通道 7 打开,就进入自动调参模式。首先多旋翼无人机左右晃调整"roll"约 90 次,然后前后晃调整"pitch"约 90 次。自动调参过程中,飞机飞得太远,我们可随时遥控飞机回来,这时 AutoTune 只是暂停了,等遥控摇杆回中就会继续。调整完毕后,下降多旋翼无人机着陆,遥控器上锁参数就保存下来了。然后再退出自动调参。不要把多旋翼无人机断电,连接上地面站,看调整后的参数。将调整后的参数和默认的参数做对比,这样我们就知道大概 PID 需要设定的值是多少。

思　考　题

　　1.什么是 PID? 多旋翼无人机和固定翼无人机的 PID 各是如何定义的?

　　2.多旋翼无人机飞控的调参方法有哪些?

　　3.固定翼无人机飞控的调参方法有哪些?

附　录

附录 1　特殊区域飞行

特殊区域主要包括机场、北京等城市和区域。

(1)机场限飞:分为 A 类限制和 B 类限制。例如国际大型机场属于 A 类限制飞行区域,较小型机场则为 B 类区域等。

A 类机场限飞(GPS 有效时):A 类限制飞行区域包括"禁飞区"和"限高区"。"禁飞区"为禁止飞行的区域,"限高区"为限制飞行器飞行高度的区域。以特殊地点为圆心,半径 8 km 范围内为"限制飞行区域"。其中,半径 2.4 km 范围内为"禁飞区"。"禁飞区"内禁止飞行器飞行。当飞行器在"限制飞行区域"内、"禁飞区"外飞行时,飞行器飞行高度将受到限制,限飞高度随着靠近"禁飞区"的距离由 120～10.5 m 呈线性递减。"自由区"与 A 类"限制飞行区域"之间设有 100 m 的"警示区"。

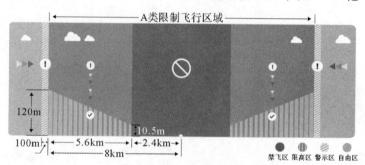

图 A-1　A 类限飞区域示意图

A 类限飞区域示意图如图 A-1 所示。

B 类机场限飞(GPS 有效时):B 类限制飞行区域包括"禁飞区"和"警示区"。以特殊地点为圆心,半径 1 km 范围内为"禁飞区"。"禁飞区"内飞行器将不可飞行。"自由区"与 B 类"限制飞行区域"之间设有 1 km 的"警示区"。B 类限飞区域示意图如图 A-2 所示。

(2)特殊禁飞区域:北京和新疆等城市和地区。

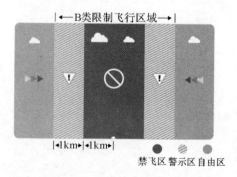

图 A-2　B 类限飞区域示意图

附录 2　无人机起飞前检查项目表

表 A-1　无人机起飞前检查项目表

编号	类目	检查的项目	打"√"	编号	类目	检查的项目	打"√"
1	动力系统	旋翼电池的型号、插头与数量			地面站系统	续上表	
2		旋翼电池的电压		36		电压监测	
3		固定翼电池的型号与插头		37		任务的上传下载	
4		固定翼电池的电压		38		磁罗盘检查,航向检查,0° 90° 180° 270°	
5		电池插头是否牢固		39		IMU检查,抬头、低头、左滚	
6		吊臂与机翼的连接,螺丝是否上紧		40	拍摄系统	相机的电池电量	
7		吊臂螺丝处贴魔术贴		41		相机档位	
8		左右机翼与机身是否贴合		42		自动关机的时间	
9		机翼与机身的连接螺丝是否拧紧		43		对焦模式:MF	
10		机身与机翼的插线是否正确插好		44		是否有固定相机的镜头	
11		提起飞机的重心位置,飞机是否处于平衡状态		45		快门线	
12		遥控器型号		46		图像的质量设置	
13		遥控器的模型		47		内存卡的容量	
14		遥控器的电量		48		地面试拍	
15		遥控器的初台挡位		49		装放得是否牢固	
16		遥控器能否正常启动		50	空域环境	航线是否全程高于建筑物或山	
17		【未解锁】对应地面站,遥控器的挡位是否对应相应模式,切换是否正常		51		经过相关部门的批准	
18		【上电未解锁未上桨】旋翼电机的转向,单独输出信号测试		52		电磁环境	
19		【上电未解锁未上桨】固定翼电机的转向,单独输出信号测试		53	手动试飞	【断电上桨】旋翼的转向是否正确	
20	机体	平尾与机身的信号线接线		54		【断电】每根桨的朝向是否正确	
21		平尾与机身的连接,螺丝是否拧紧		55		【断电上桨】固定翼的安装是否正确	
22		平尾盖是否盖好不会掉		56		固定翼动力是否充足	
23		再次检查吊臂螺丝		57		【固定翼增稳】增稳方向是否正确	
24		机身与机翼的螺丝		58		【旋翼增稳】能否正常起飞,油门输出是否正常,各方向是否能够操作	
25		机身上部仓盖					
26		机头盖		59		【旋翼定高】能否定高起飞,油门输出是否正常,各方向是否能够操作	
27	地面站系统	地面站电源					
28		电台的连接					
29		定位信息是否正确		60		【旋翼定点】能否定高起飞,油门输出是否正常,各方向是否能够操作	
30		卫星数					
31		数传信号强度					
32		"H"点的位置		61		重新上电,挪到起飞点,准备执	
33		空速				负责人签字:	
34		地速					
35		高度					

附录3 电池维护保养单

表 A-2 电池维护保养单

序号	主电源 电池编号	标称电压	电池规格	充电器型	充电时间 年月日	开始时间	结束时间	充电电压	结束电压	放电时间 年月日	开始时间	启动时间	结束时间	放电电压	结束电压	飞行放电 年月日	开始电压	总行程/km	结束电压	操作员签字	相机电池 电池编号	启动时间	开始时间	充电电量	电池规格	标准电压	结束时间	结束电量
1																												
2																												
3																												
4																												
5																												
6																												
7																												
8																												
9																												
10																												
11																												
12																												
13																												
14																												
15																												
16																												
17																												
18																												
19																												
20																												
21																												
22																												
23																												
24																												
25																												
26																												
27																												
28																												
29																												
30																												
统计					充电累计					放电累计						飞行放电累计							充电累计					

附录4 飞行记录单

表 A-3 飞行记录单(一)

	编号	时间	地点	飞行时间/min	编号	时间	地点	飞行时间/min
无人机飞行记录	1				16			
	2				17			
	3				18			
	4				19			
	5				20			
	6				21			
	7				22			
	8				23			
	9				24			
	10				25			
	11				26			
	12				27			
	13				28			
	14				29			
	15				30			

表 A-4 飞行记录单(二)

	机型	日期	地点	操控手	到场时间	离场时间	飞行时间/min	
无人机飞行记录								
	环境	气候	风速	温度	起飞电压	降落电压	架次	编号
	任务规划							
	飞行结果							
	备注	负责人:						

附录 5 外场工具清单

表 A-5 外场工具清单

编号	名称		数量/单位	装配确定(第一行填日期,其余打"√")											
1	电装	BB 响测电器	2 个												
2		无人机电池	1 组												
3		遥控电池	1 组												
4		遥控器	1 个												
5	螺丝刀套装	十字螺丝刀	大/把												
6		一字螺丝刀	大/把												
7		十字螺丝刀	小/把												
8		六角螺丝刀套装	2 只												
9		手拧螺丝	5 黑 5 白												
10	胶布	魔术贴	1m												
11		美纹胶布	1 卷												
12		透明胶	1 卷												
13		纤维胶带	1 卷												
14		扎带	50 根												
15		泡沫胶	1 支												
16	钳、刀	尖嘴钳	1 卷												
17		虎口钳	1 卷												
18		刀口钳	1 卷												
19		小刀	1 把												
20		剪刀	1 把												
21	图传、数传	电源转换头	1 条												
22		图传接收	1 个												
23		图传显示器	1 个												
24		数传地面端	1 个												
25		数传 USB 线	1 条												
26		数传磁铁大天线	1 个												

编号	名称		数量/单位	装配确定(第一行填日期,其余打勾)											
27	电烙铁套装	便携电烙铁	1个												
28		电烙铁电池	1个												
29		松香	1小盒												
30		焊锡	1m(粗)												
31	热熔胶套装	热熔胶	2条												
32		热熔胶枪	1把												
33		胶枪电池	1个												
34	记录	随机飞行记录	1本												
35		圆珠笔	1支												
36	环境	温度计	1支												
37		空速仪	1个												
确定		准备无误确定	打勾												
		负责人	签名												
备注															

附录6　飞行安全守则

在飞行的过程中要做到不伤害他人,不被他人伤害。因此在整个飞行过程中要按照如下安全守则进行飞行操作。

(1)四不飞:

1)无人机没有做好飞前检查不飞。

2)飞行区域天气地形不摸清楚、飞行条件不适合不飞。

3)飞行区域敏感,不符合政策法规不飞。

4)"心情不爽"不飞。

(2)三注意:

1)注意伙伴当前的工作状态。

2)注意飞机当前状态。

3)注意自身状态。

(3)隐患排查:

1)检查绝对不能应付,起飞前务必对全机每一个部位都进行检查,必须做到不"带病"飞行。

2)工作状态下的螺旋桨。工作状态下的螺旋桨的整个回转平面 20m 以内都是危险区域,在其运转的过程中,严禁人员在区域内逗留。每次飞行都要检查螺旋桨的固定螺栓有没有松动,桨叶有没有损伤和裂痕。

3)聚合物锂电池。聚合物电池具有高能量密度的特点,但同时不正确的使用会造成电池起火危险。聚合物锂电池的充电、放电均不能超过其允许的电压范围。充电应该在通风阴凉的地方,周边不得有易燃物。有条件的话,可以做专门的防火隔离区,并配备消防设备。

在储存、运输电池时,不得挤压、产生强烈震动,避免碰撞。在使用的过程中,核对线路是否正确,电压等级及电池极性是否接反,不得短路,更不能通过短路来测试电池的放电能力。

安全飞行原则:①军事管制区不飞;②机场净空区不飞;③雷达站附近不飞;④人员稠密区不飞;⑤高压线附近不飞;⑥涉密敏感区不飞;⑦高层建筑密集区不飞;⑧陌生环境不飞;⑨设备故障不飞;⑩复杂气象条件不飞;⑪涉及易燃易爆危险化学品区不飞。

参 考 文 献

［1］韦加无人机教材编写委员会.无人机组装与调试［M］.北京:中航出版传媒有限责任公司,2018.

［2］符长青.无人机系统设计［M］.北京:清华大学出版社,2019.

［3］韦加无人机教材编写委员会.无人机飞行原理［M］.北京:中航出版传媒有限责任公司,2018.

［4］张炜.模型飞机的翼型与机翼［M］.北京:航空工业出版社,2007.

［5］李仁达.模型飞机的构造原理与制作工艺［M］.北京:航空工业出版社,2008.

［6］于坤林.无人机结构与系统［M］.西安:西北工业大学出版社,2016.